Technisch-physikalisches Praktikum

Ausgewählte Untersuchungsmethoden
der technischen Physik

Von

Dr. phil. Dr.-Ing. eh. **Osc. Knoblauch**, VDI
Professor an der Technischen Hochschule München, Geheimer Regierungsrat

und

Dr.-Ing. **We. Koch**, VDI

Mit 104 Textabbildungen

Berlin
Verlag von Julius Springer
1934

ISBN-13: 978-3-642-98488-4   e-ISBN-13: 978-3-642-99302-2
DOI: 10.1007/978-3-642-99302-2

Alle Rechte, insbesondere das der Übersetzung
in fremde Sprachen, vorbehalten.
Copyright 1934 by Julius Springer in Berlin.

Vorwort und Einleitung.

Nach längerem Zögern haben wir uns entschlossen, das nachstehende Buch herauszugeben unter dem Titel: „Technisch-Physikalisches Praktikum". Vorausgeschickt seien einige Bemerkungen über die Begründung seiner Herausgabe sowie über Zweck und Ziele, die durch sie erreicht werden sollen.

Die bekannten Bücher über das „Physikalische Praktikum" enthalten in großer Vollständigkeit die Methoden, welche bei physikalischen Untersuchungen zur Anwendung kommen. Das Gebiet dieser Anwendungen hat sich nun, besonders in den letzten 30 Jahren, in immer steigendem Maße auf Fragen der Technik ausgedehnt. Die hauptsächlich den Ingenieuren zufallende Beantwortung dieser Fragen bietet aber deshalb besondere Schwierigkeiten, weil in der technischen Physik die Versuchsbedingungen vielfach wesentlich unübersichtlicher und verwickelter sind als in der reinen Physik. Hier kann nämlich der Beobachter die Versuchsbedingungen so wählen, wie sie für eine denkbar größte Meßgenauigkeit geeignet sind, während in der technischen Physik die Versuchsbedingungen durch die Verhältnisse der Praxis unabänderlich vorgeschrieben sind. — Die einwandfreie Ausführung von technisch-physikalischen Untersuchungen wird ferner oft dadurch erschwert, daß der betreffende Ingenieur vielfach während seiner Studienzeit keine vertiefte physikalische Ausbildung genossen hat und doch in der Praxis allein auf seine persönlichen Erfahrungen und Kenntnisse angewiesen ist.

Aus diesem Grunde erschien es uns angezeigt, an einigen passend ausgewählten Beispielen zu erläutern, wie die bekannten Methoden der reinen Physik bei besonderen Problemen der technischen Physik zur Anwendung kommen und wie auch unter den schwierigen Verhältnissen der Praxis physikalische Messungen mit großer Genauigkeit ausgeführt werden können. Wenn dann der in der Technik stehende Ingenieur sich selbst darauf erzieht, schon vor Anstellung einer Untersuchung genau zu überlegen, was er messen will und wie er es messen muß, und wenn er nach sorgfältig entworfenem Plane seine Arbeit ausführt, so hätte davon gleichzeitig sowohl die Praxis als auch die Wissenschaft den großen Nutzen, daß die in der Praxis ausgeführten Untersuchungen einwandfrei und wissenschaftlich verwertbar wären.

Zur Erreichung dieses Zieles soll das vorliegende Buch beitragen. Es enthält die Beschreibung einer Anzahl von Versuchsanordnungen, die zum großen Teile im Laboratorium für technische Physik der Technischen Hochschule München im Laufe der Jahre entworfen und teils schon an anderer Stelle beschrieben, teils noch nicht veröffentlicht worden sind. Sie sind absichtlich tunlichst einfach und übersichtlich gewählt, damit das Wesentliche leicht erkannt und ebenfalls leicht auf ähnlich gelagerte Fälle der Praxis übertragen werden kann.

Die getroffene Auswahl strebt in keiner Weise eine Vollständigkeit nach irgendeiner Richtung hin an. Dies ist schon deshalb nicht angängig, weil sich mit der Entwicklung der Technik stets neue Anwendungsmöglichkeiten für die physikalischen Untersuchungsmethoden entwickeln, also nie ein Stillstand der technisch-physikalischen Forschung eintritt. Deshalb kann auch ein diese Methoden behandelndes Buch nie etwas Abgeschlossenes sein und etwas Abgeschlossenes bieten.

Da sich das Buch nicht an einen bestimmt umgrenzten Leserkreis mit einheitlicher Vorbildung wendet, mußte die Darstellung so gewählt werden, daß sie bei voller Wissenschaftlichkeit doch allgemein verständlich ist. Alle benutzten Begriffe werden daher kurz definiert und eine Beschreibung angestrebt, welche ohne Zuhilfenahme eines anderen Lehr- oder Handbuches verstanden werden kann. Etwa gewünschte tiefergehende Aufklärung kann aus der angegebenen Literatur entnommen werden.

Einige Aufgaben sind in Gruppen zusammengefaßt, denen je eine Einführung vorangeschickt ist, welche das ihnen Gemeinsame enthält. Die Behandlung jeder einzelnen Aufgabe ist unterteilt in Abschnitte, welche die theoretische Grundlage, Versuchsanordnung, Versuchsdurchführung und zahlenmäßige Versuchsergebnisse enthalten. Wenn dabei Eichungen behandelt worden sind, wie z. B. diejenige von Temperatur- und Druckmeßgeräten, so ist dabei die „Eichung", welche nach wie vor zumeist von amtlichen Prüfstellen vorgenommen werden wird, nicht als Selbstzweck, sondern als Übungsaufgabe gedacht, an welcher der Ausführende all die Maßnahmen kennenlernen soll, die er bei der Anwendung des betreffenden Meßgerätes in der Praxis beachten muß. Eine solche Eichung hat zugleich den pädagogischen Wert, daß der Beobachter sich mit seinem Meßgerät vertraut macht und dessen Meßgenauigkeit beurteilen lernt.

Durch eine solche unauffällige Verbindung von Lehr- und Forschungserfahrungen, wie sie sich unwillkürlich in einem Hochschullaboratorium herausbilden, hoffen wir am besten dem Fortschritt der Technik dienen zu können.

Bei der Abfassung der Abschnitte 6 und 7 hat uns Herr Dr.-Ing. E. Wintergerst-München in dankenswerter Weise beraten.

München, den 1. September 1934.

Osc. Knoblauch. We. Koch.

Inhaltsverzeichnis.

                                                                                         Seite
1. Temperaturmessungen   1
   a) Eichung von Quecksilberthermometern   2
   b) Eichung von Thermoelementen   7
   c) Eichung eines Widerstandsthermometers   11
2. Temperaturmeßfehler und ihre Vermeidung   16
   a) Messung von Lufttemperaturen in geschlossenen Räumen 18
   b) Temperaturbestimmung eines schwach überhitzten Dampfes 23
   c) Messung von Oberflächentemperaturen   26
   d) Temperaturmessung an der Oberfläche rotierender Körper 29
   e) Temperaturmessung in strömenden Gasen   38
3. Bestimmung der Wärmeleitzahl von Wärmeschutz- und Baustoffen 46
   a) Die Wärmeleitzahl plattenförmiger Körper 47
   b) Die Wärmeleitzahl von Rohrisolierungen 54
   c) Bestimmung des Wärmedurchganges und der Wärmeleitzahl eines dampfdurchströmten Holzrohres mittels des Wärmeflußmessers . . . 61
4. Wärmeübertragung 68
   a) Wärmeableitung von Fußböden 72
   b) Die Bestimmung von Strahlungszahlen bei gewöhnlicher Temperatur 75
   c) Wärmeabgabe eines Radiators 80
   d) Strahlungstechnische Untersuchung von Radiatoren 86
   e) Wärmeübertragung und Wärmespeicherung von Rohrisolierungen . . 93
   f) Die Bestimmung der Wärmeaufnahme von Dampfkesselrohren mittels Wärmesonde 101
   g) Wärmeschutz von Kleiderstoffen 107
   h) Messung der Luftfeuchtigkeit mit Thermoelementen ohne künstliche Belüftung 116
   i) Konstruktion eines adiabatischen Kalorimeters 123
5. Druck und Geschwindigkeit 129
   a) Eichung von Mikromanometern 131
   b) Bestimmung der Luftdurchlässigkeit 135
   c) Mengenmessung durch Druckabfall in Rohren 137
6. Schalltechnische Messungen 144
   a) Luftschalldurchlässigkeit von Wänden 149
   b) Schalldurchgang durch kleine Öffnungen 152
   c) Nachhalldämpfung (Absorptionszahl von Stoffen) 156
7. Untersuchung schwingungsdämpfender Stoffe 162

1. Temperaturmessungen[1].

Bei den meisten Temperaturbestimmungen wird ein Meßinstrument an die zu untersuchende Stelle gebracht. Dieses ist so gewählt, daß es unter dem Einfluß der Temperatur gewisse physikalische Veränderungen erfährt, wie z. B. bei den Flüssigkeitsthermometern eine Änderung des Volumens. Diese Veränderungen hören nach einiger Zeit auf, und es stellt sich z. B. beim Quecksilberthermometer ein bestimmter Stand des Quecksilbermeniskus ein. Man schließt hieraus, daß die vom Meßinstrument angenommene Temperatur mit derjenigen an der Meßstelle übereinstimmt. Wenn somit durch eine vorhergegangene Eichung der Zusammenhang der Temperatur und des Volumens der Thermometerflüssigkeit festgestellt worden ist, kann man aus der Anzeige des Meßinstrumentes auf die unbekannte Temperatur der Meßstelle schließen. Aus diesen Überlegungen ergibt sich zweierlei: erstens darf die Ablesung des Meßinstrumentes immer erst nach einer bestimmten Zeit, der sog. Einstellzeit, vorgenommen werden, bei welcher das Meßinstrument die Temperatur der Meßstelle wirklich angenommen hat; zweitens muß dafür gesorgt werden, daß das Meßinstrument die Temperatur an der Meßstelle nicht verändert.

Man bezeichnet allgemein die Temperaturverteilung in einem Raum als „Temperaturfeld". In diesem stellt das eingeschobene Meßinstrument gleichsam einen Fremdkörper dar. Das Instrument wird bei einer etwaigen Störung des Temperaturfeldes vielleicht die an der Meßstelle nunmehr herrschende Temperatur ganz richtig anzeigen, aber gar nicht die geforderte, nämlich diejenige, welche vor der Störung des Temperaturfeldes durch Einbringen des Meßinstrumentes an der Meßstelle geherrscht hat. Aus den Gesetzen der Wärmeübertragung durch Leitung und Strahlung ergibt sich, daß der durch das Meßinstrument bedingte Fehler bei der Messung einer Temperatur, die über der Umgebungstemperatur liegt, am kleinsten ist, wenn dafür gesorgt wird, daß die Wärmezuführung zu dem Meßinstrument möglichst begünstigt, die Wärmeableitung tunlichst verhindert wird. Sinngemäß sind die Maßnahmen anzuwenden, wenn die zu messende Temperatur niedriger liegt als die der Umgebung[2].

---

[1] Henning, F.: Temperaturmessung. Braunschweig: F. Vieweg u. Sohn 1915.

[2] Vgl. S. 16 „Temperaturmeßfehler und ihre Vermeidung". Ausführlichere Angaben hierüber finden sich bei Osc. Knoblauch u. K. Hencky: Anleitung zu genauen technischen Temperaturmessungen. 2. Aufl. München und Berlin: R. Oldenbourg 1926.

Das Gesagte gilt in gleicher Weise für die Flüssigkeitsthermometer, Thermoelemente und Widerstandsthermometer. Von diesen Instrumenten unterscheiden sich die sog. Strahlungspyrometer insofern, als sie nicht an der Meßstelle selbst, sondern in einiger Entfernung von ihr angebracht werden, und daß zur Temperaturbestimmung nur die Strahlung benutzt wird, welche dem Pyrometer von dem Körper zugesandt wird.

Von den obigen Betrachtungen wird in den nachstehend beschriebenen Untersuchungsmethoden vielfach Gebrauch gemacht werden. Vorher mögen einige Anweisungen über die Eichung der Temperaturmeßinstrumente eingeschoben werden; denn jeder, der mit Temperaturmessungen öfters zu tun hat, kann in die Lage kommen, die Genauigkeit seiner Meßinstrumente selbst prüfen zu müssen, ohne sie an eine amtliche Prüfstelle einsenden zu können.

Die Eichung der Temperaturmeßgeräte bezweckt die Feststellung der Angaben der Meßgeräte im Vergleich zu einer als Norm festgelegten Temperaturskala. Als solche ist durch Reichsgesetz (Reichsgesetzblatt I, S. 679 vom 7. VIII. 1924[1]) die sog. thermodynamische Skala eingeführt worden. Ohne auf deren theoretische Begründung näher einzugehen, sei nur erwähnt, daß im Gegensatz z. B. zu der Skala des Quecksilberthermometers, bei der also Quecksilber willkürlich als thermometrische Flüssigkeit und Glas als einschließendes Material gewählt ist, die thermodynamische von dieser Willkür vollkommen frei ist und sich allein auf den beiden Hauptsätzen der Thermodynamik aufbaut. Man kann sie sich verwirklicht denken durch ein mit einem idealen Gas gefülltes Gasthermometer, an dem die durch die Temperaturänderung bedingte Änderung des Druckes bei konstantem Volumen oder die hervorgerufene Änderung des Volumens bei konstant gehaltenem Druck gemessen werden.

Es sei erwähnt, daß sich auf diese thermodynamische Skala die von der Physikalisch-Technischen Reichsanstalt (P. T. R.) ausgestellten Prüfscheine beziehen.

Die Eichung in der Praxis geschieht mittels eines von der P. T. R. mit einem Prüfschein versehenen Quecksilberthermometers, Thermoelementes oder Widerstandsthermometers. Meist wird wohl ein Quecksilberthermometer benutzt, das kurz als Normalthermometer bezeichnet wird.

a) Eichung von Quecksilberthermometern.

Um die Angaben eines Quecksilberthermometers bei beliebigen Temperaturen mit denjenigen eines Normalthermometers vergleichen zu können, bedarf man eines Bades, dem durch eine Heizung beliebige Temperaturen erteilt werden können.

---

[1] Vgl. auch Handbuch der Experimentalphysik Bd. 1 (1926) S. 102. Leipzig: Akadem. Verlagsges. m. b. H.

1 a) Eichung von Quecksilberthermometern.

Das zu eichende Thermometer ist, ebenso wie das Normalthermometer, wenn möglich so weit einzutauchen, daß sich nicht nur das Quecksilbergefäß, sondern auch der ganze Quecksilberfaden im Bade befindet. Hierdurch soll erreicht werden, daß, wie zur Eichung erforderlich, die ganze Quecksilbermenge die Temperatur des Bades annimmt.

Sollte dies nicht möglich sein, so muß an den Angaben beider Thermometer noch die sog. Fadenkorrektur angebracht werden; diese Berichtigung trägt dem Umstand Rechnung, daß der herausragende Teil des Quecksilberfadens eine von dem Bade abweichende Temperatur hat. Sie geschieht mit Hilfe eines als Fadenthermometer bezeichneten Hilfsthermometers, mit dem also die mittlere Temperatur des herausragenden Fadens gemessen wird.

Das erwähnte von Mahlke konstruierte Fadenthermometer hat nicht ein größeres Quecksilbergefäß wie die üblichen Thermometer, sondern einen dünnen zylindrischen Quecksilberfaden, der sich nach oben in eine ganz feine Kapillare fortsetzt (Abb. 1).

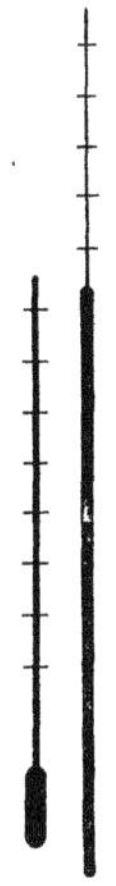

Hängt man ein Fadenthermometer, das die feine Kapillare nicht besitzen möge, dicht neben den herausragenden Faden des zu korrigierenden Thermometers, und zwar so, daß die Menisken in beiden gleich hoch stehen, so hat der Quecksilberfaden des Fadenthermometers entsprechend den längs derselben herrschenden verschiedenen Temperaturen eine ganz bestimmte Länge. Die gleiche Länge, also die gleiche Einstellung des Meniskus auf der Temperaturskala des Fadenthermometers würde man auch erhalten, wenn man den Faden über seine ganze Länge hin einer bestimmten, überall gleichen Temperatur aussetzte. Diese ist offenbar gleich der gesuchten mittleren Temperatur des herausragenden Fadens des zu korrigierenden Thermometers. Da nun das Fadenthermometer so geeicht ist, daß bei der Eichung gerade diese Gleichheit der Temperatur vorhanden war, so gibt das Fadenthermometer unmittelbar die gesuchte Mitteltemperatur an.

Abb. 1. Mahlkesches Fadenthermometer

Bei seiner praktischen Anwendung tritt jedoch die Schwierigkeit ein, daß entsprechend der geringen im Fadenthermometer enthaltenen Quecksilbermenge die Verschiebungen seines Meniskus so klein sind, daß sie nur mit dem Mikroskop feststellbar wären. Um die Anwendung des letzteren zu vermeiden, ist, wie schon erwähnt, an das zylindrische Gefäß nach oben eine ganz feine Kapillare angesetzt. An dieser sind entsprechend der Querschnittsverringerung die Verschiebungen der Quecksilberkuppe mit dem bloßen Auge sichtbar, so daß die Temperaturen an einer dort befindlichen Skala abgelesen werden können. Bezeichnet man mit t_x die Angabe des zu korrigierenden Thermometers, t_f diejenige des

Fadenthermometers, n die Länge des dickeren zylindrischen Teiles des Fadenthermometers, ausgedrückt in Graden des zu korrigierenden Thermometers, und α den Ausdehnungskoeffizient des Quecksilbers im Glase, so berechnet sich die Fadenkorrektur nach der Formel

$$f = \alpha n (t_x - t_f).$$

Aus der geschilderten Anwendung des Fadenthermometers ist zu entnehmen, daß es mindestens bis zum Bade hinabreicht.

Die obigen Überlegungen lassen erkennen, daß die Fadenkorrektur ihrer Größe nach abhängig ist von der Länge des herausragenden Fadens und der in seiner Umgebung herrschenden Temperatur; sie ist also nicht etwa für ein Thermometer eine bestimmte Konstante, sondern abhängig von dessen Einbau und muß daher in jedem einzelnen Falle bestimmt werden.

Versuchsanordnung.

Als Flüssigkeitsbad (Abb. 2) wird ein sog. (mit Öl gefüllter) Thermostat A benutzt, in dem mittels eines durch den Vorschaltwiderstand B regelbaren elektrischen Heizkörpers C innerhalb gewisser Grenzen beliebige Temperaturen eingestellt und längere Zeit gleichbleibend erhalten werden können. Der Heizstrom kann durch ein Amperemeter D gemessen werden. Mittels eines durch einen Elektromotor angetriebenen Rührers E wird für eine Durchmischung und möglichst gleichmäßige Temperatur des Öles gesorgt. Zur Verminderung der Wärmeverluste nach außen ist der Thermostat

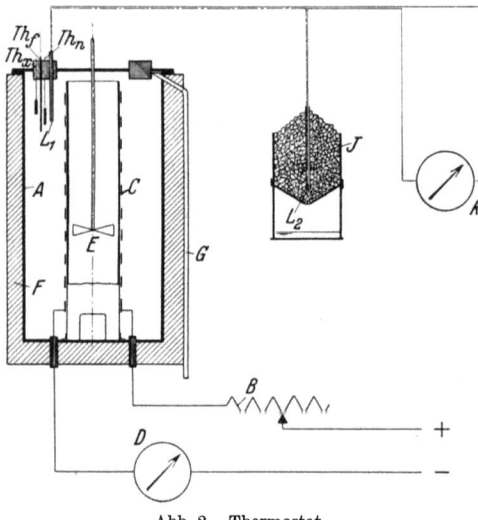

Abb. 2. Thermostat.

umhüllt von einer Wärmeschutzmasse F. Diese begünstigt gleichzeitig die Erreichung einer gleichmäßigen Temperaturverteilung im Öl. Der Deckel des Thermostaten enthält einige Öffnungen, in welche mittels durchbohrter Korkstopfen die Meßinstrumente: das Normalthermometer Th_n, das zu prüfende Thermometer Th_x und das Mahlkesche Fadenthermometer Th_f in das Ölbad eingeführt werden können[1]. Da sich das Öl mit zunehmender Temperatur ausdehnt, so ist ein Überlauf G vorgesehen.

---

[1] Das in Abb. 2 eingezeichnete Thermoelement L_1 kommt erst im nächsten Kapitel 1b bei der Eichung von Thermoelementen zur Sprache.

1a) Eichung von Quecksilberthermometern.

Versuchsdurchführung.

Die elektrische Heizung des Thermostaten wird mit Strom beschickt und der Rührer in Bewegung gesetzt. Mit anfangs stärkerer Heizenergie wird das Öl des Thermostaten auf die gewünschte Temperatur erwärmt und darauf der Heizstrom wesentlich herabgemindert, da er von nun an nur dazu dient, die Wärmeverluste nach außen zu decken. Er muß alsdann so eingestellt werden, daß sich die Temperatur auf längere Zeit gleich hält. Der Dauerzustand soll tunlichst bei steigender Temperatur erreicht werden, weil bei sinkender Temperatur der Quecksilberfaden infolge von Reibungswiderständen hängen bleiben könnte, die jedoch bei steigender Temperatur durch die bei der Ausdehnung geweckten Kräfte leicht überwunden werden. Falls der Dauerzustand nicht vollkommen aufrechterhalten werden kann, ist diesem Umstand durch die folgende Reihenfolge in der Ablesung Rechnung zu tragen:

$$Th_n \to Th_x \to Th_f \to Th_x \to Th_n.$$

Aus den Ablesungen der einzelnen Thermometer wird je das Mittel genommen.

Versuchsergebnisse.

In der Zahlentafel 1 enthält die 1. Spalte die Nummer des Versuches, die 2. die von der Physikalisch-Technischen Reichsanstalt (P.T.R.) ein-

Zahlentafel 1.

1	2	3	4	5	6	7	8	9	10	11
Vers. Nr.	Normaltherm. Nr. n	t'_n	t_f	t_x	f_n	k_n	t_n	f_x	$t_x + f_x$	k_x
1	P.T.R. 3759	22,5	22,2	22,3	0,00	—	22,50	0,00	22,30	+0,20
2		24,5	24,1	24,4	0,01	—	24,51	0,01	24,41	+0,10
3	$n = 82$	43,6	40,2	43,6	0,04	—	43,64	0,10	43,70	−0,06
4	P.T.R. 25002	62,7	57,0	62,7	0,08	−0,02	62,76	0,16	62,86	−0,10
5		79,6	73,3	79,5	0,09	−0,04	79,65	0,18	79,68	−0,03
6	$n = 92$	98,7	90,5	98,4	0,12	−0,02	98,80	0,22	98,62	+0,18
7	P.T.R. 23223	117,6	107,5	117,1	0,15	−0,05	117,70	0,27	117,37	+0,33
8		135,2	123,2	134,6	0,18	−0,08	135,30	0,32	134,92	+0,38
9	$n = 93$	155,4	141,2	154,7	0,21	−0,10	155,51	0,38	155,08	+0,43
10	P.T.R. 45642	175,7	159,1	174,9	0,24	−0,10	175,84	0,45	175,35	+0,49
11	$n = 91$	195,1	175,5	194,5	0,29	−0,07	195,32	0,54	195,04	+0,28

geätzte Prüfungsnummer der Normalthermometer und die Länge n des in Graden der Normalthermometer ausgedrückten dickeren Teiles des Mahlkeschen Fadenthermometers. Die drei folgenden Spalten enthalten die Ablesungen t'_n des Normalthermometers, t_f des Fadenthermometers und t_x des zu eichenden Thermometers. Die Spalten 6 bis 8 beziehen sich auf das Normalthermometer, und zwar enthält Spalte 6 die mit $\alpha = \frac{1}{6300}$ nach der Formel

$$f_n = \frac{n(t'_n - t_f)}{6300}$$

berechnete Fadenkorrektur, Spalte 7 die dem Prüfschein der P. T. R. entnommene Eichkorrektur k_n und Spalte 8 die nach der Gleichung

$$t'_n + f_n + k_n = t_n$$

berechnete wahre Öltemperatur.

Die Spalten 9 bis 11 betreffen das zu eichende Thermometer, und zwar enthält 9 die Fadenkorrektur f_x, berechnet mit dem für dieses Thermometer geltenden Wert $n_x = 178$. Daraus ergeben sich die Werte des bezüglich der Fadenkorrektur berichtigten Thermometers in Spalte 10. Endlich enthält Spalte 11, berechnet nach der Gleichung

$$t_n - (t_x + f_x) = k_x,$$

den gesuchten Fehler.

Aus der Ablesung des Thermometers (t_x) erhält man also nach Anbringung der Fadenkorrektur (f_x) die richtige Temperatur durch Addition des Fehlers k_x.

Um aus den Beobachtungen der einzelnen Temperaturpunkte die Fehler bei allen Temperaturen innerhalb des Eichbereiches entnehmen zu können, empfiehlt sich die Aufzeichnung einer Fehlerkurve, in welcher die fadenkorrigierten Ablesungen des Thermometers ($t_x + f_x$) als Abszisse und der Fehler k_x als Ordinate eingetragen sind (Abb. 3).

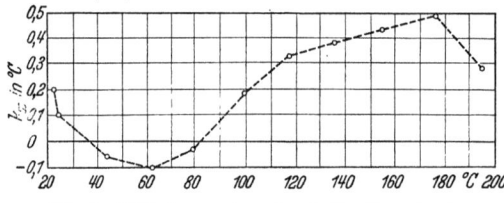

Abb. 3. Fehlerkurve eines Quecksilberthermometers.

Das Legen einer „ausgleichenden" Kurve durch die Eichpunkte wäre im vorliegenden Falle zulässig. Falls größere Schwankungen von k_x auftreten, ist zu berücksichtigen, daß die Fehler von Quecksilberthermometern nicht wie diejenigen anderer Meßinstrumente bedingt sind allein durch Mängel der Meßmethode, sondern auch durch rein zufällige Ungleichmäßigkeiten im Querschnitt der Glaskapillare.

Bei der Verwendung der Eichkurve ist bezüglich der erreichbaren Genauigkeit folgendes zu beachten. Da, wie im vorliegenden Falle, die beiden Thermometer Th_n und Th_x in Fünftelgrade geteilt sind, so ist nur eine Genauigkeit von $\pm 0{,}1°$ zu erreichen. Man wird daher aus der Eichkurve zwar den Zahlenwert k_x mit zwei Dezimalstellen entnehmen, die erhaltenen Temperaturwerte aber dann auf eine Dezimale abrunden müssen, um nicht eine größere Meßgenauigkeit vorzutäuschen, als sie die Thermometerteilung erreichen läßt.

Bei der Vornahme der Eichung sollte von der Anwendung des Fadenthermometers zur Bestimmung der Fadenkorrektur nicht abgesehen werden.

Steht ein solches bei Temperaturmessungen in der Praxis nicht zur Verfügung, oder ist es aus konstruktiven Gründen nicht anwendbar, so kann die Temperatur des herausragenden Fadens wenigstens näherungsweise derart bestimmt werden, daß neben das Gebrauchsthermometer ein zweites solches so aufgehängt wird, daß sein Gefäß sich in halber Höhe des herausragenden Fadens des Gebrauchsthermometers befindet.

b) Eichung von Thermoelementen.

Die große Verbreitung der oben besprochenen Quecksilberthermometer ist in ihrer leichten Ablesbarkeit und verhältnismäßigen Billigkeit begründet. Wenn jedoch Temperaturmessungen an solchen Stellen vorgenommen werden sollen, die für Quecksilberthermometer nicht zugänglich sind, so müssen die elektrischen Meßgeräte, das Thermoelement oder das Widerstandsthermometer, benutzt werden. Diese sind auch dann mit Vorteil zu verwenden, wenn eine Fernablesung oder Zentralisation mehrerer Stellen oder eine fortlaufende Registrierung erwünscht ist.

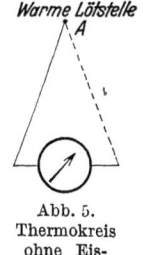

Abb. 4.
Thermokreis.

Bekanntlich entsteht in dem aus zwei verschiedenen Metallen zusammengesetzten Thermoelement ein elektrischer Strom, wenn die beiden Lötstellen A und B (Abb. 4) verschiedene Temperaturen haben. Das Element mißt also nur Temperaturdifferenzen; um diese auf eine bestimmte Bezugstemperatur beziehen zu können, taucht man die eine Lötstelle meist in schmelzendes Eis, erteilt ihr also die Temperatur 0°.

Bei der Feststellung der Beziehung zwischen der Temperaturdifferenz und der Größe der durch sie geweckten elektromotorischen Kraft, also bei der Eichung des Thermoelementes, benutzt man im allgemeinen auch eine solche Eislötstelle. Steht bei Messungen in der Technik kein Eis zur Verfügung, so verzichtet man auf die Eislötstelle und verbindet die beiden Schenkel der Meßstelle A unmittelbar mit dem Meßinstrument (Abb. 5). Die beiden Klemmen des letzteren bilden dann die zweite Lötstelle des Thermokreises, und von der Temperatur der Klemmen ausgehend, wird jetzt die Temperaturdifferenz gemessen. Mit einer für die Praxis im allgemeinen hinreichenden Genauigkeit kann dann eine auf 0° bezogene Eichkurve in der Weise benutzt werden, daß man zunächst die dem gemessenen Instrumentenausschlag zugehörige Temperatur aus der Eichkurve entnimmt und zu ihr die z. B. mit einem Quecksilberthermometer bestimmte Temperatur der Klemmen addiert.

Sollte in der Praxis der Fall eintreten, daß das bei der Eichung benutzte Voltmeter bei einer vorzunehmenden Temperaturmessung nicht zur Verfügung steht, vielmehr ein anderes Instrument benutzt werden muß, so kann die Eichung doch zugrunde gelegt werden, wenn die Ausschläge α_2 des neuen Instrumentes mittels der nachstehenden Gleichung auf die Ausschläge α_1 des ersten reduziert werden.

Bezeichnet r den Widerstand der Elementendrähte, R_1 und R_2 diejenigen der beiden Millivoltmeter, so ist

$$\alpha_1 = \alpha_2 \frac{R_1}{R_2} \cdot \frac{R_2 + r}{R_1 + r}.$$

Falls man eine Eichung eines Thermoelementes umgehen will und die von der Lieferfirma auf Grund ihrer Eichung vielfach angegebene Beziehung zwischen der elektromotorischen Kraft (EMK) und der Temperatur zum Entwurf einer Eichkurve verwenden will, so hat man folgendes zu beachten. Die von der Firma in Millivolt angegebenen Werte der EMK stehen zu den auf der Skala eines Millivoltmeters in Millivolt abgelesenen Werten α in der Beziehung:

$$\alpha = (\text{EMK}) \cdot \frac{R}{R + r},$$

worin wiederum r den Elementenwiderstand und R den Widerstand des Millivoltmeters bezeichnet[1].

Versuchsanordnung.

Zur Eichung von Thermoelementen wird der im vorhergehenden Abschnitt beschriebene Thermostat (Abb. 2) benutzt. Statt des zu eichenden Quecksilberthermometers wird durch die Bohrung des Korkstopfens die eine in ein unten geschlossenes Glasröhrchen eingeführte Lötstelle des Thermoelementes L_1 eingebracht. Die zweite Lötstelle L_2, ebenfalls in ein Glasrohr eingeschoben, wird in klein gestoßenes Eis J gesteckt und der Stromkreis über ein Millivoltmeter K geschlossen.

Falls das Thermoelement nicht nach dieser Ausschlagmethode mittels Millivoltmeter benutzt werden soll, sondern mit der auf S. 55 beschriebenen Kompensation, so ist statt des Millivoltmeters die dort näher beschriebene Kompensationseinrichtung einzuschalten.

---

[1] Weitere Angaben über die Anwendung von Thermoelementen finden sich bei E. Raisch u. K. Schropp: „Die thermoelektrische Temperatur- und Wärmeflußmessung". Mitt. Forsch.-Heim f. Wärmeschutz, e. V., München (1930) Heft 8.

Versuchsdurchführung.

Die Einstellung der Temperaturen, ihre Konstanthaltung und Messung im Thermostaten unter Anwendung eines Normal- und Fadenthermometers geschieht in der gleichen Weise, wie es oben bei der Eichung von Quecksilberthermometern beschrieben ist. α bezeichne den der jeweiligen Temperatur entsprechenden Ausschlag am Millivoltmeter. Analog wie bei der Eichung der Quecksilberthermometer erfolgen die einzelnen erforderlichen Ablesungen in der Reihenfolge

$$t_n \to t_f \to \alpha \to t_f \to t_n,$$

um festzustellen, ob der Thermostat seine Temperatur konstant gehalten hat und um die Wirkung von kleinen Änderungen derselben durch Mittelbildung auszuschalten.

Versuchsergebnisse.

Die Zahlentafel 2 enthält in der 1. Spalte die Versuchsnummer, in der 2. die Ablesung α am Millivoltmeter in Teilstrichen, in der 3. und 4. die Nummer des benutzten Normalthermometers und die zur Fadenkorrektur erforderliche Größe n. Die folgenden Spalten enthalten der Reihe nach die Ablesung des Normalthermometers t'_n, die des Fadenthermometers t_f, die Fadenkorrektur f_n, die Eichkorrektur k_n gemäß dem Prüfschein der P. T. R., die wahre Temperatur im Thermostaten $t_n = t'_n + (f_n + k_n)$ und den Quotienten t_n/α.

Zahlentafel 2.

1	2	3	4	5	6	7	8	9	10
Vers. Nr.	α Teilstriche	P.T.R. Nr.	n	t'_n	t_f	f_n	k_n	t_n	t_n/α
1	11,1	3759	82	22,5	22,2	0	0	22,50	2,026
2	12,1	3759	82	24,5	24,1	0,01	0	24,51	2,025
3	31,5	25002	92	62,7	57,0	0,08	−0,02	62,76	1,992
4	60,7	23223	93	117,5	107,5	0,15	−0,05	117,70	1,940
5	102,8	45642	91	195,1	175,5	0,29	−0,07	195,32	1,900

Die zu den einzelnen Temperaturen gehörigen Ausschläge werden in ein Diagramm eingetragen, etwa die Ausschläge als Abszissen und die Temperaturen als Ordinaten (Abb. 6). Die durch die Punkte ausgleichend gelegte Kurve gibt dann für die zwischen den Beobachtungspunkten gelegenen Werte von α die zugehörigen Temperaturen.

Zur Aufzeichnung des Diagramms wird am besten das käufliche Millimeterpapier benutzt, wobei der Maßstab der beiden Koordinaten so gewählt werden muß, daß der Genauigkeitsgrad der Entnahme eines zusammengehörigen Wertepaares von α und t aus der Eichkurve der gleiche ist wie der der Messungen, welche der Eichung zugrunde lagen. Würde z. B. die Ablesung von α und t je auf $1/10$ Teilstrich bzw. °C erfolgt sein, so muß der Maßstab des Diagrammes so gewählt sein, daß Größen von $1/10$ mit bloßem Auge abgelesen werden können; dies ent-

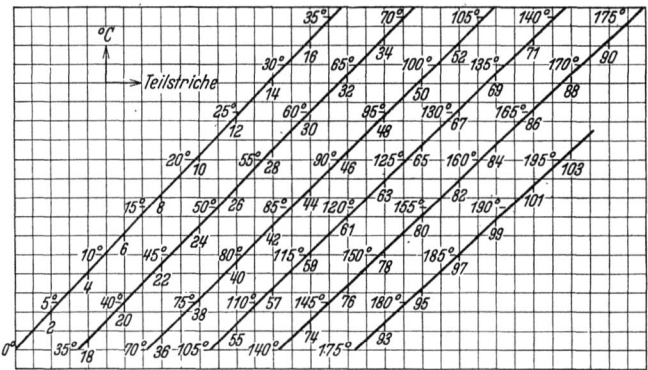

Abb. 6. Eichkurve eines Thermoelementes.

spricht etwa $1/2$ oder 1 mm. Bei kleiner gewähltem Maßstabe würde die bei den Beobachtungen erzielte Genauigkeit bei der Verwendung der Eichkurve nicht voll ausgenutzt werden können.

Damit bei dieser Wahl des Maßstabes das Kurvenblatt nicht unhandlich groß wird, empfiehlt es sich, die Kurve in der Weise abgebrochen zu zeichnen, wie es in der Abb. 6 geschehen ist.

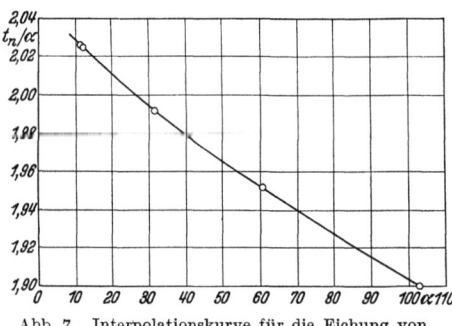

Abb. 7. Interpolationskurve für die Eichung von Thermoelementen.

Bezüglich der Aufzeichnung der Eichkurve sei noch folgendes bemerkt. Um ihr für genaue Temperaturmessungen die erforderliche Sicherheit zu geben, ist es nötig, sie durch eine hinreichend große Zahl von Temperaturpunkten festzulegen, etwa von 10 zu 10°. Der hierzu nötige Zeitaufwand ist nicht gering; er läßt sich durch folgende Überlegung vermindern[1]. Da die Abhängigkeit der Thermokraft von der Temperatur eine fast lineare ist, so ist der Quotient t/α nahezu konstant. Zeichnet man daher die Beziehung zwischen t/α und α auf (Abb. 7),

---

[1] Koch, We.: Forschung Bd. 2 (1931) S. 302.

so ist es möglich, auch in einem weiteren Bereich von α für t/α wegen der geringen Veränderlichkeit dieser Größe einen großen, leicht ablesbaren Maßstab zu wählen. Dies hat den Vorteil, daß einerseits der einem bestimmten Wert von α zugehörige Wert von t/α aus dieser neuen Eichkurve mit großer Genauigkeit abgegriffen werden kann und daß anderseits zur Festlegung des Kurvenverlaufes eben wegen der geringen Veränderlichkeit von t/α auch nur eine geringe Zahl von Eichpunkten erforderlich ist. Bei diesem Eichverfahren kann man also gleichzeitig mit einer Vergrößerung der Genauigkeit eine Verminderung des Zeitaufwandes erreichen.

Die Verwertung dieser Kurve kann in zweifacher Weise, rechnerisch oder zeichnerisch erfolgen; entweder entnimmt man der Kurve den zu einem bestimmten Wert von α zugehörigen Wert von t/α und erhält die gesuchte Temperatur t durch Multiplikation mit α; oder man leitet aus der neuen Eichkurve eine der früheren Kurve (Abb. 6) vollkommen entsprechende ab, indem man für eine Reihe von ausgewählten Werten von α in der soeben angegebenen Weise die Temperaturwerte berechnet und diese zum Zeichnen einer t, α-Kurve verwendet.

Der Vorteil dieser Methode ist aus dem Vergleich der Abb. 6 und 7 unmittelbar zu ersehen. Zur Eichung im Temperaturbereich von 0 bis 200° sind gemäß Abb. 7 nur vier Eichpunkte erforderlich, und zur Aufzeichnung der eigentlichen Eichkurve Abb. 6 können dann beliebig viel Punkte aus Abb. 7 entnommen werden, die bei direkter Aufzeichnung der Eichkurve direkt gemessen werden müßten.

c) Eichung eines Widerstandsthermometers.

Von elektrischen Meßmethoden kommt neben dem vorstehend beschriebenen Thermoelement vor allem das Widerstandsthermometer in Betracht, bei welchem die durch Temperaturveränderung bedingte Änderung des elektrischen Leitungswiderstandes zur Temperaturmessung verwendet wird. Es ist ebenso wie das Thermoelement in vielen Fällen der Praxis anwendbar, wo das Quecksilberthermometer aus konstruktiven Gründen nicht benutzt werden kann. Zur Fernmessung ist es ebenfalls geeignet. Da es gegenüber dem Thermoelement eine größere räumliche Ausdehnung hat, kann es zur Bestimmung der Mitteltemperatur größerer Gebiete unmittelbar verwendet werden, welche nur durch Hintereinanderschalten mehrerer Thermoelemente bestimmt werden könnte. Als Material für das Widerstandsthermometer muß ein Metall gewählt werden, das hohe Temperaturen verträgt und chemisch möglichst wenig angreifbar ist. Man verwendet wegen des nicht allzu hohen Preises Nickel, bevorzugt jedoch im allgemeinen Platin. Für letzteres ist durch Beobachtung festgestellt worden, daß der

Widerstand sich bis herab zu $-40°$ quadratisch mit der Temperatur t verändert, so daß sich der Widerstand w_t aus dem Widerstand w_0 bei $0°$ durch die Gleichung darstellen läßt

$$w_t = w_0(1 + mt + nt^2);$$

hierin sind m und n Konstante. Die Berechnung der Temperatur aus dem Widerstande erfolgt also nach der Beziehung

$$t = -\frac{m}{2n} - \sqrt{\left(\frac{m}{2n}\right)^2 + \frac{w_t - w_0}{n w_0}}.$$

Der Widerstand und dessen Temperaturabhängigkeit werden durch geringe Verunreinigungen des reinen Platins stark beeinflußt; jedes Widerstandsthermometer muß daher besonders geeicht werden, wenn es nicht derselben Schmelze entstammt. Die Eichung besteht in der Bestimmung der drei Konstanten w_0, m und n. Zu ihrer Feststellung bedarf man daher außer der Widerstandsgröße w_0 bei $0°$ noch derjenigen von w_1 und w_2 bei zwei höheren Temperaturen t_1 und t_2. Auf diese Weise erhält man drei Gleichungen für die drei Unbekannten w_0, m und n.

Die Temperaturen wählt man möglichst weit auseinanderliegend, weil dann bei der zahlenmäßigen Auswertung von m und n aus w_0, w_1 und w_2 mittels der Formel

$$m = \frac{1}{t_2 - t_1}\left[\frac{t_2}{t_1}\left(\frac{w_1}{w_0} - 1\right) - \frac{t_1}{t_2}\left(\frac{w_2}{w_0} - 1\right)\right],$$

$$n = \frac{1}{t_2 - t_1}\left[\frac{1}{t_2}\left(\frac{w_2}{w_0} - 1\right) - \frac{1}{t_1}\left(\frac{w_1}{w_0} - 1\right)\right]$$

eine größere Genauigkeit erreicht wird. Mit den so erhaltenen Zahlenwerten von m und n berechnet man w_t nach der ersten oben angegebenen Gleichung für eine Reihe von runden Zahlenwerten der Temperatur und erhält so eine Eichtabelle für das Widerstandsthermometer. Die graphische Darstellung wird dann zur Eichkurve des Thermometers.

Die Genauigkeit der Eichung ist wesentlich bedingt durch die Genauigkeit der Temperaturmessung. Die höheren Temperaturen können in einem Thermostaten eingestellt werden. Bei sehr genauen Eichungen wählt man als Temperaturbäder die aus einer siedenden Flüssigkeit entwickelten Dämpfe. Gewöhnlich verwendet man diejenigen von Wasser und Schwefel, weil für diese die Abhängigkeit der Siedetemperatur vom Druck sehr genau bekannt ist und daher die Temperaturmessung durch eine leichter genau ausführbare Druckmessung ersetzt werden kann.

Als einfachste und in der Technik wohl am meisten gebrauchte Widerstandsmessung sei diejenige mit der Wheatstoneschen Brücke genannt und beschrieben. Sie besteht in einer Stromverzweigung gemäß Abb. 8. Der Strom eines Elementes A teilt sich im Punkte B in zwei Stromzweige, welche bzw. die Widerstände C, D, E und das Widerstands-

thermometer F enthalten. In dem die Punkte G und H verbindenden Brückendraht ist das Galvanometer J eingeschaltet. Aus den Gesetzen der Stromverzweigung folgt, daß das Galvanometer stromlos ist, wenn zwischen den vier Widerständen die Beziehung besteht:
$$C : D = E : F.$$
Den unbekannten Widerstand des Thermometers kann man berechnen, wenn C, D und E bekannt sind.

Diese Anwendung der Wheatstoneschen Brücke als sog. Nullmethode gestattet nicht eine unmittelbare Ablesung der Temperatur, welche man stets erst mit Hilfe der besprochenen Eichkurve feststellen muß. Aus diesem Grunde wird sie in der Praxis vielfach in eine Ausschlagsmethode umgeändert. Angenommen, die Stromlosigkeit im Brückendraht besteht für eine bestimmte Temperatur des Widerstandsthermometers, so wird sie aufhören, sobald diese Temperatur verändert wird. Das Galvanometer zeigt dann einen Ausschlag, der bei einer

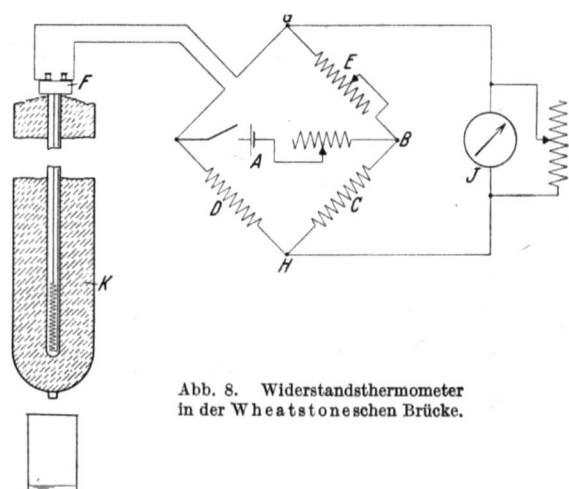

Abb. 8. Widerstandsthermometer in der Wheatstoneschen Brücke.

konstant gehaltenen EMK der Stromquelle A für eine bestimmte Temperatur einen bestimmten Wert hat und bei einer bestimmten Änderung der Temperatur ebenfalls eine bestimmte Änderung erfährt. Infolge dieser Beziehung der Ausschläge zu den Temperaturen ist es möglich, die ersteren in Temperaturen umzurechnen.

Bei sehr genauen Messungen muß man berücksichtigen, daß die Widerstände der Zuleitungsdrähte zum Thermometer sich auch mit der Temperatur ändern. Dieser Einfluß läßt sich durch andere Meßmethoden des Widerstandes ausschalten.

Versuchseinrichtung.

Die in der Praxis benutzten Widerstandsthermometer bestehen im allgemeinen aus einem dünnen Platindraht, der auf einem Porzellankreuz aufgewickelt und gegen mechanische Verletzungen durch ein Schutzrohr aus Glas, Quarz, Porzellan u. a. geschützt ist. Die an die Enden des Platindrahtes angeschmolzenen Zuleitungsdrähte sind an die am Kopf befindlichen Klemmen angeschlossen.

Das zu eichende Widerstandsthermometer wird gemäß Abb. 8 in eine Wheatstonesche Brücke eingeschaltet. Als Vergleichswiderstände dienen z. B. zwei feste Widerstände D von 10 Ω und C von 100 Ω und ein Stöpselwiderstand E. Als Galvanometer wird ein Spiegelgalvanometer verwendet.

Zur Erzeugung und Konstanthaltung der höheren Temperaturen t_1 und t_2 dient der oben (S. 4) beschriebene Thermostat. Durch einen im Deckel befindlichen Korken wird das Widerstandsthermometer neben einem Normal- und Fadenthermometer in das Öl des Thermostaten eingeführt. Zur Herstellung von 0° dient ein längliches Glasgefäß K (Abb. 8), das mit feingestoßenem Eis gefüllt ist. Das sich bildende Schmelzwasser kann aus der unteren Öffnung abfließen.

Versuchsdurchführung.

Die Eichung eines Widerstandsthermometers besteht darin, daß die in der Gleichung

$$t = -\frac{m}{2n} - \sqrt{\left(\frac{m}{2n}\right)^2 + \frac{w_t - w_0}{n w_0}}$$

auftretenden drei Konstanten w_0, m und n experimentell bestimmt werden, um aus einem beobachteten Werte w_t die zugehörige Temperatur t berechnen zu können. Hierzu bedarf man, wie erwähnt, dreier Widerstandsmessungen, welche bei 0° und etwa bei 100° und 200° ausgeführt werden mögen.

In das mit gestoßenem Eis gefüllte Gefäß wird das Widerstandsthermometer eingeschoben und die Widerstandsbestimmung erst dann vorgenommen, wenn das Thermometer die Temperatur von 0° angenommen hat und sein Widerstand sich nicht mehr verändert. Die Widerstandsmessung wird in der Weise durchgeführt, daß der Stöpselwiderstand so lange verändert wird, bis das Galvanometer stromlos ist. Hierbei ist folgendes zu beachten: 1. Der bei der Messung durch das Widerstandsthermometer fließende Strom darf eine bestimmte Stärke nicht überschreiten, damit durch die Stromwärme keine merkliche Erwärmung des Widerstandsthermometers hervorgerufen wird. Hierdurch ist eine maximale Spannung des Arbeitselementes gegeben. 2. Die Empfindlichkeit des Galvanometers muß dabei so groß sein, daß eine vom Widerstandsthermometer beispielsweise verlangte Meßgenauigkeit der Temperatur von etwa 0,1° genügend erkennbar ist, d. h. daß bei Änderung der Temperatur um 0,1° in dem vorher stromlos gemachten Galvanometer ein sichtbarer Ausschlag auftritt. Diese zweite Forderung bedingt folgende Maßnahme.

Hat das Widerstandsthermometer bei 0° etwa 10 Ω Widerstand, so entspricht eine Temperaturänderung um $1/_{10}$° infolge des näherungsweise bekannten Temperaturkoeffizienten von rund 0,003 einer Widerstandsänderung von 0,003 Ω. Wenn nun das Widerstandsverhältnis von D und C, wie oben angenommen, 10 : 100 ist, so wirkt sich die Änderung des Widerstandsthermometers im zehnfachen Betrage, also 0,03 Ω im Vergleichwiderstand E aus. Um wiederum die Nullstellung des Galvanometers zu erreichen, müßte also der Widerstand des Vergleichswiderstandes E um 0,03 Ω verändert werden. Dies ist jedoch im allgemeinen nicht möglich, da bei normalen Stöpselwiderständen die kleinste Einheit 0,1 Ω beträgt. Man kann sich nun dadurch helfen, daß man bei nahezu erreichter Nullstellung des Galvanometers J den Widerstand des Vergleichskastens um 0,1 Ω erhöht bzw. erniedrigt und diese beiden Werte so wählt, daß die hierbei erzielten Ausschläge am Galvanometer dessen Nullstellung einschließen. Durch Interpolation erhält man dann sehr angenähert den der Nullstellung entsprechenden Widerstandswert.

In gleicher Weise wie bei 0° sind die Beobachtungen bei den zwei höheren Temperaturen t_1 und t_2 auszuführen. Die Temperaturmessung des Ölbades im Thermostaten geschieht in der oben (S. 5) angegebenen Weise.

Versuchsergebnisse.

Die Zahlentafel 3 enthält in der ersten Spalte die Angaben über das verwendete Normalthermometer und die zur Berechnung der Fadenkorrektur erforderliche Größe n, in der zweiten die Ablesungen des Normalthermometers t'_n, alsdann diejenige des Fadenthermometers t_f, die Fadenkorrektur f_n, die aus dem Prüfschein entnommene Korrektur k_n des Normalthermometers und endlich die wahre Temperatur t_n des Ölbades. Der Wert w_0 steht am Kopf, derjenige von w_1 und w_2 in der letzten Spalte der Tabelle.

Zahlentafel 3. $w_0 = 10,959\ \Omega$.

Normaltherm. Nr. n	t'_n	t_f	f_n	k_n	t_n	w
P. T. R. Nr. 25002 $n = 92$	98,7	90,5	0,12	−0,02	$t_1 = 98,8$	$w_1 = 15,189\ \Omega$
P. T. R. Nr. 45642 $n = 91$	195,1	175,5	0,29	−0,07	$t_2 = 195,3$	$w_2 = 19,200\ \Omega$

Der Rechnungsgang der Interpolation für w ist aus der umstehenden Zahlentafel 4 zu entnehmen.

Setzt man die Werte von w_0, w_1, w_2, t_1 und t_2 in die oben angeführten Gleichungen für m und n ein, so ergeben sich

$$m = 3{,}965 \cdot 10^{-3},$$
$$n = -5{,}8 \cdot 10^{-7}.$$

Führt man diese Zahlenwerte in die Gleichung für t ein, so folgt

$$t = 3418,1 - 396,65 \sqrt{85,221 - w_t}.$$

Diese Gleichung ergibt für jeden gemessenen Wert des Widerstandsthermometers die zugehörige Temperatur t. Falls viele derartige Messungen vorzunehmen sind, empfiehlt sich analog wie bei den Thermo-

Zahlentafel 4. Interpolation für den Widerstand w.

	Widerstand von E	Galvanometer-Ausschlag in Teilstrichen	
w_0	109,6 Ω	256,2 = a	
	Nullp. bei	255,3 = b	$\dfrac{b-c}{a-c} = \dfrac{6,9}{7,8} = 0,9$
	109,5 Ω	248,4 = c	also $w_0 = 10,959$
w_1	151,9 Ω	256,0 = a	
	Nullp. bei	255,2 = b	$\dfrac{b-c}{a-c} = \dfrac{6,3}{7,1} = 0,9$
	151,8 Ω	248,9 = c	also $w_1 = 15,189$
w_2	192,00 Ω	255,1 = a	
	Nullp. bei	255,1 = b	also $w_2 = 19,200$
	192,00 Ω	255,1 = c	

elementen (S. 9—10) die Aufzeichnung einer Eichkurve, in welcher die Temperatur als Funktion des Widerstandes aufgetragen ist. Sie ist in einem solchen Maßstabe auszuführen, daß die Ablesegenauigkeit der Meßgenauigkeit entspricht. Oben war erwähnt, daß letztere $1/10°$ betragen soll. Dementsprechend müssen in der graphischen Darstellung Zehntelgrade sicher abgelesen werden können.

2. Temperaturmeßfehler und ihre Vermeidung.

Jeder Temperaturmessung muß schon beim Entwurf der Versuchsanordnung eine eingehende Überlegung vorangehen, wie die Fehler vermieden werden können, die durch eine nicht sachgemäße Verwendung des Meßinstrumentes entstehen. Bereits auf S. 1 wurde darauf hingewiesen, daß letzteres unter Umständen das zu untersuchende Temperaturfeld durch Wärmezu- oder -ableitung stört und die an der Meßstelle herrschende Temperatur vielleicht zwar fehlerfrei angibt, ohne daß das Meßergebnis jedoch verwertet werden darf. Denn das Meßinstrument mißt nur die Temperatur im „gestörten" Temperaturfeld, aber nicht jene, welche an dem Meßpunkt herrschen würde, wenn das Meßinstrument nicht vorhanden wäre. Es sei z. B. mittels eines Thermoelementes die Temperatur im Innern einer Platte zu bestimmen, die aus einem die Wärme schlecht leitenden Material besteht (Abb. 9). Die

2. Temperaturmeßfehler und ihre Vermeidung.

Wärme möge entsprechend der Richtung der eingezeichneten Pfeile strömen. Das Thermoelement Th sei durch eine Bohrung bis zur Meßstelle A eingeschoben. Unvermeidlich wird dann durch die gut wärmeleitenden Drähte des Elementes Wärme von A längs der Drähte nach außen fortgeführt. Das Element zeigt jetzt die in A herrschende Temperatur zwar richtig an, aber doch nur diejenige, die sich nach Einführung des Thermoelementes im Punkte A eingestellt hat und gar nicht jene, die bestimmt werden sollte, nämlich die dort vorher geherrscht hat. Die Angabe des Thermoelementes mißt also im vor-

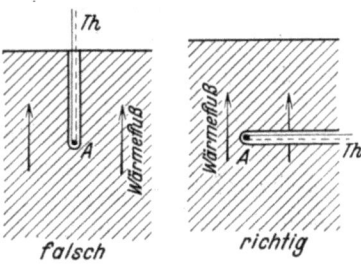

Abb. 9 und 10. Thermoelementeinbau in feste Körper.

liegenden Fall zu niedrig; umgekehrt ist seine Angabe zu hoch, wenn der Wärmestrom durch die Platte entgegengesetzte Richtung hätte. Man erkennt unmittelbar, daß eine richtige Messung der Temperatur an der Stelle A nur erfolgen kann, wenn das Thermoelement gemäß Abb. 10 so angebracht wird, daß es auf eine weitere Strecke hin längs eines Bereiches gleicher Temperaturhöhe abgeführt wird.

Von Fall zu Fall sind die Maßnahmen zur Verhinderung des dauernd gestörten Temperaturfeldes passend zu wählen. Je nachdem die Temperaturmessung in einem festen, flüssigen oder gasförmigen Körper vorzunehmen ist, erfolgt die Wärmeabführung entweder allein durch Leitung oder durch Konvektion und auch durch Strahlung.

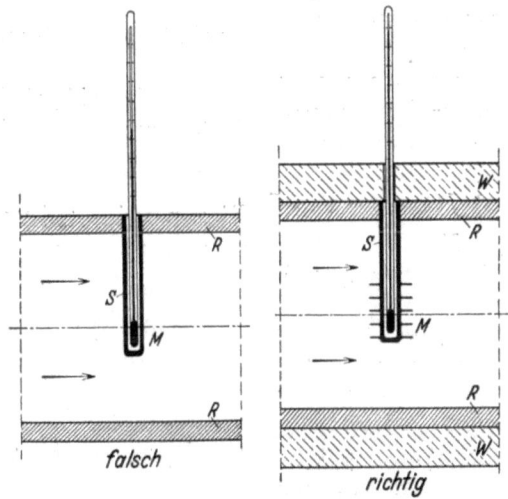

Abb. 11 und 12. Einbau von Quecksilberthermometern in Rohrleitungen.

Als Beispiel sei der in Abb. 11 und 12 skizzierte Fall besprochen, daß durch eine in freier Luft hängende Rohrleitung ein heißes Gas hindurchströmt. In Abb. 11 ist in das nackte Rohr radial ein Stutzen S mit einem Quecksilberthermometer eingeschoben; in Abb. 12 ist die Rohrleitung außen mit einem Wärmeschutzstoff W umhüllt und der Stutzen mit aufgesetzten Rippen versehen. Im ersten Falle müssen

Meßfehler eintreten, weil der Temperaturunterschied zwischen der Meßstelle M und der kälteren Rohrwand R groß ist und daher eine beträchtliche Wärmemenge sowohl durch Leitung durch. den Stutzen als auch durch Strahlung von der Meßstelle nach der Rohrwand zu abgeführt wird. Durch äußerliches Aufbringen einer Wärmeisolierung gemäß Abb. 12 wird die Rohrwandtemperatur erhöht und dadurch.der Verlust der Meßstelle durch Leitung sowie durch Strahlung vermindert. Gleichzeitig wird durch das Aufsetzen der Rippen auf den das Thermometer enthaltenden Stutzen dessen Oberfläche wesentlich vergrößert und dadurch der Meßfehler wegen der Begünstigung der Wärmeaufnahme praktisch ausgeschaltet (vgl. S. 42).

Aus den an Hand dieses Beispieles angestellten Überlegungen ist ersichtlich, daß die Temperatur, welche das Meßinstrument annimmt, einem Gleichgewichtszustand zwischen Wärmezuführung und Wärmeabfuhr entspricht. Dieser ist bestimmt durch die Wärmebilanz aus Zufuhr durch Aufnahme von Wärme aus dem strömenden Medium und Abfuhr durch Ableitung und Abstrahlung seitens der Meßvorrichtung. Hieraus ergibt sich unmittelbar, daß zur möglichsten Verringerung des Meßfehlers das erste Bilanzglied der Zufuhr tunlichst vergrößert, die beiden anderen Glieder des Wärmeverlustes möglichst verringert werden müssen.

Die praktische Anwendung dieses Ergebnisses sei an den nachfolgenden fünf Abschnitten erläutert, aus denen die Nutzanwendung auf andere Fälle der Praxis gezogen werden kann.

a) Messung von Lufttemperaturen in geschlossenen Räumen.

Man begegnet wohl allgemein der Annahme, daß ein Quecksilberthermometer, welches längere Zeit in einem Raume aufgehängt ist, die Temperatur der Raumluft angibt. Eine nähere Überlegung zeigt jedoch, daß dies nur in einem ganz bestimmten Falle zutrifft. Das Thermometer steht nämlich im Wärmeaustausch einerseits durch Berührung mit der Luft, andererseits durch Strahlung mit den im Raum befindlichen Gegenständen und den Begrenzungswänden. Somit nimmt das Thermometer, wenn Luft- und Wandtemperatur verschieden sind, eine Temperatur an, die zwischen derjenigen der Luft und derjenigen der Wand liegt. Angenommen, die Wand sei kälter als die Luft, so würde das Thermometer diejenige Temperatur anzeigen, bei welcher ihm durch Berührung mit der wärmeren Luft ebensoviel Wärme zugeführt wird, als ihm durch Abstrahlung gegen die kältere Wand verloren geht. Diese Bilanzaufstellung bestimmt also eindeutig die Temperatur, welche das Thermometer annehmen muß. Hieraus ergibt sich unmittelbar, daß der oben erwähnte Fall, daß das Thermometer die Temperatur der Raumluft richtig anzeigt, nur dann eintritt, wenn alle festen Körper, mit denen sich das Thermometer im Strahlungsaustausch befindet, die gleiche Temperatur haben wie die Luft. Bei wissenschaftlichen Untersuchungen darf der Strahlungsaustausch des Thermometers nicht unbeachtet bleiben; bei Anwendungen in der Praxis kommt er im allgemeinen kaum zur Geltung, weil die Temperatur der in einem Raum befindlichen Körper und diejenige der Begrenzungswände von der der Luft meist nur wenig abweicht.

Zu großen Meßfehlern kann jedoch die Zustrahlung von einem warmen oder die Abstrahlung gegen einen kalten Körper dann führen, wenn sich das Thermometer in großer Nähe desselben befindet. Denn je näher es der betreffenden Fläche kommt, desto größer ist der „Öffnungswinkel", unter dem der Strahlungsaustausch erfolgt, im Verhältnis zur Summe aller anderen Richtungen, in denen das Thermometer Strahlung mit Körpern der Umgebung austauscht.

Um einerseits zu zeigen, daß durch die Nähe eines heißen Körpers die Temperaturangabe eines Thermometers so stark beeinflußt wird, daß sie nicht zur Messung der Lufttemperatur dienen kann, und andererseits um den Hinweis zu geben, wie die Einwirkung vermindert werden kann, seien die nachstehenden Versuche beschrieben.

Versuchsanordnung.

Ein elektrisch erwärmter plattenförmiger Heizkörper A (Abb. 13) ist horizontal in Luft an einem hölzernen Rahmen B aufgehängt. Zur

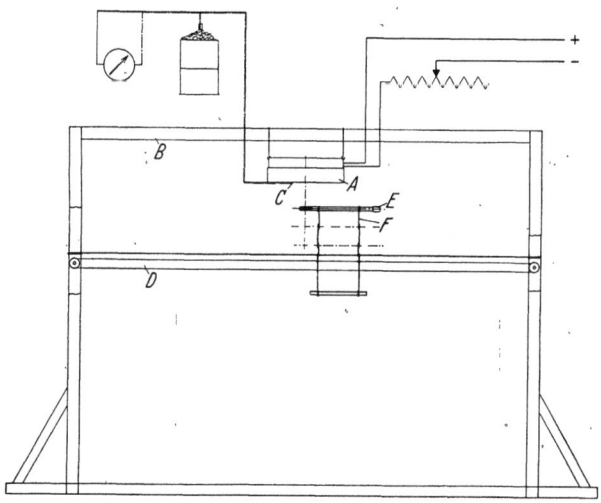

Abb. 13. Bestimmung des Strahlungsmeßfehlers.

Messung seiner Temperatur ist an seiner unteren Seite ein Thermoelement C befestigt, das über eine Eislötstelle mit einem Millivoltmeter verbunden ist. Mittels eines Seilzuges D können Thermometer E, die

2. Temperaturmeßfehler und ihre Vermeidung.

in ein Drahtgestell F eingelegt werden, horizontal verschoben werden. Die Ablesung der letzteren erfolgt aus größerer Entfernung mittels eines Fernrohres, damit durch die Bewegung des Beobachters keine die Ablesung störenden Luftströmungen eintreten. Zur Beobachtung kommen vier Quecksilberthermometer, von denen das Quecksilbergefäß des ersten nackt, das zweite berußt, das dritte mit Stanniol, das vierte mit Goldfolie belegt ist. Zur Messung der Lufttemperatur an einer Stelle des Raumes, die nicht vom Heizkörper beeinflußt wird, ist ein Thermometer in größerer Entfernung von ihm aufgehängt.

Versuchsdurchführung.

Die Heizung des Plattenheizkörpers wird so eingestellt, daß seine Unterseite eine passende, mit dem Thermoelement gemessene Temperatur annimmt und beibehält. Das berußte Thermometer wird in das Drahtgestell eingelegt und mittels des Seilzuges horizontal in verschiedene Abstände von der durch die Mitte der Heizplatte gehenden Vertikalen verschoben. Für jede Lage wird das Thermometer abgelesen, nachdem es sich dort so lange befunden hat, bis sich seine Angaben nicht mehr verändern. Je eine derartige Beobachtungsreihe ist mit den drei anderen Thermometern anzustellen. — Die gleichen Versuche werden mit dem berußten Thermometer vorgenommen, wenn es sich im Drahtgestell in größerer vertikaler Entfernung vom Heizkörper befindet.

Versuchsergebnisse.

Die Zahlentafel 5 enthält in der ersten Spalte die Versuchsnummer, in der zweiten die Oberflächenbeschaffenheit des Thermometers. Gruppen-

Zahlentafel 5.

Vers. Nr.		x (cm)	0	3	5	10	15	20	30	y (cm)
1	Berußtes Thermometer	t_1	29,6	29,0	28,2	25,4	22,2	20,5	19,2	9,5
		t_2	18,3	18,2	18,2	18,3	18,3	18,3	18,3	
		Δt	11,3	10,8	10,0	7,1	3,9	2,2	0,9	
2	Glasthermometer ohne Überzug	t_1	28,8	28,1	27,5	24,6	21,8	20,4	19,2	9,5
		t_2	18,3	18,4	18,4	18,4	18,4	18,4	18,4	
		Δt	10,5	9,7	9,1	6,2	3,4	2,0	0,8	
3	Thermometer mit Stanniolbelag	t_1	22,7	22,5	22,3	21,2	20,3	19,8	19,1	9,5
		t_2	18,2	18,3	18,4	18,4	18,5	18,6	18,6	
		Δt	4,5	4,2	3,9	2,8	1,8	1,2	0,5	
4	Thermometer mit Goldbelag	t_1	21,6	21,3	21,0	20,3	19,7	19,3	18,9	9,5
		t_2	18,6	18,6	18,5	18,5	18,5	18,6	18,6	
		Δt	3,0	2,7	2,5	1,8	1,2	0,7	0,3	
5	Berußtes Thermometer	t_1	23,2	23,0	22,8	22,0	21,0	20,2	19,5	19,0
		t_2	18,3	18,3	18,3	18,3	18,3	18,4	18,4	
		Δt	4,9	4,7	4,5	3,7	2,7	1,8	1,1	

weise in je drei Zeilen sind angegeben die den einzelnen Thermometern entsprechenden Temperaturablesungen. Es bedeutet x in Zentimetern den horizontalen Abstand des Thermometers von der vertikal durch die Heizplattenmitte gelegten Achse, t_1 die dort abgelesene Temperatur, t_2 die in größerer Entfernung von der Heizplatte gemessene Lufttemperatur, Δt den Unterschied beider. Endlich mißt die in der letzten Spalte eingetragene Größe y den vertikalen Abstand von der Heizplatte in Zentimetern. Abb. 14 zeigt den Verlauf von Δt abhängig vom Horizontalabstande x.

Die größten Werte von Δt beobachtet man am berußten Thermometer, verhältnismäßig große auch bei dem nackten Thermometer infolge des großen Absorptionsvermögens des Glases für die dunklen Wärmestrahlen. Entsprechend dem kleineren Absorptionsvermögen des mit Stanniol belegten Thermometers sind dessen Temperaturabweichungen niedriger und diejenigen des vergoldeten Thermometers am kleinsten.

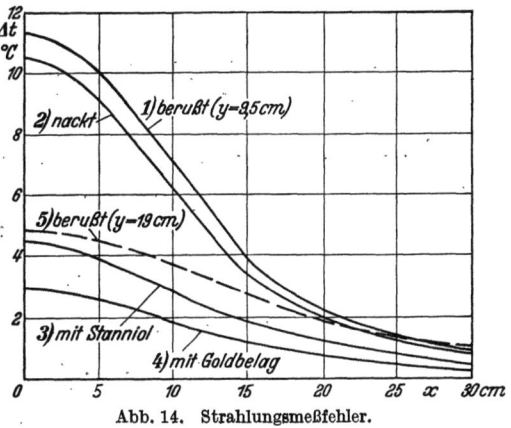

Abb. 14. Strahlungsmeßfehler.

Der obenerwähnte Einfluß des Öffnungswinkels des angestrahlten Thermometers ist aus dem Vergleich der Versuchsreihen 1 und 5 zu entnehmen. Für die Werte $x = 0$ bis $x = 25$ cm ist Δt für $y = 19$ cm wegen des kleineren Öffnungswinkels kleiner als bei $y = 9,5$ cm. Für die sehr schräge Zustrahlung bei $x = 30$ cm vergrößert sich dagegen bei Zunahme der senkrechten Entfernung der Öffnungswinkel und damit auch der Wert von Δt von 0,9 auf 1,1°.

Anordnung zur Verringerung oder Vermeidung des Strahlungsmeßfehlers.

Die störende Wirkung der Zustrahlung auf die Angaben des Thermometers läßt sich dadurch wesentlich herabsetzen, daß man das Quecksilbergefäß des Thermometers mit einer Hülse umschließt, welche die Wärmestrahlen stark reflektiert. Den infolge der unvollkommenen Reflexion eintretenden Fehler kann man dadurch beseitigen, daß man das Thermometer an einem Faden befestigt und im Kreise herumschleudert (Schleuderthermometer) oder daß man Luft durch einen Ventilator am Thermometer vorbeisaugt. Hierdurch wird der Wärmeaustausch mit der umgebenden Luft so stark gefördert, daß dagegen der Strahlungsmeßfehler zurücktritt.

Hausen hat noch eine andere Methode vorgeschlagen, bei welcher der Bewegungszustand der Luft nicht gestört wird[1]. Er verwendet zwei Thermometer, von denen das eine vergoldet ist. Das Thermometer mit unbedeckter Glasoberfläche nimmt dann infolge des hohen Absorptionsvermögens des Glases für Wärmestrahlen eine höhere Temperatur an als das vergoldete.

Bezeichnet t_0 die etwa mit einem Aspirationsthermometer bestimmte richtige Lufttemperatur, t' die Temperatur des vergoldeten und t'' diejenige des nackten Thermometers, so besteht, wie sich theoretisch ableiten läßt, die Beziehung

$$t_0 = t' - K(t'' - t').$$

Hierin bedeutet K eine nur von der Oberflächenbeschaffenheit der beiden Thermometer abhängige Konstante, deren Zahlenwert sich theoretisch berechnen oder noch sicherer durch einen einfachen Versuch bestimmen läßt.

Bei Benutzung eines vergoldeten und eines gewöhnlichen Quecksilberthermometers von je 0,55 cm Gefäßdurchmesser ergab sich z. B. folgende Gleichung:

$$t_0 = t' - 0,0325(t'' - t).$$

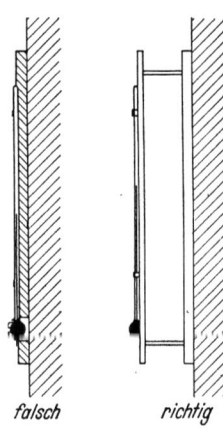

falsch   richtig

Abb. 15 und 16. Thermometer zur Bestimmung der Raumluft.

Hat man an einem derartigen Doppelthermometer z. B. abgelesen $t'' = 25,0°$, $t' = 20,0°$, so folgt aus der Korrektionsgleichung als wahre Lufttemperatur $t_0 = 20° - 0,0325(25° - 20°) = 19,8°$.

Aus obigem ergibt sich als eine für das tägliche Leben wichtige Folgerung, daß ein Quecksilberthermometer üblicher Bauart (Abb. 15), welches z. B. an die kältere Außenwand eines Zimmers aufgehängt wird, nicht die richtige Raumtemperatur zeigen kann. Denn das Quecksilber wird durch das an der Wand anliegende Befestigungsbrett abgekühlt und durch das an der Vorderseite angebrachte Schutzblech an dem Wärmeaustausch mit der wärmeren Luft gehindert, während der Strahlungsaustausch mit der kälteren Wand ungestört vor sich gehen kann. — Die Bauart nach Abb. 16 ist daher vorzuziehen.

---

[1] Hausen, H.: Zur Messung von Lufttemperaturen in geschlossenen Räumen. Gesundh.-Ing, Festnummer z. Kongreß f. Heizung u. Lüftung (1921) S. 43 und Die Messung von Lufttemperaturen in geschlossenen Räumen mit nicht strahlungsgeschützten Thermometern. Z. f. techn. Physik Bd. 5 (1924) S. 169.

b) Temperaturbestimmung eines schwach überhitzten Dampfes.

Gemäß dem Sprachgebrauch bezeichnet man als Dampf einen gasförmigen Körper, der durch Abkühlung auf nicht sehr tiefe Temperaturen verflüssigt werden kann. Man unterscheidet dabei noch zwischen gesättigtem und überhitztem Dampf, je nachdem die Temperatur gerade gleich der Siedetemperatur ist, die dem herrschenden Druck entspricht, oder darüber liegt.

Die Schwierigkeit der Temperaturmessung[1] des schwach überhitzten Dampfes beruht darauf, daß dieser wegen seiner verhältnismäßig kleinen spezifischen Wärme schon bei geringer Wärmeentziehung in den gesättigten Zustand übergeht und sich bei weiterem Wärmeentzug sogar kondensieren kann. Letzteres tritt unter Umständen schon an der Oberfläche eines Meßgerätes ein, das man in den Dampf hineinbringt. Das Thermometer wird dann längere Zeit hindurch unverändert die Temperatur des kondensierten Dampfes, also Sättigungstemperatur, anzeigen und den Eindruck erwecken, daß die gemessene Temperatur die Temperatur des überhitzten Dampfes angäbe.

Tatsächlich spielt sich aber der folgende Vorgang ab. Angenommen, der überhitzte Dampf wurde etwa durch Erwärmung einer wässerigen Lösung eines nicht flüchtigen Salzes entwickelt, so tritt er aus deren Oberfläche mit der Siedetemperatur der Lösung aus. Sobald ihm Wärme teils durch die Umgebung, teils etwa durch das eingeführte Temperaturmeßgerät entzogen wird, tritt auf letzterem unter Umständen Kondensation ein, und dieses zeigt dann, solange die Flüssigkeit nicht beseitigt ist, die Siedetemperatur des Lösungsmittels, also bei einer Lösung vom Siedepunkt 120° nicht diese Temperatur, sondern 100° als Siedetemperatur des Wassers.

Bei der Bestimmung der Temperatur eines schwach überhitzten Dampfes ist also dafür Sorge zu tragen, daß sich dieser nicht durch Wärmeabgabe an die Umgebung oder an das Meßgerät bis zum Eintritt der Kondensation abkühlt. Die nachstehend beschriebene Versuchsanordnung ist entworfen für die Temperaturmessung des aus einer wässerigen Lösung austretenden Dampfes. Die dabei befolgten Gesichtspunkte sind jedoch für alle schwach überhitzten Dämpfe maßgebend.

Versuchsanordnung.

Ein Messinggefäß A von der in Abb. 17 dargestellten Form enthalte im unteren Teile eine Lösung, welche durch Erhitzen auf einem Sandbade in ruhigem Sieden erhalten wird. Die entwickelten Dämpfe steigen

---
[1] Schreber, K.: Z. f. techn. Physik Bd. 4 (1923) S. 19. — Knoblauch, Osc. u. H. Reiher: Z. f. techn. Physik Bd. 4 (1923) S. 432.

der Zeit immer konzentrierter wird und daher ihre Siedetemperatur steigt. Durch die am Ende des Versuches bei 101,8° gelegene Temperatur der oberen Heizung war verhindert, daß sich am Austritt Wasser kondensieren konnte. Die Lösung zeigte 129,7°, der Dampf 113,6°; seine Temperatur lag also über dem Siedepunkt des Wassers. Da die Temperatur des Ölbades nur bei 111°, also unter der des Dampfes gelegen war, so konnte der Dampf vom Ölbade keine Wärme aufgenommen haben. Somit ist bewiesen, daß der aus einer wässerigen Lösung austretende Dampf überhitzt ist.

Bei der zweiten Versuchsreihe sollte die Temperatur des aus der Lösung austretenden Dampfes bestimmt werden. Es wurden deshalb die Wärmeverluste nach außen dadurch verhindert, daß die Temperaturen des Ölbades und der oberen Heizung derjenigen des Dampfes gleichgemacht wurden. Es war zu erwarten, daß alsdann die Temperatur des Dampfes derjenigen der Lösung gleich war.

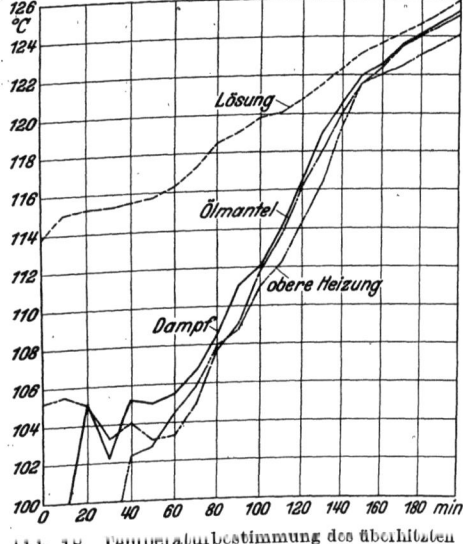

Abb. 18. Temperaturbestimmung des überhitzten Dampfes.

Die in Abb. 18 dargestellten Temperaturgänge der vier Thermoelemente zeigen in der Tat, daß sich die Dampftemperatur der der Lösung bis auf 0,6° genähert hat. Daß die Lösungstemperatur nicht ganz erreicht wurde, erklärt sich daraus, daß während des über drei Stunden dauernden Versuches infolge der Wasserverdampfung, wie oben erwähnt, die Konzentration der Lösung und daher auch ihre Siedetemperatur stetig ansteigt und dabei die Temperaturangabe des gleichzeitig aufzuheizenden Thermoelementes 2 zeitlich nachhinkt.

Auf die geringe, von den Gesetzen der Wärmeübertragung geforderte Überhitzung der zu verdampfenden Flüssigkeit sei hier nicht näher eingegangen[1].

c) Messung von Oberflächentemperaturen.

Die Messung von Oberflächentemperaturen an festen Körpern, die an Gase, z. B. an Luft, grenzen, bietet deshalb eine gewisse Schwierig-

---

[1] Jakob, M., u. W. Fritz: Forschung Bd. 2 (1931) S. 435.

2 b) Temperaturbestimmung eines schwach überhitzten Dampfes. 25

kann durch entsprechende Heizung des Ölbades mittels des Widerstandes J seine Temperatur über den Siedepunkt des reinen Lösungsmittels erhöht und derjenigen der Lösung beliebig angenähert werden. Durch dauernde Beobachtung der vier Thermoelemente, die über einen Umschalter K und eine gemeinsame Eislötstelle L zu dem Millivoltmeter M geleitet werden, kann die Temperaturverteilung im Apparat kontrolliert werden.

Versuchsdurchführung.

Das Gefäß A wird nach Herausnahme des Korkens N mit einer Lösung von Chlorkalzium gefüllt und die Thermoelemente 1 und 2 eingeschoben. Darauf wird mit einem untergesetzten Gasbrenner die Lösung zum Sieden gebracht, während die Schutzheizungen mit elektrischem Strom beschickt werden. Dabei ist dafür zu sorgen, daß die Thermoelemente 3 und 4 eine über dem Siedepunkt des reinen Lösungsmittels liegende Temperatur, also bei einer wässerigen Lösung über 100° anzeigen. Der Versuch ist nun entsprechend dem unten eingetragenen Beispiele so durchzuführen, daß stets die Temperaturen von 3 und 4 etwas unterhalb derjenigen von 2 liegen, so daß dieses Thermoelement möglichst wenig Wärme nach außen verliert, aber sicher keine von dort aus aufnimmt.

Versuchsergebnisse.

Es werden zwei Versuchsreihen durchgeführt; bei der ersten handelt es sich nur darum, nachzuweisen, daß der Dampf die Lösung mit einer über der Siedetemperatur des Wassers, also über 100° gelegenen Temperatur verläßt. Bei ihr war die Heizung des Ölbades und die obere Heizung so gewählt, daß sie über 100°, aber merklich unter der Siedetemperatur der Lösung lagen. Der Versuch wurde über eine längere Zeit ausgedehnt, um etwaige Temperaturschwankungen auszugleichen und einen Beharrungszustand anzustreben. In der Zahlentafel 6 sind die zu den verschiedenen Zeiten am Millivoltmeter in Teilstrichen abgelesenen Werte und die mittels einer Eichkurve gefundenen Temperaturen in °C angegeben.

Zahlentafel 6.

Zeit	Lösung		Ölbad		Obere Heizung		Dampf	
	Teilstriche	°C	Teilstriche	°C	Teilstriche	°C	Teilstriche	°C
10^{00}	114,2	126,2	94,3	110,3	84,0	101,2	99,4	114,8
10^{10}	115,1	127,1	94,2	110,2	76,0	93,8	98,0	113,6
10^{20}	116,2	128,0	94,0	110,0	86,2	103,2	98,3	113,8
10^{30}	117,3	128,8	95,0	111,0	84,5	101,8	97,7	113,1
10^{40}	118,1	129,7	95,0	111,0	84,5	101,8	98,0	113,6

Das zeitliche Ansteigen der Lösungstemperatur erklärt sich daraus, daß durch die fortschreitende Verdampfung von Wasser die Lösung mit der Zeit immer konzentrierter wird und daher ihre Siedetemperatur steigt. Durch die am Ende des Versuches bei 101,8° gelegene Temperatur der oberen Heizung war verhindert, daß sich am Austritt Wasser kondensieren konnte. Die Lösung zeigte 129,7°, der Dampf 113,6°; seine Temperatur lag also über dem Siedepunkt des Wassers. Da die Temperatur des Ölbades nur bei 111°, also unter der des Dampfes gelegen war, so konnte der Dampf vom Ölbade keine Wärme aufgenommen haben. Somit ist bewiesen, daß der aus einer wässerigen Lösung austretende Dampf überhitzt ist.

Bei der zweiten Versuchsreihe sollte die Temperatur des aus der Lösung austretenden Dampfes bestimmt werden. Es wurden deshalb die Wärmeverluste nach außen dadurch verhindert, daß die Temperaturen des Ölbades und der oberen Heizung derjenigen des Dampfes gleichgemacht wurden. Es war zu erwarten, daß alsdann die Temperatur des Dampfes derjenigen der Lösung gleich war.

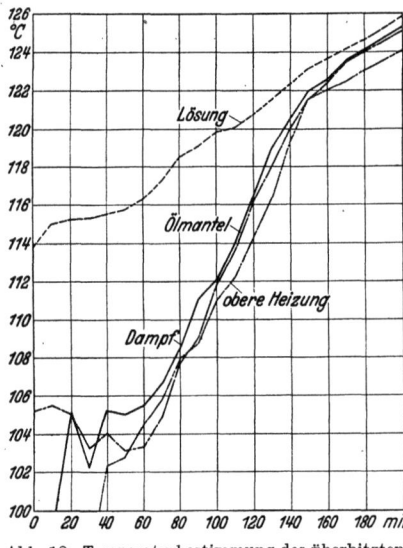

Abb. 10. Temperaturbestimmung des überhitzten Dampfes.

Die in Abb. 18 dargestellten Temperaturgänge der vier Thermoelemente zeigen in der Tat, daß sich die Dampftemperatur der der Lösung bis auf 0,6° genähert hat. Daß die Lösungstemperatur nicht ganz erreicht wurde, erklärt sich daraus, daß während des über drei Stunden dauernden Versuches infolge der Wasserverdampfung, wie oben erwähnt, die Konzentration der Lösung und daher auch ihre Siedetemperatur stetig ansteigt und dabei die Temperaturangabe des gleichzeitig aufzuheizenden Thermoelementes 2 zeitlich nachhinkt.

Auf die geringe, von den Gesetzen der Wärmeübertragung geforderte Überhitzung der zu verdampfenden Flüssigkeit sei hier nicht näher eingegangen[1].

c) Messung von Oberflächentemperaturen.

Die Messung von Oberflächentemperaturen an festen Körpern, die an Gase, z. B. an Luft, grenzen, bietet deshalb eine gewisse Schwierig-

---

[1] Jakob, M., u. W. Fritz: Forschung Bd. 2 (1931) S. 435.

2 c) Messung von Oberflächentemperaturen.

keit, weil bei einem Temperaturunterschied zwischen dem festen Körper und dem Gase der Verlauf der Temperatur an der Oberfläche des ersteren eine starke Veränderlichkeit aufweist. Sie nimmt (Abb. 19) im Innern des festen Körpers etwa gemäß einer Geraden von t_i bis t_a ab und sinkt dann innerhalb einer meist dünnen „Grenzschicht" d bis auf die Umgebungstemperatur t_0 herab. Der Idealfall des Meßinstrumentes wäre der, daß es nicht, infolge seiner räumlichen Ausdehnung, in die Grenzschicht hineinragte, sondern nur flächenförmig an die Oberfläche angelegt werden könnte. Dieser günstigste Fall muß bei der Konstruktion des Meßgerätes angestrebt werden. Im übrigen sollen selbstverständlich die oben (S. 16) erwähnten Gesichtspunkte beachtet werden, daß eine Störung des Temperaturfeldes durch seine Anbringung vermieden wird. — Im vorliegenden Falle darf durch Anlegen des Meßinstrumentes an die Oberfläche deren Wärmeabgabe an die umgebende Luft nicht verändert werden, weil hierdurch der Temperaturverlauf im festen Körper und daher auch dessen Oberflächentemperatur verändert werden würde. Außerdem muß die Wärmezuführung aus der festen Wand zum Meßinstrument begünstigt und eine zusätzliche Wärmeableitung von der Meßstelle durch das Meßgerät verhindert werden. Besonders große Fehler können dann auftreten, wenn die zu untersuchende Oberfläche einen schlecht wärmeleitenden Körper begrenzt.

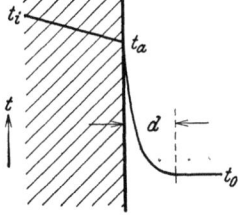

Abb. 19. Temperaturverlauf an der Oberfläche fester Körper.

Versuchsanordnung.

Um die Größe der bei der Messung von Oberflächentemperaturen auftretenden Fehler zu bestimmen, handelt es sich zunächst darum, eine Fläche genau bekannter Temperatur herzustellen. Dies kann beispielsweise folgendermaßen geschehen. Ein Zylinder A aus Teakholz (Abb. 20) von 20 cm Durchmesser und 3 cm Höhe wird durch einen untergelegten flachen Heizkörper B elektrisch erwärmt. Um seitliche Wärmeverluste zu vermindern und einen möglichst axialen Wärmestrom zu erzielen, ist er in Expansitschrot C eingebettet. Er besitzt in verschiedener Höhe eine Anzahl von feinen, radial bis zur Mitte reichenden Bohrungen, in welche Thermoelemente (1 bis 4) eingeschoben werden. Letztere dienen dazu, um im Dauerzustand der Temperaturverteilung aus den Ablesungen im Innern des Holzklotzes durch Extrapolation auf die Temperatur an der Oberfläche schließen zu können.

Um die Fehler zu bestimmen, welche bei der Messung von Oberflächentemperaturen bei verschiedenen Meßinstrumenten eintreten können, seien die folgenden untersucht (Abb. 20):

2. Temperaturmeßfehler und ihre Vermeidung.

1. ein gewöhnliches Thermoelement I, dessen Lötstelle mittels eines zugespitzten Holzstabes angedrückt wird und dessen Drähte nahezu senkrecht von der Oberfläche fortgeleitet werden,

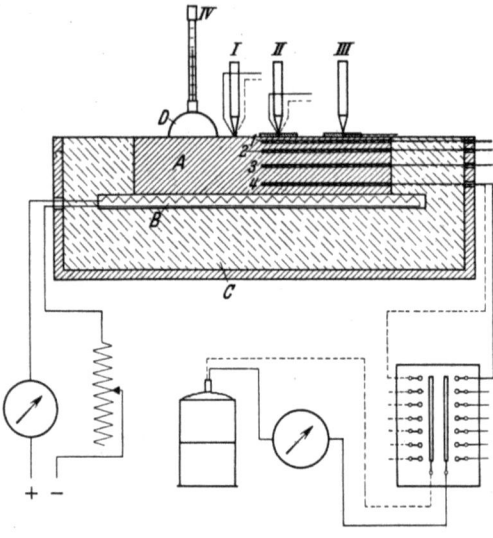

Abb. 20. Messung von Oberflächentemperaturen.

2. ein Element II, an dessen Lötstelle ein Kupferblättchen von 30 mm Durchmesser und 1 mm Dicke angelötet ist und dessen Drähte wiederum senkrecht abgeführt werden,

3. ein Element III mit Kupferplättchen, dessen Drähte parallel der Oberfläche verlegt werden.

Außerdem dient zur Beobachtung ein Quecksilberthermometer IV mit spiraligem Gefäß, über welches eine Kupferhaube D geschoben ist.

Die Temperaturmessung der Thermoelemente geschieht mit einem Millivoltmeter und einer Eichkurve. Die kalte Lötstelle wird durch Eis auf 0° C gehalten.

Versuchsdurchführung.

Die Heizung des Teakholzblockes wird zur Erreichung eines Beharrungszustandes der Temperaturverteilung etwa 12 bis 15 Stunden vor Beginn des Versuches eingeschaltet, und es werden die obengenannten vier Meßinstrumente auf die Oberfläche aufgelegt. Nach dieser Zeit ist die Extrapolation des Temperaturverlaufes im Innern des Teakholzblockes bis zur Oberfläche zulässig. Erst zu diesem Zeitpunkte werden die Ablesungen vorgenommen.

Versuchsergebnisse.

Die Zahlentafel 7 enthält in der ersten Spalte die Nummer der Meßstelle im Teakholzblock, in der zweiten die Tiefe unterhalb der Oberfläche, in der dritten und vierten die Temperaturen, und zwar in Teilstrichen des Meßinstrumentes und °C. Aus diesen Werten ergibt sich nach Abb. 21 durch graphische Extrapolation als Oberflächentemperatur 40,0°. Die Meßergebnisse mit den obengenannten vier Anordnungen sind folgende.

Zahlentafel 7.

Meßstelle		Temperatur	
Nr.	Tiefe (mm)	Teilstriche	°C
1	1,4	33,4	42,1
2	7	40,5	50,5
3	15	50,6	62,6
4	25	63,9	77,9

Die Extrapolation ergibt 40,0°.

Anordnung I. Punktförmige Lötstelle, senkrechte Fortführung der Drähte, 22,7 Teilstriche, 29,5°.

Anordnung II. Plattenförmige Lötstelle, senkrechte Fortführung der Drähte, 31,0 Teilstriche, 39,1°.

Anordnung III. Plattenförmige Lötstelle, Fortführung der Drähte längs der Oberfläche, 31,6 Teilstriche, 40,0°.

Anordnung IV. Quecksilberspiralthermometer mit Haube, 39,5°.

Die Versuchsergebnisse zeigen folgendes:

Anordnung I ergibt einen Meßfehler von 10,5°; denn statt der durch Extrapolation erhaltenen und richtigen Temperatur von 40,0° wurde 29,5° abgelesen. Die Wärmezufuhr durch das schlecht leitende Holz ist zu gering, als daß die Wärmeableitung durch die Drähte des Thermoelementes gedeckt werden könnte. Diese verlassen in unmittelbarer Nähe der Lötstelle die obenerwähnte wärmere Grenzschicht (Abb. 19) und geben Wärme an die Umgebungsluft ab.

Anordnung II ergibt einen geringeren Meßfehler von 0,9°, weil durch die gut leitende Kupferplatte aus einem wesentlich größeren Bereich der Holzoberfläche Wärme der Lötstelle zugeführt wird.

Anordnung III erreicht eine völlige Beseitigung des Meßfehlers dadurch, daß die Elementendrähte etwa 5 cm längs der Oberfläche, in der Grenzschicht verbleibend, fortgeführt werden. Die Wärme wird auch hier unvermeidlicherweise abgeführt, aber solchen Ober-

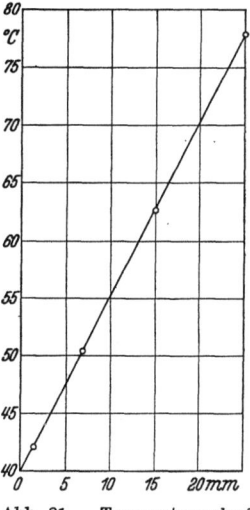

Abb. 21. Temperaturverlauf im Holzblock.

flächenstellen entzogen, die der Meßstelle so fern liegen, daß deren Temperatur nicht beeinflußt wird.

Anordnung IV ergibt zwar den nicht sehr großen Meßfehler von 0,5°, das Resultat ist jedoch als Zufallsergebnis zu betrachten und daher die Anordnung nicht als zuverlässig zu empfehlen; denn keiner der obenerwähnten Gesichtspunkte ist beachtet worden, und nur die unter der Haube abgeschlossene Luft, verbunden mit dem geringen Strahlungsvermögen der Metallhaube, hat zur Folge, daß verschiedene fälschende Einflüsse sich in ihrer Wirkung nahezu ausgleichen.

d) Temperaturmessung an der Oberfläche rotierender Körper.

Die Maßnahmen, welche zur einwandfreien Messung von Oberflächentemperaturen zu treffen sind, wurden schon im Abschnitt 2c besprochen.

Besondere Beachtung verdient dabei der Fall, daß sich die Oberfläche nicht in Ruhe, sondern, wie vielfach in der Praxis, z. B. bei einer Walze, in rotierender Bewegung befindet. Sei etwa eine Messung mit einem Thermoelement vorgesehen, so kann dieses an der Oberfläche so befestigt werden, daß es die Temperatur fehlerfrei angibt. Es muß jedoch der erzeugte Thermostrom von der in Bewegung befindlichen Meßstelle zu dem ruhenden Millivoltmeter in der Weise fortgeleitet werden, daß keine störenden sekundären Thermokräfte auftreten.

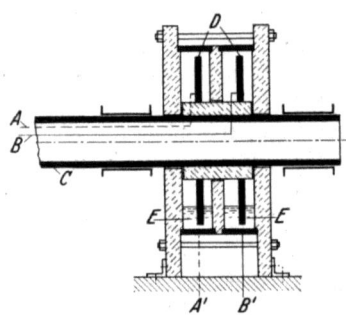

Abb. 22. Abnahme von Thermokräften durch Quecksilberzellen.

Dies kann z. B. nach dem Vorschlage von E. Hinlein[1] mit sog. Quecksilberzellen geschehen, bei denen die mit der Walze rotierenden Elementendrähte A und B (Abb. 22, schematisch) zu den auf der Achse C sitzenden Metallscheiben D geführt und mit diesen fest verbunden werden. Letztere rotieren in ruhenden Quecksilberwannen E, aus welchen der Thermostrom mit Drähten gleichen Materiales A' und B' (wie A und B) über eine kalte Lötstelle zum Meßinstrument geleitet wird. Diese Anordnung ist zwar für Laboratoriumsversuche wohl geeignet, in technischen Betrieben jedoch wegen der Verwendung von Quecksilber und der Führung der Thermoelementendrähte nicht immer anwendbar.

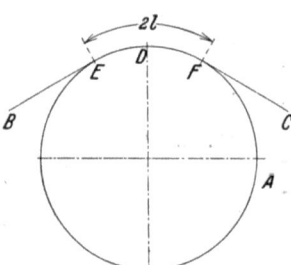

Abb. 23. Rotierende Walze mit gleitendem Thermoelement.

Für technische Zwecke eignet sich daher besser ein auf der Oberfläche gleitendes bandförmiges Thermoelement. Bei einem solchen können aus drei Ursachen Meßfehler entstehen. Stelle A in Abb. 23 die erwähnte rotierende Walze dar, auf welche das Thermoelement BC mit der Lötstelle D gelegt wird. Die Berührungsstelle D gibt dann erstens Wärme an die Umgebungsluft ab, leitet zweitens längs des Elementenbandes Wärme nach B und C fort und erhält drittens etwa durch Reibung zwischen Walze und Band längs der Strecke EF entstehende Reibungswärme zugeführt. Die an der Stelle D gemessene Temperatur soll nun in Wirklichkeit diejenige der Walze darstellen; sie kann jedoch infolge der beiden ersten Ursachen zu niedrig oder infolge der Reibung zu hoch bestimmt werden. Der Meßfehler kann daher je nach den vorliegenden Verhältnissen sowohl negativ wie positiv, als auch Null sein.

---

[1] Hinlein, E.: Z. VDI. Bd. 55 (1911) S. 730.

2 d) Temperaturmessung an der Oberfläche rotierender Körper.

Die genaue Temperaturmessung erscheint somit als ein ziemlich verwickeltes Problem der Wärmeübertragung. Der leitende Gedanke für die Erzielung einer einwandfreien Messung sei nachstehend kurz angedeutet[1]. Bei dem in Abb. 23 skizzierten Thermoelement ist zu unterscheiden zwischen dem Teile EF, welcher die rotierende Walze berührt, und den Teilen BE und FC, welche sich in Luft befinden. Der Teil EF nimmt teils durch die vorhandene Temperaturdifferenz von der Walze übergehende Wärme, teils durch Reibung erzeugte Wärme auf, während BE und FC nur die von EF zufließende Wärme an die Umgebungsluft abgeben.

Folgende Bezeichnungen seien eingeführt:

α_1 Wärmeübergangszahl Band—Umgebungsluft,
α_0 Wärmeübergangszahl Walze—Band,
λ Wärmeleitzahl des Bandmateriales,
$2l$ Berührungslänge zwischen Band und Walze,
d Breite des Bandes,
δ Dicke des Bandes,
t_w Walzentemperatur,
t_l Lufttemperatur,
t_b Temperatur in der Bandmitte.

Es sei erwähnt, daß $1/\alpha_0$ den Übergangswiderstand (vgl. S. 68 u. 81) darstellt, welchen die Wärme beim Übertritt von der Walze auf das Band zu überwinden hat. Er läßt sich auch darstellen in der Form $1/\alpha_0 = 1/\alpha_w + 1/\alpha_b$; hierin sind α_w und α_b zwei gedachte Wärmeübergangszahlen, die sich auf eine zwischen Walze und Band liegende Fläche beziehen; diese ist der Sitz der durch die Unebenheiten von Walze und Band erzeugten Reibungswärme.

Der aus den Gesetzen der Wärmeübertragung berechnete Meßfehler ergibt sich zu

$$f = t_b - t_w = \left(t'_w + t_{rb} - \frac{t'_w - t_{rb} - t_l}{\frac{r_1}{r_2}\mathfrak{Sin}\, r_1 l + \mathfrak{Cos}\, r_1 l}\right) - t_w;$$

hierin haben die neu eingeführten Buchstaben folgende Bedeutung:

$$r_1 = \sqrt{\frac{\alpha_0 + \alpha_1}{\lambda \delta}}, \quad r_2 = \sqrt{\frac{2\alpha_1}{\lambda \delta}}.$$

Weiter ist t'_w diejenige Temperatur, die das Band annehmen würde, wenn in ihm keine Reibungswärme auftreten und kein Wärmetransport in Richtung seiner Achse stattfinden, sondern Wärme nur an der Außenseite abgegeben würde; es ist

$$t'_w = \frac{t_w \alpha_0 + t_l \alpha_1}{\alpha_0 + \alpha_1}.$$

---

[1] Wintergerst, S.: Forschung Bd. 5 (1934).

Endlich ist t_{rb} die Temperaturerhöhung, welche die Bandmitte infolge des Auftretens von Reibungswärme erfährt; und zwar ist

$$t_{rb} = \frac{\frac{Q_r}{b} \cdot \frac{\alpha_0}{\alpha_w}}{\alpha_0 + \alpha_1}.$$

Hierin bedeuten $Q_r = \frac{1}{427} \cdot \frac{P \mu w}{2l}$ die Reibungswärme, welche pro Längeneinheit und Stunde erzeugt wird, P die Kraft, welche das Band an die Walze drückt, μ die Reibungsziffer, w die Umfangsgeschwindigkeit der Walze.

Die obige Gleichung für den Meßfehler läßt erkennen, welche Maßnahmen bei dem Entwurf eines Meßgerätes zu ergreifen sind, um den Meßfehler möglichst klein zu halten. Es ergibt sich[1]:

1. Die Wärmeübergangszahl α_0 muß groß sein, das Band also die Walze innig berühren.

2. Die Wärmeübergangszahl α_1, welche zwar bezüglich der Walze selbst und des an ihr anliegenden Teiles des Elementes durch die Messungsbedingungen gegeben ist, muß für den nicht berührenden Teil möglichst klein sein. Denn dieser vergrößert die wärmeabgebende Fläche, und seine Wirkung muß daher, als eine Fehlerquelle, möglichst beseitigt werden.

3. Die Wärmeleitzahl λ des Bandes muß klein sein, das Element also aus Metallen mit kleiner Wärmeleitzahl hergestellt werden.

4. Die Banddicke δ soll klein sein, also müssen dünne Bänder verwendet werden.

5. Die berührende Bandlänge $2l$ soll genügend groß gemacht werden.

6. Da die Reibungswärme mit dem spezifischen Anpressungsdruck zunimmt, so muß der die Reibungswärme erzeugende Anpreßdruck klein und die Berührungslänge $2l$ groß gehalten werden, damit der Meßfehler klein bleibt.

7. Die gleitende Oberfläche des Bandes soll möglichst glatt sein.

Schon aus der Vielheit der Einflüsse, welche sich bei der Messung der Oberflächentemperatur rotierender Körper geltend machen, ist zu entnehmen, daß man bei der Konstruktion des Meßinstrumentes darauf bedacht sein muß, die Wirkung der vielen Fehlerquellen möglichst zu verringern und gegenseitig auszugleichen. Wie dies geschehen kann, mögen nachstehende Versuche erläutern.

Versuchsanordnung.

a) **Allgemeiner Aufbau.** Um die Anzeige eines Meßgerätes unter verschiedenen Verhältnissen nachprüfen zu können, bedarf man einer

---

[1] Beiläufig sei darauf hingewiesen, daß die beiden Funktionen Sin und Coſ mit dem Argumente zunehmen.

2 d) Temperaturmessung an der Oberfläche rotierender Körper.

rotierenden Walze, die verschieden stark erwärmt und deren Oberflächentemperatur einwandfrei bestimmt werden kann. Hierzu eignet sich etwa folgender Aufbau. Eine Riemenscheibe A (Abb. 24) von 35 cm Durchmesser wird mit horizontaler Achse gelagert und durch einen Elektromotor angetrieben. Die Umdrehungszahl des Motors kann so eingestellt werden, daß die Umfangsgeschwindigkeit der Riemenscheibe 0,2 bis 5 m/s beträgt. Die Stirnseiten der Riemenscheibe sind durch feststehende kreisförmige Bleche D abgeschlossen, an welchen nach innen Heizkörper E befestigt sind, die eine Heizleistung von insgesamt 1000 W aufweisen. Zur Minderung unnötiger Wärmeverluste an den Stirnseiten sind die Bleche D mit einem Wärmeschutzstoff F belegt.

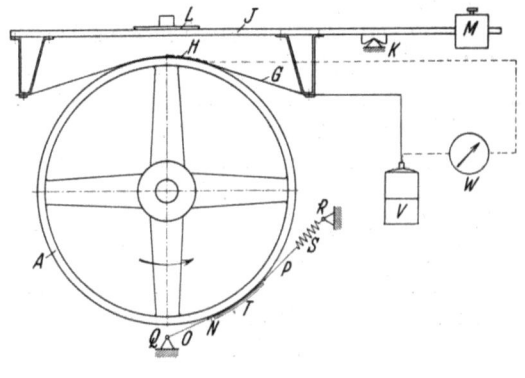

Um eine möglichst gleichmäßige Berührung des bandförmigen Thermoelementes mit der Walze zu erreichen, bestand dieses nicht aus zwei verschiedenen Metallen, deren Lötstelle in der Mitte der Berührungsfläche lag. Denn wegen der unvermeid-

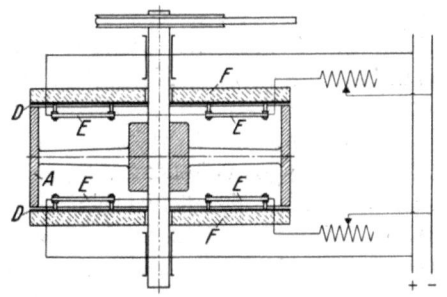

Abb. 24. Temperaturmessung an rotierenden Oberflächen.

lichen Überlappung bei der Stoßstelle der beiden Metalle würde gerade an der Meßstelle eine Verdickung ausgebildet und die Herstellung einer glatten Oberfläche erschwert werden. — Die thermoelektrische Messung wurde daher in der Weise vorgenommen, daß das Band G den einen Schenkel des Thermoelementes bildete und der zweite Schenkel in Form eines dünnen Drahtes H an der äußeren Oberfläche des Bandes angelötet wurde. Um den Anpressungsdruck verändern und messen zu können, wird das Band in einen Halter J eingespannt, der um eine Achse K drehbar gelagert ist. Der Halter trägt eine Waagschale L und ist durch ein Gegengewicht M ausbalanciert. Durch Auflegen verschiedener Gewichte auf die Waagschale L kann der Anpressungsdruck verändert werden. Die Einspannung des Bandes ermöglicht es, die Länge des berührenden Teiles zu wechseln. Versuche wurden durchgeführt mit einem Kupfer- und Stahlband.

b) **Bestimmung der wahren Walzentemperatur.** Die Bestimmung der Meßfehler setzt voraus, daß es auf irgendeine Weise möglich ist, die wahre Walzentemperatur einwandfrei zu bestimmen. Dem stehen gewisse Schwierigkeiten gegenüber, denn es läßt sich nicht erreichen, daß einerseits das Meßgerät auf der Walze mit inniger Berührung schleift, andererseits aber keine Reibungswärme erzeugt. Die Berührung darf daher nur mit einem sehr gelinden Druck erfolgen, wobei sich freilich ein nicht zu vermeidender Wärmeübergangswiderstand zwischen der Walze und dem Band ausbildet. Dieser verhindert völlige Angleichung der Temperaturen.

Zur Bestimmung der wahren Walzentemperatur wurde daher folgende Anordnung gewählt. Eine die Walze berührende dünne Kupferfolie N (Abb. 24) mit angelötetem dünndrähtigen Thermoelement ist, um die Wärmefortführung zu vermindern, nur mittels zweier Drähte O und P an den Punkten Q und R befestigt. Der gewünschte Anpreßdruck wird durch eine Feder S hervorgerufen. Eine Beseitigung der Temperaturdifferenz Walze—Folie (A gegen N) ist dadurch möglich, daß man die Kupferfolie mit einem dünnen Korkplättchen T belegt. Die Abkühlung der äußeren Oberfläche der Kupferfolie durch die Umgebungsluft wird hierdurch stark herabgesetzt, so daß die Temperaturdifferenz zwischen Walze und Kupferfolie praktisch verschwindet. Dabei ist aber nicht zu befürchten, daß die wärmeschützende Eigenschaft des Korkes die Oberflächentemperatur der Walze erhöht und dadurch die Messung fälscht; denn die hohe Wärmeleitzahl des Eisens der Walze sorgt für raschen Ausgleich örtlicher Temperaturunterschiede. Außerdem kommen bei der Rotation immer neue Teile der Walzenoberfläche mit der Folie in Berührung und verhindern eine Erhöhung der Folientemperatur[1].

In einfacher Weise läßt sich die Richtigkeit der auf diese Art vorgenommenen Temperaturmessung dadurch beweisen, daß man die Temperatur der **ruhenden** Walze mit der beschriebenen Anordnung und außerdem mit einem dicht daneben angelöteten gewöhnlichen Thermoelement mißt. Die dabei gemachte Feststellung, daß beide Meßanordnungen die gleiche Temperatur ergeben, beweist, daß das Auflegen des Korkplättchens zulässig ist.

---

[1] Man könnte vielleicht gegen die Anbringung der Korkplatte den Einwand erheben, daß ganz allgemein bei Temperaturmessungen an der Meßstelle keine Störung des Temperaturfeldes hervorgerufen werden darf. Dieser Einwand ist jedoch im vorliegenden Falle deswegen unzutreffend, weil die Korkplatte nur den Zweck hat, die Wirkung des durch den geringen Anpreßdruck bedingten Wärmeübergangswiderstandes zwischen Walze und Folie auszugleichen.

Daß ferner die vorgeschlagene Befestigung der Folie keine merkliche Reibungswärme erzeugt, wird folgendermaßen bewiesen. Wird die Walze aus der Ruhe in rasche Umdrehung, etwa 5 m/s Umfangsgeschwindigkeit, versetzt, so bleibt die Temperatur der Kupferfolie zunächst unverändert; erst nach einiger Zeit sinkt sie um einen geringen Betrag wegen des bei Rotation größeren Wärmeüberganges von der Walzenoberfläche an die Umgebungsluft. — Das Umgekehrte tritt ein, wenn man die rotierende Walze plötzlich stillsetzt.

Das an die Kupferfolie N angelötete Thermoelement mißt also in der Tat die wahre Oberflächentemperatur der Walze.

Das an die Kupferfolie gelötete und das aus dem Versuchsband bestehende Thermoelement wird über eine Eislötstelle V zu einem Millivoltmeter W geführt (Abb. 24).

Versuchsdurchführung.

Die bei jedem Versuch festzustellende Größe der Berührungslänge $2\,l$ wird in einfacher Weise dadurch bestimmt, daß bei stillstehender Walze zwischen ihre Oberfläche und das Elementenband G leicht angefeuchtetes Polreagenzpapier gelegt wird. Eine geringe, an Walze und Elementenband gelegte elektrische Spannung färbt das Papier in der Berührungsfläche rot, so daß die Länge $2\,l$ auf dem Reagenzpapier abgemessen werden kann.

Der Elektromotor wird auf eine der gewünschten Umfangsgeschwindigkeit der Walze entsprechende Umdrehungszahl gebracht. Die Umfangsgeschwindigkeit wird aus der Zahl der mittels Stoppuhr bestimmten minutlichen Umdrehungen gemessen.

Die Versuche wurden bei verschiedenen Umfangsgeschwindigkeiten, Anpressungsdrucken und Temperaturen der Walzenoberfläche durchgeführt.

Die Beobachtungen begannen mit einem Versuch bei unbeheizter Walze, bei der ihre Oberfläche Zimmertemperatur hatte. Dieser Versuch diente dazu, Einflüsse der Reibung allein festzustellen. Ein zweiter Versuch wurde bei höherer Walzentemperatur angestellt.

Der erste Teil der Versuche wurde an einer Walze ausgeführt, deren zylindrische Oberfläche geschlichtet, der zweite an einer solchen, deren Oberfläche geschliffen und poliert war. Da es sich bei der Erzeugung der Reibungswärme um nur geringe Unebenheiten der Oberfläche handelt, so ist die geschlichtete Oberfläche, die dem Auge ziemlich glatt erscheint, doch im Hinblick auf die hier durchgeführten Versuche schon als rauh zu bezeichnen.

Der Versuch besteht darin, daß unter den verschiedensten Bedingungen die mit dem auf der Kupferfolie N angebrachten Thermoelement bestimmte wahre Oberflächentemperatur mit den Angaben des Thermoelementes H verglichen wird.

2. Temperaturmeßfehler und ihre Vermeidung.

Versuchsergebnisse.

Die mit einem 5 mm breiten und 0,12 mm dicken Elementenband aus Kupfer bei **rauher** und bei **glatter** Walze ohne Beheizung erhaltenen Versuchsergebnisse sind in Zahlentafel 8 zusammengestellt. Die Berührungslänge war bei allen Beobachtungen nahezu die gleiche. Die Zahlentafel enthält die Abweichungen des Elementes H von der Oberflächentemperatur in °C. Eine zu hohe Angabe von H ist durch ein Pluszeichen, eine zu niedrige durch ein Minuszeichen gekennzeichnet. Der Anpressungsdruck ist in g ausgedrückt, die Berührungslänge $2l$ in mm gemessen und die Umfangsgeschwindigkeit w der Walze in m/s angegeben.

Entsprechend den unter Nr. 6 (S. 32) angeführten Voraussagungen wächst der Meßfehler mit zunehmendem spezifischen Anpressungsdruck; außerdem nimmt er zu mit der Rauhigkeit der Walzenoberfläche und der Umfangsgeschwindigkeit. — Bei Anpressungsdrucken P unter 50 g blieb das Kupferband G noch wellig und ergab keine innige Berührung mit der Walze.

Zahlentafel 8.

P (g)		50		100		200	
Walze		rauh	glatt	rauh	glatt	rauh	glatt
$2l$ (mm)		37	34	38	37	40	40
w (m/s)	0,22	0°	0°	+0,2°	+0,4°	+0,8°	+0,6°
	2,5	+2,0	+1,6	+3,5	+2,3	+7,0	+3,9
	5,0	+3,9	+2,7	+8,6	+3,1	+16,6	+5,7

Die Zahlentafel 9 gibt die Beobachtungen an der **rauhen** Walze, welche auf 80° geheizt worden war. Verändert wurden der Anpreßdruck, die Berührungslänge und die Umfangsgeschwindigkeit. Während in Zahlentafel 8 der Meßfehler im wesentlichen durch die Reibungswärme bedingt wurde, tritt hier noch der Einfluß des Wärmestromes von der Walze nach dem Band und der umgebenden Luft hinzu. Die an der

Zahlentafel 9.

P (g)		50			100			200		
$2l$ (mm)		17	37	78	21	38	80	25	40	80
w (m/s)	0,22	−4,0	0	0	−2,0	0	0	−1,0	0	+0,3
	2,5	−3,5	+1,0	0	+0,9	+3,5	+1,4	+3,4	+7,5	+3,7
	5,0	+0,5	+2,7	+0,3	+4,0	+5,2	+3,2	+12,0	+13,6	+7,0

Walze nicht anliegenden Enden des Bandes kommen je nach der Länge von $2l$ mehr oder minder wärmeableitend zur Wirkung, während sich gleichzeitig bei gegebenem Anpreßdruck mit $2l$ der spezifische Anpressungsdruck verändert. Die in der Zahlentafel eingetragenen Meßfehler lassen diese verschiedenen Einflüsse erkennen und finden ihre Erklärung aus den Gesetzen der Wärmeübertragung und der Reibung.

2 d) Temperaturmessung an der Oberfläche rotierender Körper. 37

In Zahlentafel 10 sind die Beobachtungen mit einem Stahlband (Uhrfeder) von 2,5 mm Breite und 0,21 mm Dicke an der glatten Walze angegeben. Die Walzentemperatur betrug 84 und 170°. Der Anpressungsdruck konnte beträchtlich niedriger gehalten werden als beim Kupferband, weil sich das Stahlband leicht innig anlegte. Man erkennt, daß bei einer Belastung von 20 g sowohl bei den eingestellten verschiedenen Geschwindigkeiten als auch bei den untersuchten Walzentemperaturen praktisch kein Meßfehler auftritt.

Aus den angestellten Beobachtungen kann entnommen werden, daß einwandfreie Temperaturmessungen an der Oberfläche rotierender Walzen mit gleitenden Thermoelementen nur an glatten Oberflächen ausgeführt werden können. Weiter geben die Versuche einen Anhalt dafür, innerhalb welcher Grenzen die Abmessungen des Bandes, die Berührungslänge und der Anpressungsdruck gewählt werden sollte.

Zahlentafel 10.

	P (g)	10	20	50	100	Walzentemperatur °C
	$2l$ (mm)	12	14	16	18	
w (m/s)	0,55	−0,5	0	+0,2	+1,0	84
	2,5	−0,3	0	+0,8	+1,2	
	5,0	−0,1	0	+1,6	+3,9	
	0,55	−0,2	0	+1,5	+1,8	170
	2,5	−2,2	−0,4	+0,1	+2,8	
	5,0	−1,8	0	+1,5	+3,5	

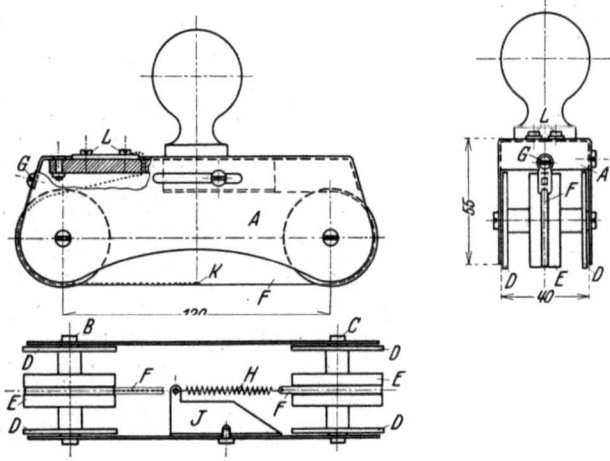

Abb. 25. Gerät zur Bestimmung von Oberflächentemperaturen rotierender Walzen.

Die Konstruktion eines Meßinstrumentes, welche auf obigen Beobachtungen aufgebaut ist, wurde von S. Wintergerst beschrieben[1].

In einem Gehäuse A (Abb. 25) aus Messingblech sind auf zwei Achsen B und C vier runde Blechscheiben D befestigt, die auf die zu

---

[1] Wintergerst, S.: Forschung Bd. 5 (1934).

untersuchende rotierende Walze aufgesetzt werden und auf ihr ablaufen. Auf die Achsen B und C sind außerdem zwei Rollen E aus Pertinax lose aufgeschoben, die einen etwas kleineren Durchmesser als D haben und daher die Walze nicht berühren. In einer Nut tragen sie ein Stahlband F, dessen eines Ende bei G festgeschraubt ist und dessen anderes Ende über eine Spiralfeder H an einem Bügel J endet. Auf diese Weise ist es möglich, bei verschiedenem Walzendurchmesser das Stahlband mit dem gleichen Anpressungsdruck zur Berührung zu bringen. An dem Stahlband ist an der Stelle K ein dünndrähtiges Thermoelement angelötet, das über die Rolle E zu den Klemmen L geführt wird.

e) Temperaturmessung in strömenden Gasen.

In der Praxis tritt oft der Fall ein, daß die Temperatur eines strömenden Gases bestimmt werden muß. Hierbei ist wiederum der Grundgedanke zu beachten (S. 16), daß die Wärmeübertragung auf das Meßinstrument möglichst begünstigt und die Wärmeableitung von diesem tunlichst verhindert wird. Denn andernfalls würde das Temperaturfeld an der Meßstelle erheblich gestört werden, und das Meßgerät würde dann diejenige Temperatur anzeigen, welche nach seinem Einbringen an der Meßstelle herrscht, aber nicht diejenige, welche vorher bestand und bestimmt werden sollte.

Die Schwierigkeit der Durchführung obigen Gedankens liegt darin, daß z. B. bei einem warmen Gasstrom in einem Rohre das Meßgerät meist in einen mit dem Rohr festverbundenen Stutzen eingesetzt wird; hierdurch ist die Möglichkeit gegeben, daß Wärme durch den Stutzen von der Meßstelle nach der kälteren Rohrwand abgeleitet und die Temperatur der Meßstelle erniedrigt wird.

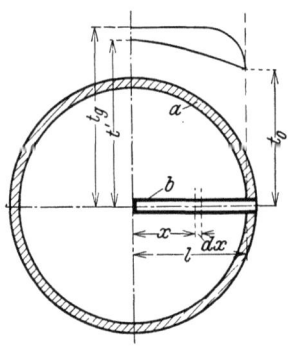

Abb. 26. Temperaturverlauf im Thermometerstutzen.

Um diese Vorgänge zu veranschaulichen, sei folgender besondere Fall behandelt[1]. Ein heißes Gas oder eine Flüssigkeit von der Temperatur t_g ströme an einer kälteren Rohrwand a (Abb. 26) vorbei, in der das Thermometerrohr b befestigt ist. Alsdann wird Wärme vom Gas auf das Thermometerrohr übergehen und in dessen Wandung nach der Befestigungsstelle fließen, wo die Temperatur t_0 herrscht. Die Temperatur steigt von hier längs des Thermometerrohres bis zu dessen Endquerschnitt und habe dort den Wert t'. Diese von einem vorläufig unbestimmt gelassenen Meßgeräte angezeigte Temperatur t' ist nur unter gewissen Bedingungen gleich der in Wirklichkeit zu bestimmenden Temperatur des Gases t_g.

[1] Hencky, K.: Z. VDI Bd. 68 (1924) S. 297 u. S. 792.

Der durch die Wärmeabgabe entstehende Temperaturunterschied $(t_g - t')$ stellt daher den Meßfehler dar (vgl. die Temperaturkurven im oberen Teile der Abb. 26).

Unter der Annahme, daß eine Wärmeabgabe vom Thermometerrohr nach innen in Richtung nach seiner Achse hin, also etwa zu dem hineingeschobenen Thermometer, zunächst nicht stattfindet, kann man folgende Gleichungen aufstellen.

Wählt man die Achse des Thermometerrohres zur x-Achse und deren positive Richtung vom Boden des Rohres zur Befestigungsstelle, so strömt an einer beliebigen Stelle x durch den Materialquerschnitt f des Thermometerrohres im Längendifferential dx die Wärmemenge

$$Q = -\lambda f \frac{dt}{dx}, \qquad (1)$$

wenn λ die Wärmeleitzahl des Rohrmateriales bedeutet. Das negative Vorzeichen rührt davon her, daß einem positiven Werte von dx ein negativer von dt entspricht. Von der Oberfläche des Differentiales dx wird aus dem Gase oder der Flüssigkeit die Wärmemenge dQ aufgenommen:

$$dQ = \alpha \, d\pi \, (t_g - t) \cdot dx,$$

wenn t die Temperatur an der Stelle x, d den äußeren Durchmesser des Thermometerrohres und α die Wärmeübergangszahl auf dieses bezeichnen. Das Differential dQ ist nichts anderes als die Änderung des durch Gleichung (1) ausgedrückten Wärmeflusses Q auf der Strecke dx; es folgt somit die für den Temperaturverlauf längs des Rohres gültige Differentialgleichung

$$\frac{d^2 t}{dx^2} = -\frac{\alpha \, d\pi}{\lambda f} (t_g - t).$$

Ihre Lösung lautet

$$t_g - t = c_1 e^{Ax} + c_2 e^{-Ax}, \qquad (2)$$

worin $A = \sqrt{\frac{\alpha \, d\pi}{\lambda f}}$ und c_1, c_2 die Integrationskonstanten sind. Letztere bestimmen sich aus den Grenzbedingungen:

für $x = 0$ ist $t = t'$,
„ $x = l$ „ $t = t_0$.

Das Temperaturgefälle im Enddifferential des Thermometerrohres, also bei $x = 0$, ist nach Gleichung (2)

$$-\left(\frac{dt}{dx}\right)_{x=0} = A(c_1 - c_2). \qquad (3)$$

An der Stelle $x = 0$ befindet sich die Stelle höchster Temperatur, und es ist dort

$$\left(\frac{dt}{dx}\right)_{x=0} = 0.$$

Aus Gleichung (3) folgt also
$$c_1 - c_2 = 0.$$

Nach einigen Umformungen ergibt sich damit aus Gleichung (2) für die Temperaturdifferenz zwischen Gas oder Flüssigkeit und der am tiefsten eintauchenden Stelle des Thermometerrohres b die Gleichung

$$t_g - t' = \frac{t_g - t_0}{\mathfrak{Coj}(Al)}, \qquad (4)$$

worin, wie erwähnt,
$$A = \sqrt{\frac{\alpha d \pi}{\lambda f}}$$

und l die Länge des Thermometerrohres b bedeuten.

Der Meßfehler erscheint somit als ein Produkt aus der experimentell bestimmbaren Temperaturdifferenz $(t_g - t_0)$ zwischen den Temperaturen t_g des strömenden Mediums und t_0 der Befestigungsstelle des Thermometerrohres und einem Faktor, der sich aus α und λ sowie den Dimensionen des Thermometerrohres errechnet.

Gleichung (4) ist unter der Annahme abgeleitet, daß $t_g > t' > t_0$ ist, d. h. daß ein heißes Gas oder eine heiße Flüssigkeit in einem kälteren Rohre strömt. Für den umgekehrten Fall, daß $t_g < t' < t_0$, also ein kaltes Medium in einem wärmeren Rohre strömt, bleibt Gleichung (4) gültig; es ändern sich nur die Vorzeichen der Temperaturdifferenzen.

Gleichung (4) zeigt folgende, an Hand einer experimentellen Untersuchung zahlenmäßig zu belegende Zusammenhänge zwischen der Größe des Meßfehlers und den diese beeinflussenden Größen.

1. Der Meßfehler $(t_g - t')$ ist proportional dem Unterschied $(t_g - t_0)$ zwischen der Temperatur t_g von Gas oder Flüssigkeit und t_0 der Wandung, in die das Rohr b eingesetzt ist.

2. Der Meßfehler wird mit zunehmender Länge l des Thermometerrohres b beschleunigt kleiner.

3. Der Meßfehler ist desto kleiner, je größer die Konstante A ist. Er ist also klein, wenn

das Produkt aus der Wärmeübergangszahl α und dem äußeren Durchmesser d des Thermometerrohres groß,

die Wärmeleitzahl λ des Materials des Thermometerrohres klein und

das Verhältnis von Umfang des Thermometerrohres zu dem die Wärmeleitung vermittelnden Metallquerschnitt f groß ist.

Die experimentelle Kontrolle dieser Gesetzmäßigkeiten soll durch die mit nachstehend beschriebener Versuchanordnung angestellten Messungen durchgeführt werden.

Versuchsanordnung.

Die Versuche werden mit Luft von Atmosphärendruck angestellt, welche durch einen von einem Elektromotor A (Abb. 27) angetriebenen

2 e) Temperaturmessung in strömenden Gasen. 41

Ventilator B in einer aus Blechrohren zusammengesetzten Ringleitung in der durch Pfeile angedeuteten Richtung in Umlauf gesetzt werden kann. Auf dem einen Teil der Leitung sind Ringheizkörper C_1 bis C_6 aufgelegt, welche je für sich mit Strom beschickt werden können. Die

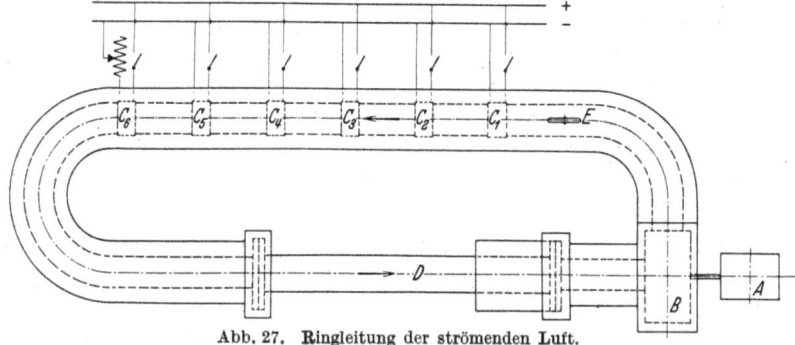

Abb. 27. Ringleitung der strömenden Luft.

eigentliche Versuchsstrecke D, in welche die Temperaturmeßgeräte verschiedener Einbauart eingesetzt werden, besteht aus einem Gußrohr von 10 cm innerem Durchmesser und 1 cm Wandstärke. Um unnötige Wärmeverluste zu vermeiden, ist die Ringleitung mit Ausnahme der Versuchsstrecke mit einem Wärmeschutzstoff umhüllt. Die Luftgeschwindigkeit wird mit einer Drosselklappe E passend eingestellt.

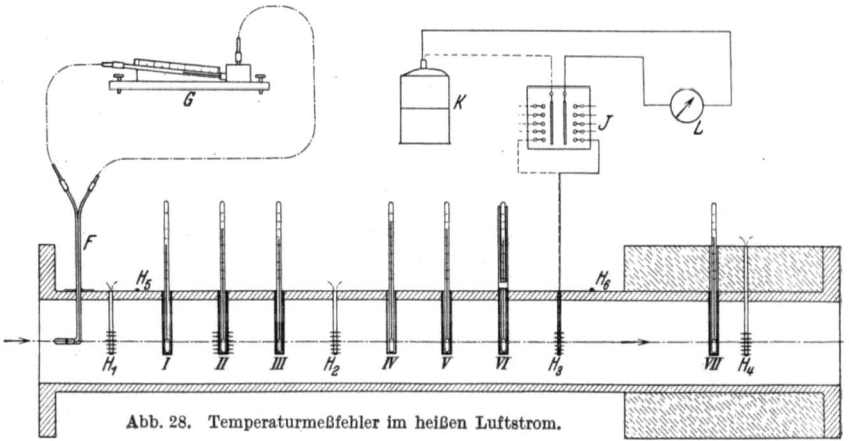

Abb. 28. Temperaturmeßfehler im heißen Luftstrom.

Am Beginn der Meßstrecke (Abb. 28) befindet sich ein Staurohr F, mit dem mittels eines Mikromanometers G die Luftgeschwindigkeit gemessen werden kann. Da die 1 m lange Meßstrecke mit Ausnahme ihres letzten Endes nicht gegen Wärmeabgabe nach außen isoliert ist, so nimmt längs derselben die Lufttemperatur im Innern des Rohres ab.

2. Temperaturmeßfehler und ihre Vermeidung.

Um nun die Meßfehler zu erkennen, welche durch verschiedene Art des Einbaues bedingt sind, muß zunächst der richtige Verlauf der Temperatur durch einwandfreie Messungen festgestellt werden. Zu diesem Zwecke sind an den Meßstellen H_1 bis H_4 dünnwandige Messingröhrchen eingebaut, die an ihrem unteren Ende mit Rippen versehen sind. In das Innere ist je ein Thermoelement eingeschoben, dessen Lötstelle im Boden des Röhrchens eingelötet ist. Erfahrungsgemäß sind diese Temperaturangaben wegen der guten Wärmeübertragung an die Rippen und der geringen Ableitung durch den kleinen Materialquerschnitt des Röhrchens nahezu fehlerfrei. Die Thermoelemente werden über einen Umschalter J und eine gemeinsame Eislötstelle K an ein Millivoltmeter L angeschlossen. Durch eine graphische Aufzeichnung des beobachteten Temperaturverlaufes im mittleren Stromfaden läßt sich für jede Stelle der Versuchsstrecke die herrschende Temperatur bestimmen.

Um die durch Gleichung (4) ausgedrückte Gesetzmäßigkeit des Meßfehlers zu belegen, sind folgende Arten des Einbaues eines Quecksilberthermometers in einem Rohrstutzen vorgenommen worden.

I. Messingrohr von 2 mm Wandstärke,
II. Messingrohr von 2 mm Wandstärke mit aufgelöteten Rippen,
III. Messingrohr von 2 mm Wandstärke, innen teilweise mit Öl gefüllt,
IV. Messingrohr von 1 mm Wandstärke,
V. Neusilberrohr von 2 mm Wandstärke,
VI. Messingrohr von 2 mm Wandstärke mit äußerer Thermometerhülse,
VII. Messingrohr von 2 mm Wandstärke in der außen gegen Wärmeabgabe isolierten Rohrleitung.

Zur Messung der Rohrtemperatur sind an den beiden Stellen H_5 und H_6 Thermoelemente befestigt.

Durchführung der Versuche.

Nach Anstellen des Motors werden zunächst sämtliche Heizkörper C_1 bis C_6 voll mit Strom belastet, bis das Thermoelement H_1 die gewünschte Temperatur anzeigt. Um ein weiteres Steigen zu verhindern, wird eine entsprechende Anzahl von Heizkörpern abgeschaltet und der Vorschaltwiderstand von Heizkörper C_6 so eingestellt, daß H_1 konstant bleibt. Von jetzt ab werden sämtliche Thermoelemente und Thermometer fortlaufend abgelesen, bis alle konstant bleiben. Die Luftgeschwindigkeit w wird mittels des Staurohres F und des Mikromanometers G bestimmt. Aus seiner Eichkurve kann die Geschwindigkeitshöhe h in mm W.-S. abgelesen werden.

In einem zweiten Versuch wurde mittels der Drosselklappe die Luftgeschwindigkeit herabgesetzt und wiederum die Temperatur bis zum neuen Beharrungszustand beobachtet.

2 e) Temperaturmessung in strömenden Gasen. 43

Am Schluß der Versuche wurde der Barometerstand b in mm Q.-S. bestimmt.

Versuchsergebnisse.

Die Versuchsergebnisse sind in der Zahlentafel 11 zusammengestellt. Sie enthält für die beiden Versuche im oberen Teile die zu verschiedenen Zeiten abgelesenen Temperaturen der Elemente H_1 bis H_6 in Teilstrichen und in °C, im mittleren Teil die entsprechenden Thermometerangaben von I bis VII in °C. Im unteren Teil endlich ist die Geschwindigkeits-

Zahlentafel 11.

	Zeit	Versuch 1				Versuch 2			
		11^{00}	11^{20}	11^{40}	°C	12^{00}	12^{20}	12^{40}	°C
Thermoelemente (Teilstriche)	H_1	135,0	135,0	135,0	148,3	135,0	135,0	135,0	148,3
	H_2	134,3	134,3	134,3	147,6	134,3	134,1	134,1	147,4
	H_3	133,3	133,6	133,6	146,9	133,4	133,2	133,1	146,5
	H_4	132,7	133,0	133,0	146,4	132,7	132,5	132,5	145,9
	H_5	103,2	104,7	104,7	117,9	103,2	103,2	103,1	116,2
	H_6	102,2	103,1	103,2	116,4	100,9	100,6	100,6	113,6
Thermometer (°C)	I	138,5	138,8	138,8		137,5	137,4	137,3	
	II	144,6	144,8	144,8		144,0	143,9	143,8	
	III	137,1	137,5	137,5		135,6	135,6	135,6	
	IV	139,4	139,7	139,7		138,1	138,0	138,0	
	V	143,1	143,3	143,3		142,2	142,1	142,1	
	VI	135,8	136,2	136,2		134,3	134,1	134,1	
	VII	138,9	139,5	139,5		138,5	138,3	138,3	
	h (mm W.-S.)	10,8	10,8	10,8		7,7	7,7	7,7	

$b = 718$ mm Q.-S.

höhe h in mm W.-S. und der Barometerstand in mm Q.-S. angegeben.

Es zeigt sich, daß 20 Minuten nach Beginn der Ablesung der Dauerzustand eingetreten ist.

Die vorhandene Geschwindigkeit w berechnet sich nach der Formel (vgl. S. 129)

$$w = \sqrt{\frac{2gh}{\gamma}}.$$

Die Dichte γ der Luft kann nach der Gasgleichung bestimmt werden

$$\gamma = \frac{P}{TR},$$

worin P den Druck in kg/m², $T = 273,2 + t$ die absolute Temperatur und $R = 29,3$ die Gaskonstante bedeuten. Bei beiden Versuchen war

$$P = \frac{b}{735,5} \cdot 10000 = 9760$$

2. Temperaturmeßfehler und ihre Vermeidung.

und (vgl. Abb. 29) $T = 273{,}2 + 148{,}3 = 421{,}5$, so daß

$$\gamma_1 = \gamma_2 = \frac{9760}{421{,}5 \cdot 29{,}3} = 0{,}791,$$

somit

$$w_1 = \sqrt{\frac{2 \cdot 9{,}81 \cdot 10{,}8}{0{,}791}} = 16{,}4 \text{ m/s},$$

$$w_2 = \sqrt{\frac{2 \cdot 9{,}81 \cdot 7{,}7}{0{,}791}} = 13{,}8 \text{ m/s}.$$

Um den wahren Temperaturverlauf längs der Rohrmitte festzustellen, wurden in Abb. 29 die Temperaturen der Thermoelemente H_1 bis H_4 über der Rohrlänge für die beiden Geschwindigkeiten eingetragen. Aus den erhaltenen Temperaturkurven können dann die Temperaturen abgegriffen werden, welche während der beiden Versuche an den Stellen geherrscht haben, an denen sich die Thermometer I bis VII befinden. In Zahlentafel 12 sind die Luftgeschwindigkeiten, die mit I bis VII beobachteten Temperaturen, die wahren Temperaturen sowie die Meßfehler eingetragen.

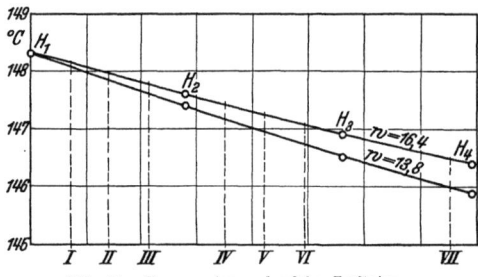

Abb. 29. Temperaturverlauf im Luftstrom.

Zahlentafel 12.

	Meßstelle (Angaben in °C)	I	II	III	IV	V	VI	VII
$w_1 = 16{,}4$ m/s	Wahre Temperatur	148,2	148,0	147,8	147,4	147,2	147,1	146,5
	Ablesung	138,8	144,8	137,5	139,7	143,3	136,2	139,5
	Meßfehler	9,4	3,2	10,3	7,7	3,9	10,9	7,0
$w_2 = 13{,}8$ m/s	Wahre Temperatur	148,1	147,8	147,6	147,2	146,9	146,7	146,0
	Ablesung	137,3	143,8	135,6	138,0	142,1	134,1	138,3
	Meßfehler	10,8	4,0	12,0	9,2	4,8	12,6	7,7

Die Ergebnisse bestätigen in jeder Hinsicht die Voraussagungen, welche auf S. 40 aus den Gesetzen der Wärmeübertragung gezogen worden sind.

Der Vergleich des Meßfehlers in den beiden Versuchsreihen zeigt durchgehend, daß er mit wachsender Geschwindigkeit kleiner wird. Dies rührt davon her, daß die Wärmeübergangszahl α und daher die Wärmeübertragung mit zunehmender Geschwindigkeit wächst.

Hiervon wird in der Praxis bei dem sog. „Absaugepyrometer" Gebrauch gemacht, indem man das Gas, dessen Temperatur bestimmt werden soll, durch eine besondere Vorrichtung mit vergrößerter Geschwindigkeit an dem Temperaturmeßgerät vorbeisaugt.

Eine Verbesserung der Wärmeübertragung an das Thermometerrohr erfolgt bei dem Thermometer II durch die aufgesetzten Rippen. Infolgedessen sinkt bei unverändertem Material und Querschnitt des Stutzens der Meßfehler von 9,4 auf 3,2° bzw. von 10,8 auf 4,0°.

Beim Übergang von I auf IV ist bei unverändertem äußeren Durchmesser und Material die Wandstärke von 2 auf 1 mm und dadurch der Meßfehler von 9,4 auf 7,7° bzw. von 10,8 auf 9,2° vermindert worden.

Der Vergleich von I und V zeigt, daß durch den Ersatz des Messings durch Neusilber bei gleichen Abmessungen infolge der Herabsetzung der Wärmeleitzahl des Stutzenmaterials von 90 auf 25 der Meßfehler erniedrigt wird von 9,4 auf 3,9° bzw. von 10,8 auf 4,8°.

Der Thermometereinbau VI entspricht einer Anordnung, wie sie vielfach in der Praxis zum Schutze des Thermometers gegen Stoß verwandt wird. Die herausragende Thermometerhülse vermehrt den Meßfehler von 9,4 auf 10,9° bzw. von 10,8 auf 12,6°.

Anordnung VII hat die gleichen Abmessungen wie I, ist jedoch in einen Teil des Rohres eingebaut, welcher äußerlich gegen Wärmeverlust geschützt ist. Hierdurch erhöht sich an der betreffenden Stelle die Rohrtemperatur, und der Meßfehler sinkt von 9,4 auf 7,0° bzw. von 10,8 auf 7,7°. — Der Erfolg der Isolierung würde ein noch größerer gewesen sein, wenn bei der Versuchsanordnung die Isolierung auf eine längere Strecke hätte ausgedehnt werden können und nicht ein Flansch, der stark zur Wärmeabfuhr beiträgt, in unmittelbarer Nähe gewesen wäre.

Die Anordnung des Thermometers III benutzt die vielfach in der Praxis angewandten Füllstoffe, die in die Stutzen eingebracht werden, um die Wärmeübertragung von diesen an das Meßgerät zu verbessern. Hierzu dienen entweder pulverförmige Körper, wie Kupfergrieß oder Messingfeilspäne, oder Flüssigkeiten, wie Öle.

Diese Füllungen beeinflussen den radialen Wärmestrom im Innern der Stutzen, der gemäß S. 39 im obigen noch unbeachtet blieb. Er hatte bisher keine Bedeutung, weil der axiale Strom in den benutzten Quecksilberthermometern infolge der kleinen Wärmeleitzahl des Glases nur gering ist und daher auch der sehr schwache radiale Strom keine Vergrößerung des Meßfehlers verursacht. Infolgedessen sind die Temperaturen im Stutzen und im Glase in gleicher Höhe über dem Stutzenboden praktisch dieselben, wie dies schematisch in Abb. 30 dargestellt ist.

Wird dagegen das Quecksilberthermometer, wie vielfach in der praktischen Verwendung, zum Schutze gegen mechanische Verletzungen in eine gutleitende, metallische Schutzhülse eingebaut, so tritt durch die axiale Wärmeableitung in der Hülse auch ein starker Wärmestrom auf, und es bildet sich ein der Abb. 31 entsprechendes Temperaturfeld aus. — Die im obigen beim Stutzen besprochenen Verhältnisse finden sich in gleicher Weise bei der Hülse vor, so daß ein nochmaliges Eingehen auf sie nicht erforderlich ist. — Es mag nur hervorgehoben werden, daß der durch die Hülse bewirkte Meßfehler dadurch verringert werden kann, daß der Wärmeübergang von der Innenfläche des Stutzens auf die Außenfläche der Hülse vergrößert wird. Diesem Zwecke dient das erwähnte Füllmaterial[1].

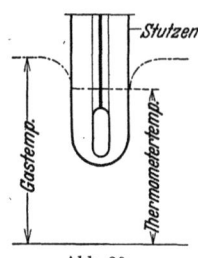

Abb. 30. Radialer Temperaturverlauf im Stutzen.

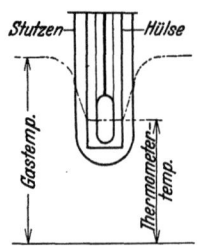

Abb. 31. Radialer Temperaturverlauf im Stutzen und in der Schutzhülse.

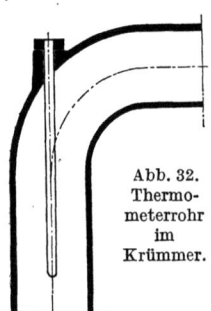

Abb. 32. Thermometerrohr im Krümmer.

Daß bei dem obigen Versuch mit dem Thermometer III keine Verringerung des Meßfehlers eintrat, steht mit obigen Ausführungen über Abb. 30 im Einklang.

Um den Einfluß der Länge l des Stutzens, der durch Gleichung (4) gekennzeichnet ist, zur Wirkung kommen zu lassen, empfiehlt sich eine Anordnung gemäß Abb. 32, nach welcher durch Einbau in einen Krümmer die Achse des Stutzens in diejenige des Rohres gelegt wird und daher in ihrer Länge nicht beschränkt ist.

3. Bestimmung der Wärmeleitzahl von Wärmeschutz- und Baustoffen.

Um die in Betrieben erzeugte Wärme oder Kälte mit möglichst geringen Verlusten von der Erzeugungs- bis zur Verbrauchsstelle fortzuleiten, muß man die Leitungen für die Wärme- oder Kälteträger mit einem Schutzstoff umhüllen. In gleicher Weise müssen geheizte und gekühlte Räume aus Gründen der Wirtschaftlichkeit vor dem Wärmeaustausch mit der Umgebung bewahrt werden. Die Eignung der hierzu verwandten Schutzstoffe wird durch die nachstehend näher zu behandelnde sog. Wärmeleitzahl λ charakterisiert[2].

---

[1] Kraus, A.: Beitrag zur Normung von Thermometerarmaturen; Einfluß von Füllstoffen. Arch. Wärmewirtsch. Bd. 10 (1929) S. 301.

[2] Regeln für die Prüfung von Wärme- und Kälteschutzanlagen. Berlin: Verlag VDI 1930.

Die Berechnung der durch Leitung übertragenen Wärmemenge geht aus von der Tatsache, daß die durch eine Platte von der Fläche F und der Dicke δ in der Zeit von τ Stunden hindurchtretende Wärmemenge Q direkt proportional ist $F\tau$ und dem Unterschied der Temperaturen $(t_1 - t_2)$ der beiden Oberflächen, dagegen umgekehrt proportional der Dicke δ. Hierbei ist stillschweigend angenommen, daß dafür Sorge getragen ist, daß die Wärme nur senkrecht zur Fläche F fließt. Wie dies praktisch erreicht wird, mag aus der untenstehenden Beschreibung des Plattenapparates entnommen werden.

Den Quotienten $\dfrac{t_1 - t_2}{\delta}$ bezeichnet man als Temperaturgefälle, dieses ist also die Temperaturänderung für die Längeneinheit. Somit ist

$$Q = \lambda \frac{t_1 - t_2}{\delta} F\tau,$$

worin der Proportionalitätsfaktor λ als Wärmeleitzahl bezeichnet wird. Aus dieser Gleichung ergibt sich die physikalische Bedeutung von λ; sie stellt diejenige Wärmemenge dar, die durch einen Würfel von 1 m Kantenlänge in der Zeit von 1 Stunde von einer Seite auf die gegenüberliegende fließt, wenn diese 1° Temperaturunterschied haben und die übrigen vier Würfelflächen vor Wärmeabgabe an die Umgebung geschützt sind. Die Dimension von λ ist $\dfrac{\text{kcal}}{\text{m h °C}}$.

Diese Betrachtungen setzen voraus, daß die Wärme, welche von der einen Seite in die Platte eintritt, auch wirklich aus der anderen wieder austritt und nicht teilweise in der Platte aufgespeichert wird. Dies ist dadurch feststellbar, daß die Temperatur der einzelnen Stellen der Platte sich zeitlich nicht verändert, also der Dauerzustand der Temperaturverteilung eingetreten ist.

Die Bestimmung von λ hat eine große technische Bedeutung[1] und mag deshalb an den nachfolgenden Anordnungen beschrieben werden.

a) Die Wärmeleitzahl plattenförmiger Körper.

Versuchsanordnung.

Von der großen Zahl von Apparaten, die zur Untersuchung plattenförmiger Körper entworfen worden sind, hat sich der nachstehend beschriebene (Abb. 33) für Bau- und Wärmeschutzstoffe gut bewährt[2].

---

[1] Umfassende Zusammenstellungen von Wärmeleitzahlen finden sich bei Schmidt, E.: Mitt. Forsch.-Heim f. Wärmeschutz, e.V., München (1924) Heft 5. — Jakob, M.: Der Chemie-Ing. Bd. I 1. Teil (1933) Leipzig: Akadem. Verlagsges. m. b. H.

[2] Poensgen, R.: Z. VDI Bd. 56 (1912) S. 1653. — Knoblauch, Osc., E. Raisch u. H. Reiher: Gesundh.-Ing. Bd. 43 (1920) S. 607. — E. Raisch: Arch. Wärmewirtsch. Bd. 10 (1929) S. 369.

3. Bestimmung der Wärmeleitzahl von Wärmeschutz- und Baustoffen.

Ein im Handel erhältliches Heizgitter von etwa 50 cm Kantenlänge wird auf beiden Seiten elektrisch isoliert, mit Platten aus Aluminium oder Eisen belegt. Letztere haben den Zweck, bei eingeschalteter Heizung die durch das Gitter hervorgerufene Ungleichmäßigkeit der Temperaturverteilung auszugleichen, so daß mit einer bestimmten Oberflächentemperatur des Heizkörpers gerechnet werden kann.

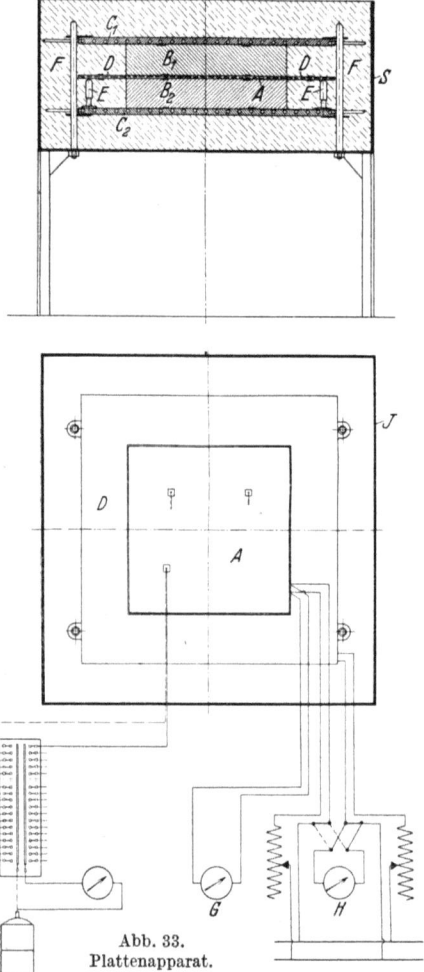

Abb. 33.
Plattenapparat.

Die Heizplatte A (Abb. 33) ist zu beiden Seiten mit je einer Versuchsplatte B_1 und B_2 gleicher Grundfläche und beiderseits gleicher Dicke belegt. Es empfiehlt sich, die Dicke der Versuchsplatte nicht zu klein zu wählen, damit etwaige Rauhigkeiten der Oberfläche sowohl bei der Berührung mit dem Heizkörper als auch bei der für den Versuch erforderlichen Dickenbestimmung der Platte nicht wesentlich zur Geltung kommen. An die Außenseiten der Versuchsplatten grenzen zwei wasserdurchströmte Kühlplatten C_1 und C_2, so daß bei elektrischer Beschickung der Heizplatte sich ein Wärmestrom gleicher Stärke durch die beiden Versuchsplatten ausbildet. — Die angegebene Abmessung der Heizplatte ist deshalb gewählt, weil die in der Technik benutzten Wärmeschutzstoffe keine vollkommen einheitlichen Körper sind und daher der Einfluß von etwa vorhandenen geringen Inhomogenitäten durch die Größe der Materialprobe ausgeschaltet werden muß.

Die beschriebene, aus der Heizplatte, den beiden Versuchsplatten und den Kühlplatten bestehende Versuchsanordnung würde noch nicht der oben aufgestellten Bedingung genügen, daß die in der Heizplatte erzeugte Wärme durch die Versuchsplatten zu den Kühlplatten fließt, ohne teilweise seitlich abzuströmen. Um dies zu erreichen, muß dafür gesorgt werden, daß in der unmittelbaren Umgebung der vertikalen Seitenflächen der Versuchsplatten je die gleiche Temperatur herrscht wie an der betreffenden Stelle der Platte selbst. Dies wird in einfacher Weise dadurch erreicht, daß man um die Heizplatte in der gleichen Horizontalebene mit ihr in geringem Abstand einen ringförmigen Heizkörper D legt und diesen auf dieselbe Temperatur erwärmt wie die Heizplatte. Die Breite des Ringes möge etwa 15 cm betragen. Er ruht auf Distanzbolzen E, deren Höhe entsprechend der Dicke der Versuchsplatte so einzustellen ist, daß Schutzring und Heizplatte in derselben Horizontalebene liegen. Die Größe der Kühlplatten ist so gewählt, daß sie auch diese als Schutzring bezeichnete Heizung überdecken. Der Zwischenraum zwischen Schutzring und den Kühlplatten wird mit einem pulverförmigen, schlecht leitenden Stoff F ausgefüllt, z. B. Korkpulver bei tiefen und mittleren, Kieselgur bei höheren Temperaturen.

Zur Messung der der Heizplatte zugeführten elektrischen Energie dient ein Volt- und ein Amperemeter G und H. Das Instrument H kann auch an den Schutzring angeschlossen werden, um dessen Heizenergie passend einstellen zu können. Die Temperatur wird an den in der Abbildung durch Punkte angedeuteten Stellen mittels Thermoelementen gemessen. An die Lötstellen werden zur leichteren Fixierung dünne quadratische Kupferplättchen von 2 cm Kantenlänge angelötet.

Die bisher beschriebenen Teile werden in einen Asbestschieferkasten J bzw. S eingebracht. Der neben und über den beschriebenen Teilen freibleibende Raum des Kasteninnern wird mit dem gleichen pulverförmigen Isolierstoff gefüllt wie der Raum zwischen Schutzring und Kühlplatten.

Das durch die Kühlplatten strömende Wasser wird mittels einer durch Elektromotor A (Abb. 34) angetriebenen kleinen Zentrifugalpumpe B in Umlauf gesetzt und, parallel geschaltet, durch beide Kühlplatten hindurchgeschickt. In den Wasserkreislauf ist ein zylindrischer Behälter C eingeschaltet. Er wird je nach der gewünschten Temperatur gefüllt mit Eis oder Wasser von Zimmertemperatur oder mit Wasser, das durch einen elektrischen Tauchheizkörper P erwärmt wird. Sowohl der Behälter als auch die Kühlwasserleitungen sind durch Isolierungen gegen den Wärmeaustausch mit der Umgebung geschützt.

Als Ergänzung der Versuchsanordnung mag noch eine Vorrichtung[1] beschrieben werden, welche bei denjenigen Versuchen, welche nicht mit Eiswasser durchgeführt werden, die Temperatur des durchströmenden Wassers auf einer gewünschten Höhe konstant hält.

Das umlaufende Kühlwasser nimmt im Laufe der Zeit infolge der elektrischen Heizung des Plattenapparates und der Reibung in der

---
[1] Koch, We.: Gesundh.-Ing. Bd. 53 (1930) Sonderheft S. 16.

50 3. Bestimmung der Wärmeleitzahl von Wärmeschutz- und Baustoffen.

Pumpe bei normaler Raumtemperatur erfahrungsgemäß eine über dieser liegende Temperatur, etwa 35°, an. Da die Versuche zunächst mehrere Tage brauchen, bis der Dauerzustand der Temperaturerteilung eingetreten ist und dieser während eines Tages kontrolliert werden muß, so wird bei einer so langen Versuchsdauer in den seltensten Fällen die Raumtemperatur konstant bleiben. Die Schwankungen der letzteren überlagern sich in ihrer Wirkung auf die Kühlwassertemperatur. Diese kann man ausgleichen durch Zufuhr von kälterem Wasser. Hierdurch ist gleichzeitig die Möglichkeit gegeben, für die Bestimmung von λ auch tiefere Kühlwassertemperaturen einzustellen.

In die Ansaugleitung der Pumpe ist ein Quecksilberkontaktthermometer D (Abb. 34) eingebaut. Letzteres wird so eingestellt, daß es beim Erreichen der gewünschten Kühlwassertemperatur über einen von einer Trockenbatterie gespeisten Stromkreis ein Relais E in Tätigkeit setzt. Ein elektrischer Kondensator F soll eine für das Kontaktthermometer schädliche übermäßige Funkenbildung verhindern. Das Relais öffnet bzw. schließt einen zweiten, an das Lichtleitungsnetz angeschlossenen Stromkreis, in den ein Hubmagnet G eingeschal-

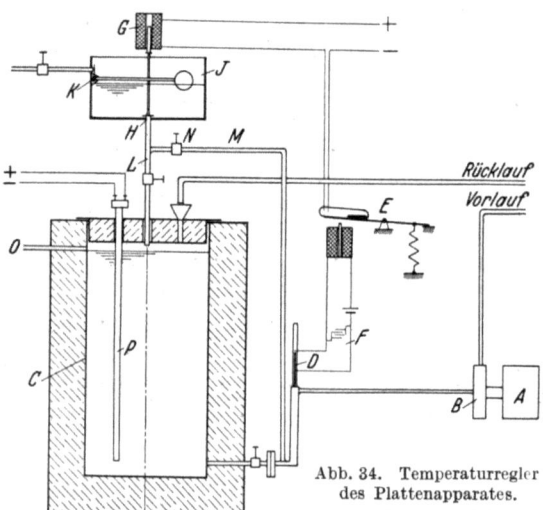

Abb. 34. Temperaturregler des Plattenapparates.

tet ist. Dieser betätigt ein Ventil H, welches im geöffneten Zustande Wasser aus dem Gefäß J ausfließen läßt. J wird aus der Wasserleitung gespeist, wobei ein Schwimmerventil K für gleichbleibenden Wasserstand sorgt. Das durch das Ventil laufende Wasser fließt zum größeren Teil mit dem aus den Kühlplatten kommenden Wasser durch die Leitung L großen Querschnitts in das Gefäß C, zum kleineren Teil über M in die Ansaugleitung der Pumpe. Mit dem Hahn N kann die Wassermenge reguliert werden. Ein Überlauf O bewirkt einen gleichbleibenden Wasserstand in C.

Die Zweigleitung M hat den folgenden Zweck. Das über L einlaufende kalte Wasser verursacht eine Temperatursenkung in C, die jedoch eine bestimmte Zeit braucht, ehe sie sich am Kontaktthermometer auswirkt. Im oberen Teil von C würde sich also eine Temperatur einstellen, die je nach der Stellung des Hahnes N mehr oder weniger tief unter der gewünschten Kühlwassertemperatur läge. Der erstrebte Beharrungszustand im Plattenapparat würde, wenn dieses kältere Wasser von der Pumpe angesaugt würde, gestört werden. Um nun diese durch L zugeführte Wassermenge zu beschränken, ist die Leitung M eingebaut, die eine kleine Menge kalten Wassers unmittelbar der Saugleitung, also auch dem Kontaktthermometer zuführt und somit ein baldiges Schließen von H bewirkt.

Bei höheren Temperaturen, etwa 40 bis 80°, wird in C eine elektrische Heizpatrone P eingesetzt, die so einreguliert wird, daß sie das Kühlwasser etwas höher erwärmen würde, als das Kontaktthermometer bei Stromschluß anzeigt. Die überschüssige Wärmezufuhr wird dann ebenfalls durch Zuleitung von Kaltwasser ausgeglichen.

Die in Abb. 33 und 34 dargestellte Anordnung kann auch dazu dienen, die Wärmeleitzahl pulverförmiger Körper zu bestimmen. Für diesen Fall wird je ein Rahmen aus dünnem, schlecht leitendem Material (z. B. Holz) von gleicher Fläche wie der Heizkörper und etwa 5 cm Höhe unterhalb und oberhalb der Heizplatte eingebaut und mit dem Material gefüllt. Dieses muß hierbei so fest gestopft werden, wie es seiner Verwendung in der Praxis entspricht (charakterisiert durch das Raumgewicht in kg/m³). Denn da das Isoliervermögen wesentlich durch die eingeschlossenen kleinen Lufträume bedingt ist, so ist λ in hohem Maße mit dem Raumgewicht veränderlich.

Versuchsdurchführung.

Vor dem Einbau der Versuchsplatten werden deren Abmessungen und ihr Gewicht bestimmt. Die elektrische Heizung der Platte ist so einzustellen, daß die Temperaturdifferenz zwischen Heiz- und Kühlplatte 8 bis 13° beträgt. Die Heizung des Schutzringes ist so zu wählen, daß seine Oberflächentemperatur mit der der Heizplatte übereinstimmt. Hierdurch wird erreicht, daß der Temperaturverlauf in der Umgebung der Versuchsplatten der gleiche ist, wie in ihnen selbst. Der Versuch ist so lange auszudehnen, bis sich bei gleichbleibender Heizung ein Dauerzustand der Temperaturverteilung in den Platten eingestellt hat. Dieser Dauerzustand wird nach Verlauf von einigen Tagen eintreten und soll etwa während eines Tages eingehalten werden. Die Sicherheit des Versuchsergebnisses ist wesentlich bedingt durch die Genauigkeit, mit der der Dauerzustand aufrechterhalten worden ist.

Da die Wärmeleitzahl mit der Temperatur veränderlich ist, muß sie bei mehreren Temperaturen bestimmt werden. Zu diesem Zweck werden neben dem obenerwähnten „Eisversuch" noch mehrere mit höherer Temperatur der Kühlplatte vorgenommen, bei der das Wasser im Behälter C Zimmertemperatur hat oder durch einen Tauchheizkörper auf höhere Temperatur erwärmt wird.

52   3. Bestimmung der Wärmeleitzahl von Wärmeschutz- und Baustoffen.

Versuchsergebnisse.

Aus der beschriebenen Versuchsanordnung ist ersichtlich, daß die dem plattenförmigen Heizkörper zugeführte elektrische Energie zu gleichen Teilen durch die beiden Versuchsplatten hindurchströmt. Bezeichnen e Volt die Spannung und i Ampere die Stromstärke des Heizstromes, so ist die stündlich zugeführte Wärme

$$Q = ei\,\mathrm{W} = 0{,}86\,ei\ \mathrm{kcal/h}.$$

Bedeuten ferner t_1 und t_2 die aus den Ablesungen der einzelnen Thermoelemente errechneten Mittelwerte der Heiz- und Kühlplatte, also der warmen und kalten Seite der Versuchsplatte, und δ(m), F(m²) und λ die Dicke, Fläche und Wärmeleitzahl der Versuchsplatte, so ist

$$\frac{Q}{2} = \frac{\lambda F(t_1 - t_2)}{\delta}\ \mathrm{kcal/h},$$

und daher

$$\lambda = \frac{0{,}43\,ei\delta}{F(t_1 - t_2)}.$$

Um einen Einblick zu gewähren, wie der Versuch zeitlich verläuft und zum Dauerzustand führt, mag in der Zahlentafel 13 ein Auszug aus einem Beobachtungsjournal für imprägnierte Korkplatten abgedruckt werden. Die Thermoelemente 1 bis 12 messen die Temperaturen auf den beiden Seiten der Versuchsplatten, I bis VI diejenigen des Schutzringes. Nach Verlauf von zwei Tagen ist der Dauerzustand erreicht. Er bleibt 48 Stunden erhalten, was aus der Unveränderlichkeit der Temperaturen zu ersehen ist. Die richtige Einstellung des Schutzringes ist daraus zu erkennen, daß die Temperatur des Schutzringes gleich der der Heizplatte ist. Die Mittelwerte aus der Spannung und Stromstärke werden ausgewertet, die den Mittelwerten der Temperaturen t_1 und t_2 in Teilstrichen entsprechenden Werte der Temperatur in °C aus der Eichkurve entnommen und diese Größen in die zur Berechnung von λ dienende Gleichung eingesetzt. Im vorliegenden Versuche ergibt sich $e = 11{,}56$ V; $i = 0{,}48$ A; $\delta = 0{,}0533$ m; $F = 0{,}221$ m²; $t_1 - t_2 = 12{,}94°$;

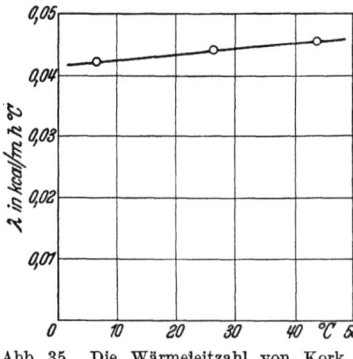

Abb. 35. Die Wärmeleitzahl von Kork.

$$\lambda = \frac{0{,}43 \cdot 11{,}56 \cdot 0{,}48 \cdot 0{,}0533}{0{,}221 \cdot 12{,}94} = 0{,}0443.$$

Die bei verschiedenen Temperaturen durchgeführten Versuche ergaben für die Mitteltemperatur $t_m = \frac{1}{2}(t_1 + t_2)$:

3 a) Die Wärmeleitzahl plattenförmiger Körper.

$$\text{für } t_m = 6{,}9 \text{ °C} \quad \lambda = 0{,}0423 \, \frac{\text{kcal}}{\text{m h °C}},$$
$$t_m = 26{,}2 \text{ ,,} \quad \lambda = 0{,}0443 \text{ ,, ,}$$
$$t_m = 43{,}7 \text{ ,,} \quad \lambda = 0{,}0458 \text{ ,, .}$$

Zahlentafel 13.

			Datum	26. I.	27. I.	27. I.	28. I.	28. I.	29. I.	29. I.
			Zeit	18	9	18	9	18	9	18
Temperatur an den Kühlplatten (Teilstriche)	unten	1		15,4	15,4	15,4	15,4	15,4	15,4	15,4
		2		15,5	15,4	15,4	15,4	15,4	15,4	15,4
		3		15,4	15,4	15,4	15,4	15,4	15,4	15,4
	oben	10		15,4	15,3	15,4	15,3	15,3	15,4	15,3
		11		15,4	15,3	15,3	15,3	15,3	15,3	15,4
		12		15,4	15,3	15,3	15,3	15,3	15,3	15,3
		Mittelwerte		15,42	15,35	15,37	15,35	15,35	15,37	15,37
				Mittel: 15,36 Teilstriche ≑ 19,76°						
Temperatur an der Heizplatte (Teilstriche)	oben	4		25,4	25,4	25,6	25,8	25,8	25,8	25,8
		5		25,4	25,5	25,7	25,9	25,8	25,9	25,9
		6		25,5	25,6	25,8	25,9	25,9	25,9	25,9
	unten	7		25,5	25,5	25,6	25,8	25,8	25,9	25,8
		8		25,6	25,6	25,8	25,9	25,9	25,9	25,9
		9		25,5	25,6	25,8	25,9	25,9	25,9	25,9
		Mittelwerte		25,48	25,53	25,72	25,87	25,85	25,88	25,87
				Mittel: 25,87 Teilstriche ≑ 32,70°						
Temperatur des Schutzringes (Teilstriche)		I		24,5	25,0	25,6	25,7	25,9	25,8	25,8
		II		24,5	25,1	25,5	25,7	25,8	25,7	25,7
		III		24,8	25,3	25,8	26,0	26,1	26,0	25,9
		IV		24,7	25,0	25,7	25,8	25,8	25,8	25,8
		V		24,7	25,1	25,7	25,8	25,9	25,9	25,9
		VI		24,7	25,2	25,7	25,9	26,0	25,9	25,9
		Mittelwerte		24,65	25,12	25,67	25,82	25,92	25,85	25,83
Plattenheizung: e (1 Teilstrich ≑ 0,2 V) . .				57,8	57,8	57,8	57,8	57,8	57,8	57,8
							Mittel: 57,8 ≑ 11,56 V			
i (1 Teilstrich ≑ 0,01 A) . .				48,0	48,0	48,0	48,0	48,0	48,0	48,0
							Mittel: 48,0 ≑ 0,480 A			
Ringheizung: (1 Teilstrich ≑ 0,01 A) . .				62,0	65,0	65,0	65,0	64,5	64,5	64,5
							← Beharrungszustand →			

Die graphische Aufzeichnung der Ergebnisse liefert die in Abb. 35 dargestellte Kurve, die die Temperaturabhängigkeit der Wärmeleitzahl λ zum Ausdruck bringt. — Das Raumgewicht der Korkplatten betrug 200 kg/m³.

b) Die Wärmeleitzahl von Rohrisolierungen.

Da die Wärmeschutzstoffe vielfach um Rohrleitungen herumgelegt werden und zu diesem Zweck teils schon in Form von Schalen in den Handel gebracht, teils als Pulver mit Wasser angerührt aufgetragen werden, so empfiehlt sich für diesen Fall zur Bestimmung der Wärmeleitzahl λ eine Anordnung, bei welcher Rohrisolierungen unmittelbar untersucht werden können[1].

Mag etwa ein außen durch einen Isolierstoff umhülltes Rohr zur Fortleitung von Sattdampf benutzt werden, so strömt die Wärme radial durch den Isolierstoff nach außen. Aus dem für die Wärmeleitung gültigen, oben S. 47 angeführten Gesetz ergibt sich für die von einem Rohr von L m Länge stündlich abgegebene Wärmemenge Q der Ausdruck[2]

$$Q = \lambda \frac{2\pi L(t_i - t_a)}{\ln(r_a/r_i)},$$

wenn bedeuten:

r_i und r_a den inneren und äußeren Radius der Rohrisolierung,
t_i und t_a die diesen entsprechenden Temperaturen.

Zur Bestimmung der Wärmeleitzahl λ dient daher die Gleichung:

$$\lambda = \frac{Q \ln(r_a/r_i)}{2\pi L(t_i - t_a)} \; [\text{kcal m}^{-1}\,\text{h}^{-1}\,°\text{C}^{-1}]. \tag{1}$$

Versuchsanordnung.

Ein Eisenrohr A (Abb. 36) von 3 m Länge und etwa 60 mm äußerem Durchmesser ist von dem zu untersuchenden Stoff B umhüllt. Im Innern

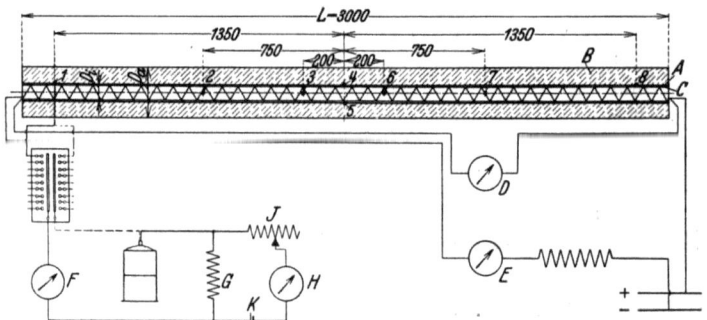

Abb. 36. Bestimmung der Wärmeleitzahl von Rohrisolierungen.

des Rohres liegt auf einem Stahlrohr C von etwa 40 mm Durchmesser eine durch Mikanit isolierte Heizspirale aus Chromnickelband. Aus

---
[1] W. van Riusum: Z. VDI Bd. 62 (1918) S. 601.
[2] Die Gleichung ergibt sich durch Integration der Differentialgleichung:

$$Q = -\lambda 4\pi L r \frac{dt}{dr}.$$

3 b) Die Wärmeleitzahl von Rohrisolierungen.

Messungen der Spannung mit dem Voltmeter D und der Stromstärke mit dem Amperemeter E wird die zugeführte Heizenergie bestimmt.

Die Temperatur t_i der inneren Begrenzungsfläche der Isolierschicht ist gleichzeitig die Oberflächentemperatur des Eisenrohres A. Sie wurde mit Thermoelementen aus Nickel-Nickelchrom mittels der unten beschriebenen Kompensationsmethode bestimmt. Die warme Lötstelle ist mit kleinen Eisenblättchen auf das Rohr an den in die Abbildung eingezeichneten Stellen *1* bis *8* aufgeschraubt; die Drähte selbst sind, um eine Wärmeableitung von der Meßstelle zu vermeiden, mit einer halben Wicklung um das Rohr geführt, ehe sie radial durch die Wärmeschutzmasse das Rohr verlassen. — Die Temperatur der äußeren Oberfläche der Isolierung wird mit Kupfer-Konstantanthermoelementen bestimmt, deren warme Lötstelle mit einem Faden angebunden und deren Drähte ebenfalls nach einer Wicklung um das Rohr abgeführt werden.

Bei der im Abschnitt 1 b beschriebenen Messung der thermoelektrischen Kraft mit der Ausschlagsmethode war folgendes zu beachten. Die durch eine Eichung festgestellte Beziehung zwischen dem Ausschlage des elektrischen Meßinstrumentes und der Temperatur kann nur benutzt werden, wenn der elektrische Leitungswiderstand des Elementes beim Versuche der gleiche ist wie bei der Eichung. Das Ergebnis der letzteren ist daher nicht unmittelbar anwendbar, wenn man Elemente zwar gleicher Art, aber von verschiedener Länge benutzt, oder wenn sich bei der Verwendung die Temperatur und dadurch der Widerstand der Elementendrähte merklich ändert. Letzterer Fall kann z. B. eintreten, wenn bei Messungen von höheren Temperaturen die Elementendrähte von der Meßstelle aus bis zum Millivoltmeter unvermeidlicherweise auf eine größere Länge durch ein Gebiet höherer Temperatur geführt werden müssen. Die Entscheidung über diesen Einfluß ergibt sich aus dem Vergleich des Widerstandes des Elementes mit demjenigen des Meßinstrumentes. Ist ersterer klein gegenüber letzterem, so sind die durch die Temperatur bedingten Änderungen des Widerstandes erst recht klein und ändern den Ausschlag des Instrumentes nicht merklich.

Vom Widerstand der Elemente und dessen Änderung kann man sich unabhängig machen, wenn man an Stelle der Ausschlagsmethode die Kompensationsmethode anwendet; bei dieser wird nämlich die thermoelektrische Kraft durch Gegenschaltung einer anderen elektromotorischen Kraft kompensiert und der Stromkreis des Elementes stromlos gemacht. Ihre Anwendung sei im folgenden beschrieben.

In den Kreis des Thermoelementes ist außer einem Galvanometer F (Abb. 36) ein Widerstand G eingeschaltet. An die Enden dieses Widerstandes ist ein zweiter Stromkreis angelegt, der aus einem Anzeigeinstrument H, einem Regulierwiderstand J und einem Arbeitselement K

56　3. Bestimmung der Wärmeleitzahl von Wärmeschutz- und Baustoffen.

besteht. Letzteres ist so geschaltet, daß sein Strom im Widerstande G dem Strom des Thermokreises entgegengerichtet ist. Durch Änderung des Widerstandes J ist es möglich, an den Klemmen von G eine der Thermospannung gleiche Spannung zu erzeugen, so daß das Galvanometer F keinen Ausschlag zeigt. — Die Eichung des Thermoelementes geschieht dann in der Weise, daß der warmen Lötstelle bestimmte Temperaturen erteilt werden und daß jeweils durch Regulieren des Widerstandes J der Galvanometerstrom zu Null gemacht und H abgelesen wird. In einer Eichkurve werden dann die Temperaturen der warmen Lötstelle und die zugehörigen Ausschläge von H eingezeichnet. — Durch geeignete Wahl des Widerstandes G läßt sich erreichen, daß bei einem gegebenen Instrument H auch für verschiedene Temperaturbereiche stets die gleiche prozentuale Ablesegenauigkeit erzielt wird. Wird z. B. für den Bereich bis 100° die ganze Skala von H ausgenutzt, so wird durch Einsetzen eines größeren, passend gewählten Widerstandes G ein entsprechend höherer Temperaturbereich mit der gleichen prozentualen Genauigkeit gemessen werden können.

Die Verteilung der Temperaturen.

Für die beschriebene Versuchsanordnung ist die oben angegebene Gleichung (1) für den Wärmefluß nicht streng anwendbar, weil die Rohrenden für Wärmeaustritt durchlässig und daher kälter sind als die Rohrmitte. Die zugeführte Heizwärme strömt infolgedessen nicht überall radial durch die Isolierung, sondern infolge des Temperaturabfalles teilweise in axialer Richtung nach den Enden. Dabei behält zwar die Oberflächentemperatur t_a, wie sich nachweisen läßt, wegen des geringen Wertes der Wärmeleitzahl der Isolierung längs des ganzen Rohres den gleichen Wert; wegen der größeren Wärmeableitung durch die Metallrohre A und C (Abb. 36) nimmt jedoch die Innentemperatur t_i merklich von der Mitte nach den Enden ab, so daß eine Korrektur ihrer Beobachtungswerte erforderlich ist.

Es sei t_{im} die beobachtete Innentemperatur an der Mitte des Eisenrohres, zugleich die Temperatur der innersten Isolierschicht mit dem Halbmesser r_i,

t_{ix} die entsprechende Temperatur am Eisenrohr im Abstande x von der Mitte,

t_a die unveränderliche Temperatur an der Oberfläche,

$f = 0,00058$ m² der Eisenquerschnitt der Rohre A und C senkrecht zur Achse,

$\lambda_1 = 50$ die Wärmeleitzahl von Eisen.

Die Abweichung der in der Mitte des Versuchsrohres beobachteten Temperatur von derjenigen, die in dem an den Enden vollkommen isolierten Rohr zu erwarten ist, kann berücksichtigt werden, indem man

3 b) Die Wärmeleitzahl von Rohrisolierungen.

zu t_{im} eine Berichtigungsgröße Δt_{im} addiert. Dann aber ist λ aus Formel (1) zu ermitteln. — Die theoretische Berechnung ergibt[1]

$$\Delta t_{im} = \frac{t_{im} - t_{ix}}{\mathfrak{Cof}\, x \sqrt{c}}, \qquad (2)$$

worin die Konstante c die Bedeutung hat

$$c = \frac{2\pi\lambda}{f\lambda_1 \ln(r_a/r_i)}. \qquad (3)$$

Die Auswertung der zur Bestimmung von λ erforderlichen Berichtigung Δt_{im} ist also an die Kenntnis von λ selbst gebunden, da ja c von λ abhängt. Somit kann λ nur auf einem Näherungswege berechnet werden, indem man in die Gleichung (1) zunächst den beobachteten Wert t_{im} für t_i einsetzt. Auf diese Weise erhält man einen angenäherten Wert λ' der Wärmeleitzahl, der jedoch von dem richtigen Wert von λ sehr wenig abweicht, da Δt_{im} nicht groß ist.

Der so erhaltene Wert λ' kann daher benutzt werden, um c nach Gleichung (3) und mit deren Hilfe die Berichtigung Δt_{im} zu berechnen. Endlich erhält man λ, wenn man in Gleichung (1) $t_i = t_{im} + \Delta t_{im}$ einsetzt.

---

[1] Die Berechnung von Δt_{im} ergibt sich an Hand der Abb. 37, in welcher A das die Isolierung und C das die Heizwicklung tragende Rohr darstellt. Es tritt in das Rohrelement dx die von der Heizung erzeugte Wärmemenge ein

$$q_1 = \frac{Q}{L} dx$$

und durch Zuleitung in A und C

$$q_2 = -\lambda_1 f \frac{dt_{ix}}{dx}.$$

Es tritt aus in die Isolierung

$$q_3 = \frac{2\pi\lambda(t_{ix} - t_a)}{\ln(r_a/r_i)} dx$$

und durch Ableitung in A und C

$$q_4 = -\lambda_1 f \left(\frac{dt_{ix}}{dx} + \frac{d^2 t_{ix}}{dx^2} dx \right).$$

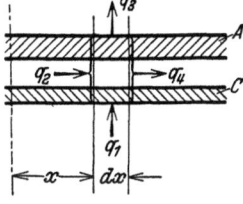

Abb. 37. Wärmestrom in den Eisenrohren.

Aus der Wärmebilanz ergibt sich

$$q_1 + q_2 = q_3 + q_4$$

und nach einfacher Umformung

$$\frac{d^2 t_{ix}}{dx^2} = c t_{ix} + b,$$

wo c die obige Bedeutung hat [Gleichung (3)] und b zur Abkürzung gesetzt ist für

$$b = -\frac{\dfrac{2\pi\lambda t_a}{\ln(r_a/r_i)} + \dfrac{Q}{L}}{f\lambda_1}.$$

Die Integration der Differentialgleichung liefert

$$\frac{dt_{im}}{dt_{ix}} = \frac{1}{\mathfrak{Cof}\, x \sqrt{c}} \quad \text{oder} \quad \Delta t_{im} = \frac{t_{im} - t_{ix}}{\mathfrak{Cof}\, x \sqrt{c}}.$$

Versuchsdurchführung.

Auf dem vorstehend beschriebenen, innerlich elektrisch geheizten Rohre ist das zu untersuchende Material aufgebracht. Falls es in Pulverform angeliefert und mit Wasser angefeuchtet verwendet ist, geschieht die Trocknung am besten durch die elektrische Rohrheizung. Dabei ist zweierlei besonders zu bedenken: erstens darf die vielfach vorgenommene Lackierung der um die Isolierung gewickelten Nesselbinde erst erfolgen, wenn alle Feuchtigkeit beseitigt ist, da diese anderenfalls nicht an die Außenluft abgegeben werden kann und der Versuch daher nicht die Wärmeleitzahl des trockenen, sondern des feuchten Materiales liefern würde; zweitens muß bei der Annäherung an den Trockenzustand die Heizung verringert werden, da sonst die Temperatur übermäßig ansteigt und der Heizkörper Schaden leiden könnte.

Bei Beginn des Versuches wird eine zunächst willkürlich gewählte, nicht zu starke Heizung eingestellt und so lange geregelt, bis sich die gewünschte Rohrtemperatur einstellt. Durch mehrere Tage wird dann bei gleich gehaltener Heizung der Temperaturverlauf so lange beobachtet, bis er konstant bleibt. Der so eingetretene Dauerzustand der Temperaturverteilung wird etwa 24 Stunden lang verfolgt.

Dabei ist folgendes zu beachten. Die Tatsache, daß die durch die innere Begrenzungsfläche der Isolierung eintretende Wärme in unvermindertem Maße auch an der Außenfläche an die Umgebungsluft abgegeben und nicht etwa teilweise in dem Material aufgespeichert wird, erkennt man daran, daß die Temperaturdifferenz $(t_i - t_a)$ zeitlich unverändert bleibt. Wegen der langen Versuchsdauer wird es vielleicht nicht möglich sein, die Umgebungstemperatur konstant zu halten. Dies wird entsprechend auch den Wert von t_a verändern und vielleicht auch bis auf t_i einwirken. Trotzdem wird auch ein solcher Versuch, wenn sich die Änderungen in engen Grenzen halten, als ein Dauerzustand angesprochen und verwendet werden können. Deswegen ist der Dauerzustand am sichersten durch Feststellung der zeitlichen Konstanz der Temperaturdifferenz der inneren und äußeren Rohrisolierung erkennbar.

Um die Abhängigkeit der Wärmeleitzahl von der Temperatur festzustellen, sind mehrere Versuche bei verschiedenen Rohrtemperaturen durchzuführen.

Versuchsergebnisse.

In Zahlentafel 14 sind die Ergebnisse eines Versuches eingetragen, und zwar in dem oberen Teile die Ablesungen in Teilstrichen der acht inneren Thermoelemente, im zweiten diejenigen der sechs äußeren. Der dritte Teil enthält Spannung und Stromstärke des Heizstromes. — Nachdem die Heizung bereits einige Zeit eingeschaltet war, hatte sich am 3. II. 8 Uhr der Beharrungszustand eingestellt, welcher bis 20 Uhr beobachtet wurde.

3 b) Die Wärmeleitzahl von Rohrisolierungen.

Zahlentafel 14.

	Datum			Beharrungszustand			
		2. II.		3. II.			
	Zeit	19⁰⁰	23³⁰	8⁰⁰	12¹⁰	16²⁰	20⁰⁰
Thermoelemente	1	133,8	135,2	136,2	136,2	136,5	136,2
	2	150,2	152,2	153,6	153,4	153,7	153,3
	3	153,0	155,0	156,3	156,2	156,5	156,2
	4	153,0	155,0	156,2	156,2	156,3	156,1
	5	154,0	156,0	157,2	157,2	157,5	157,2
	6	154,0	156,0	157,2	157,2	157,2	157,2
	7	150,5	152,7	154,1	154,0	154,2	154,0
	8	135,5	137,0	138,2	138,2	140,5	140,2
	Mittel 3 bis 6	153,5	155,5	156,7	156,7	156,9	156,7
				Mittel 156,7 Teilstriche $\doteqdot$ 315,9°			
				Mittel aus 1 u. 8: 137,8 Teilstriche $\doteqdot$ 282,7°			
	I	35,0	35,0	35,9	35,9	35,9	35,8
	II	37,5	37,8	38,2	38,5	38,7	38,5
	III	34,0	33,3	34,0	34,1	34,1	34,0
	IV	40,2	39,9	40,5	40,7	41,1	40,7
	V	33,5	33,8	34,0	34,1	33,8	33,5
	VI	36,5	36,8	37,2	37,2	37,9	37,3
	Mittel II bis V	34,8	36,1	36,7	36,8	36,9	36,9
				Mittel 36,8 Teilstriche $\doteqdot$ 48,7°			
Rohrheizung	Volt	69,6	69,7	69,7	69,7	69,7	69,7
				Mittel 69,7 V			
	Amp. (× 0,05)	120,1	120,2	120,2	120,2	120,3	120,2
				Mittel 120,2 Teilstriche $\doteqdot$ 6,01 A			

Aus den Ablesungen der Elemente 3 bis 6, welche in der Nähe der Rohrmitte liegen, und II bis V ist je das Mittel gebildet und mittels der Eichkurven in °C ausgedrückt.

Die Angaben der Elemente 1 bis 8 lassen deutlich das Abfallen der Innentemperatur der Isolierung nach den Rohrenden hin erkennen und können benutzt werden, um entsprechend den obigen Ausführungen die Korrektur $\varDelta t_{i_m}$ vorzunehmen.

Der angenäherte Wert λ' der Wärmeleitzahl der Rohrisolierung kann gemäß Gleichung (1) berechnet werden. Hierin ist

$Q = 0{,}86\, ei = 0{,}86 \cdot 69{,}7 \cdot 6{,}01 = 360$ kcal/h,

$L = 3$ m,

$r_a = 79{,}6$ mm (bestimmt aus 10 Messungen des Umfanges der Isolierung),

3. Bestimmung der Wärmeleitzahl von Wärmeschutz- und Baustoffen.

$r_i = 29{,}4$ mm,
$\ln(r_a/r_i) = 0{,}997$.

Es folgt:
$$\lambda' = \frac{360 \cdot 0{,}997}{2\pi \cdot 3 \cdot (315{,}9 - 48{,}7)} = 0{,}0712\,.$$

Zur Berichtigung von λ' bedarf man gemäß Gleichung (2) der Größe Δt_{im}, welche an der an der Mitte des Rohres gemessenen Temperatur t_{im} anzubringen ist. Es ist
$t_{im} = 315{,}9°$,
$x = 1{,}35$ m,
$t_{ix} = 282{,}7°$ und gemäß Gleichung (3)
$$c = \frac{2\pi\lambda'}{f\lambda_1 \ln(r_a/r_i)} = \frac{2\pi \cdot 0{,}0712}{0{,}00058 \cdot 50 \cdot 0{,}997} = 15{,}47\,.$$

Mithin ist
$$\Delta t_{im} = \frac{315{,}9 - 282{,}7}{\mathfrak{Cof}(1{,}35\sqrt{15{,}47})} = 0{,}33°\,.$$

Die in der Mitte des Rohres gemessene Temperatur wird also infolge der Wärmeableitung der Eisenrohre um $0{,}33°$ zu niedrig beobachtet.

Erhöht man in Gleichung (1) für λ die beobachtete Temperaturdifferenz $(t_i - t_a)$ um $0{,}33°$, so erhält man in zweiter Annäherung
$$\lambda = \frac{360 \cdot 0{,}997}{2\pi \cdot 3 \cdot 267{,}5} = 0{,}0711\,.$$

Da die Korrektur nur gering ist, so erübrigt sich eine nochmalige Näherungsrechnung.

Der so gefundene Wert von λ ist der Mitteltemperatur der inneren und äußeren Oberflächentemperatur der Isolierung zuzuordnen:
$$t = \tfrac{1}{2}(315{,}9 + 48{,}7) = 182{,}3°\,.$$

Zahlentafel 15.

t °C	t_{im} °C	λ kcal/m h °C
59,1	90,4	0,0585
77,8	124,1	0,0612
106,1	176,1	0,0646
139,0	235,5	0,0682
182,3	315,9	0,0711

Entsprechende weitere Versuche ergaben die in Zahlentafel 15 zusammengestellten Resultate. Um zu veranschaulichen, welchen Höchsttemperaturen das Material ausgesetzt gewesen ist, sind außer den Mitteltemperaturen t auch die Rohrtemperaturen t_{im} angegeben. In Abb. 38 sind die Ergebnisse zeichnerisch dargestellt. Man erkennt, daß die Wärmeleitzahl des untersuchten Materials, wie im allgemeinen, mit zunehmender Temperatur anwächst (vgl. Abb. 35).

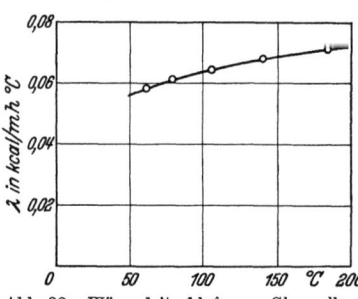

Abb. 38. Wärmeleitzahl λ von Glaswolle.

Da die Wärmeschutzstoffe meistens künstlich hergestellt sind und ihre Wirkung auf der Größe und Verteilung der in ihnen enthaltenen kleinen Lufträume beruht, so läßt sich aus ihrem Raumgewicht ein angenähertes Urteil über den zu erzielenden Wärmeschutz bilden. Es ist daher üblich, neben der Wärmeleitzahl auch das Raumgewicht anzugeben. Dieses wird am sichersten in der Weise bestimmt, daß man für die auf das Rohr aufgebrachte Isolierung einerseits das Volumen, andererseits aus der Differenz zwischen dem isolierten und nackten Rohr das Gewicht der Isolierung bestimmt. — Im vorliegenden Falle betrug das Raumgewicht 272 kg/m³.

c) Bestimmung des Wärmedurchganges und der Wärmeleitzahl eines dampfdurchströmten Holzrohres mittels des Wärmeflußmessers.

Oft liegt die Aufgabe vor, die Wärmeabgabe eines Rohres an die Außenluft zu bestimmen. Es sei von einem heißen Gase oder einer warmen Flüssigkeit durchströmt und gegen Wärmeverluste durch einen umgelegten Wärmeschutz isoliert. Eine Betriebsunterbrechung durch den Versuch darf dabei nicht erfolgen, so daß nur eine Methode zur Verwendung kommen kann, bei der ein geeignetes Meßinstrument an der Oberfläche der Isolierung angebracht wird. Dadurch soll jedoch eine merkliche Änderung des Temperaturfeldes nicht hervorgerufen werden. — Die gleichen Verhältnisse liegen vor, wenn die Wärmeabgabe von Bauteilen, wie Kesselwänden, Dachkonstruktionen, Raumbegrenzungswänden usw. bestimmt werden soll.

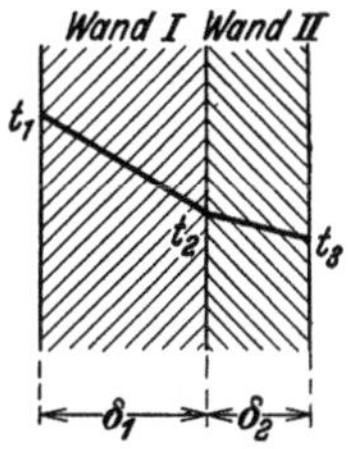

Hierzu eignen sich die sog. Wärmeflußmesser, von denen nachstehend der von E. Schmidt angegebene beschrieben werden soll[1].

Zur Erläuterung seiner Verwendung nehmen wir eine ebene Wand von 1 m² Fläche, der Dicke δ_1 m und der Wärmeleitzahl λ_1 an. Die auf ihren Oberflächen (Abb. 39) herrschenden Temperaturen seien t_1 und t_2; alsdann berechnet sich die stündlich hindurchgehende Wärmemenge zu

$$q = \frac{\lambda_1}{\delta_1}(t_1 - t_2).$$

Abb. 39. Wärmeflußmessung mittels Hilfswand.

Möge ferner an die erste Wand eine zweite angelegt sein von der Dicke δ_2 und der Wärmeleitzahl λ_2, und mögen die Temperaturen der ersten Fläche wiederum mit t_1 und t_2, die der Außenfläche der zweiten mit t_3 bezeichnet werden. Nimmt man an, daß an den übrigen Begren-

---

[1] Schmidt, E.: Arch. Wärmewirtsch. Bd. 5 (1924) S. 9. — Ausführliche Anweisungen für den praktischen Gebrauch finden sich bei E. Raisch u. K. Schropp: „Die thermoelektrische Temperatur- und Wärmeflußmessung". Mitt. Forsch.-Heim f. Wärmeschutz e. V., München, Heft 8 (1930).

zungsflächen keine Wärme entweichen kann und daß daher die gleiche Wärmemenge q beide Wände durchströmen muß, so ist

erstens $\qquad q = \dfrac{\lambda_1}{\delta_1}(t_1 - t_2),$

zweitens $\qquad q = \dfrac{\lambda_2}{\delta_2}(t_2 - t_3),$

so daß
$$q = \frac{\lambda_1}{\delta_1}(t_1 - t_2) = \frac{\lambda_2}{\delta_2}(t_2 - t_3).$$

Besteht nun etwa die Aufgabe darin, die unbekannte Wärmemenge q zu bestimmen, welche durch die Wand I hindurchströmt, so kann dies nach der letzten Gleichung mit Hilfe der Wand II geschehen, wenn für diese δ_2 und λ_2 bekannt sind und t_2 und t_3 gemessen werden.

Bei der praktischen Anwendung dieses Gedankens kann man an die zu untersuchende Wand I den sog. Wärmeflußmesser in Form der Vergleichswand II anlegen, wobei diese selbstverständlich so beschaffen sein muß, daß die Temperaturen an der Oberfläche der Versuchswand möglichst wenig gestört werden. Wie dies zu erreichen ist, ergibt sich aus der nachstehenden Beschreibung des Wärmeflußmessers.

Als Meßplatte wird ein Gummistreifen verwendet. Die Messung der Temperaturdifferenz seiner beiden Seiten wird mit Thermoelementen vorgenommen. Die geringe Dicke von nur 2 mm ist deshalb gewählt, um, entsprechend dem Obigen, das Temperaturfeld in der Platte I möglichst wenig zu stören. Als Material ist Gummi deshalb geeignet, weil er sich auch an nicht ebenen Flächen, z. B. Rohroberflächen, gut anlegen läßt. Bei nicht zu großen Wärmemengen q ist die Temperaturdifferenz zu beiden Seiten des Gummistreifens nur gering. Zu ihrer Messung sind im Schmidtschen Wärmeflußmesser etwa 200 Thermoelemente hintereinander geschaltet. Gegen Beschädigung sind sie durch eine Schicht aus Gummileinen abgedeckt, die mit dem Gummistreifen durch Vulkanisieren fest verbunden ist. Zur Messung der Thermokraft wird ein mit Rücksicht auf die Praxis gewähltes, auf Spitzen gelagertes Millivoltmeter benutzt.

Aus der mit dem Millivoltmeter gemessenen Temperaturdifferenz $(t_2 - t_3)$ erhält man die gesuchte Wärmemenge q nach obiger Gleichung durch Multiplikation mit λ_2/δ_2, wobei dieser Faktor gleichsam eine Instrumentenkonstante ist. Um sie zu bestimmen und gleichzeitig die Anwendung des Wärmeflußmessers in der Praxis möglichst zu erleichtern, wird das Voltmeter außer mit einer Millivoltskala mit einer zweiten Skala versehen, welche die stündlich durch den Wärmeflußmesser gehende Wärmemenge in kcal/m² h unmittelbar abzulesen gestattet. Die letztere Skala wird durch Eichung in der Weise erhalten, daß man die verschiedenen hindurchströmenden Wärmemengen entsprechenden Temperaturdifferenzen zwischen beiden Seiten des Wärmeflußmessers durch Beobachtung feststellt.

Wenn auf die beschriebene Weise die Größe q ermittelt ist, kann man weiter auch die Wärmeleitzahl λ_1 der Versuchswand auswerten, wenn in der Gleichung

$$q = \frac{\lambda_1}{\delta_1}(t_1 - t_2)$$

außer δ_1 die Temperaturdifferenz $(t_1 - t_2)$ gemessen wird.

Die gleichen Betrachtungen gelten, wenn die Wände nicht durch ebene Flächen begrenzt, sondern zylindrisch geformt sind. Bei der Bestimmung von q kann man die für ebene Wände geltenden Formeln auch dann noch anwenden, wenn die Dicke des Wärmeflußmessers klein ist gegenüber dem Krümmungsradius der Zylinderfläche. Die für eine ebene Wand geltende Eichung kann dann auch hier verwendet werden. Es ist dabei üblich und bequem, nicht die pro m² der Rohroberfläche, sondern die pro laufenden Meter des Rohres stündlich abgegebene Wärmemenge anzugeben. Um die unmittelbaren Ablesungen des Wärmeflußmessers, welcher die pro m² abgegebene Wärmemenge q liefert, mit diesem Falle verknüpfen zu können, ist zu beachten, daß einem Meter Rohrlänge die Oberfläche πD_a entspricht, wenn D_a den äußeren Durchmesser des Rohres bedeutet. Die pro m Rohrlänge austretende Wärmemenge q_m ist daher

$$q_m = \pi D_a q.$$

Will man aus der mit dem Wärmeflußmesser bestimmten Wärmemenge q die Wärmeleitzahl λ einer Rohrisolierung bestimmen, so ist statt der für ebene Wände geltenden Gleichung des Wärmestromes diejenige für zylindrische Körper anzuwenden. Bezeichnet

t_i die Temperatur der äußeren Rohroberfläche, die zugleich die Innentemperatur der Isolierung ist,

t_a die Temperatur der äußeren Oberfläche der Isolierung,

D_i den inneren,

D_a den äußeren Durchmesser der Isolierung,

L die Länge des Rohres,

so ist die vom Rohr abgegebene Wärmemenge (vgl. S. 54)

$$Q_L = 2\pi L \lambda \frac{t_i - t_a}{\ln(D_a/D_i)}.$$

Da nun die Oberfläche des Rohres $\pi D_a L$ beträgt, so ist andererseits auch

$$Q_L = \pi D_a L q,$$

und λ berechnet sich daher zu

$$\lambda = \frac{q D_a \ln(D_a/D_i)}{2(t_i - t_a)}.$$

64 3) Bestimmung der Wärmeleitzahl von Wärmeschutz- und Baustoffen.

Die Anwendung des Wärmeflußmessers setzt den Beharrungszustand der Temperaturverteilung voraus. Seine Angaben sind empfindlich gegen Änderungen des Bewegungszustandes der Umgebungsluft. Bei der Benutzung in der Praxis muß er daher vor veränderlichen Zugwirkungen geschützt werden, um Fehlmessungen zu vermeiden.

Die Einwirkung einer Störung des Beharrungszustandes soll ebenfalls durch den nachstehend beschriebenen Versuch veranschaulicht werden.

Versuchsanordnung.

Der oben beschriebene Wärmeflußmesser soll dazu benutzt werden, erstens den Wärmdurchgang durch ein Holzrohr, das von Sattdampf niederer Spannung durchströmt wird, zu bestimmen, andererseits die Wärmeleitzahl des feuchten Holzes festzustellen. Eine andere Möglichkeit, diese Größen zu messen, dürfte sich kaum finden lassen, denn wollte man die durchdringende Wärmemenge durch eine Messung des aus dem Dampf anfallenden Kondensates bestimmen, wie z. B. bei dem in Abschnitt 4c beschriebenen Radiatorversuch, so würde infolge der Wasserdurchlässigkeit des Rohres eine Fehlmessung unterlaufen; wollte man andererseits, wie bei dem Rohrversuch (Abschn. 3b), das Holzrohr durch einen eingelegten zylindrischen Heizkörper erwärmen, so würde das Holz während des Versuches austrocknen und nicht, wie verlangt, mit Wasser durchtränkt bleiben.

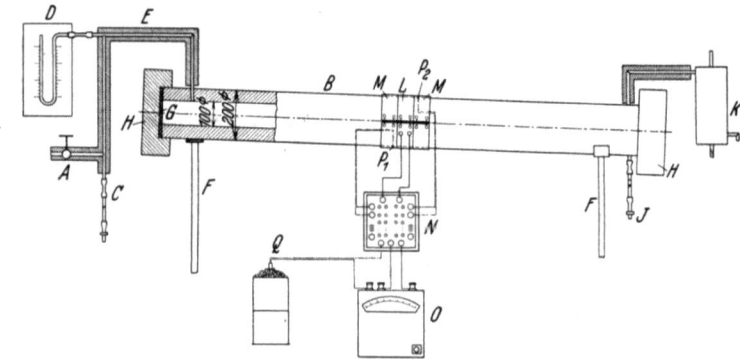

Abb. 40. Anwendung des Wärmeflußmessers.

In einem Kessel wird Dampf von Atmosphärendruck erzeugt und über ein Absperrventil A der Versuchsanordnung (Abb. 40) zugeführt. Um etwa mitgerissenes Wasser von dem Holzrohr B fernzuhalten, ist an der Stelle C ein aus einem Glasrohr und Quetschhahn bestehender Wasserabscheider eingeschaltet. Das Glasrohr ist gewählt, um dauernd den Kondensatabfluß zu kontrollieren. Der Dampfüberdruck wird an einem Wassermanometer D abgelesen. Die zweimal umgebogene Rohrleitung E ist zur Verhinderung des Wärmeverlustes mit einem Wärmeschutzstoff umwickelt. Ein Holzrohr von etwa 2,5 m Länge, 10 cm innerem und 20 cm äußerem Durchmesser ruht mit geringer Neigung auf zwei Faulenzern F. Es ist an seinen beiden Stirnflächen durch Eisenplatten G mit Gummidichtung abgeschlossen und zur Verminderung des Wärmeverlustes mit Kappen H aus Kork bedeckt. Um das Rohrinnere wasserfrei zu halten, ist am Ende ein zweiter Wasserabscheider J angebracht. Der Überschußdampf wird in einem Durchflußkühler K niedergeschlagen.

Um die Mitte des Rohres ist der Wärmeflußmesser L gelegt und mittels der vorhandenen Ösen festgezogen. Rechts und links werden zwei gleich große, keine Thermoelemente enthaltende Gummistreifen M befestigt. Sie dienen dazu, das seitliche Ausweichen des aus dem Innern kommenden Wärmestromes um die Ränder des eigentlichen Meßstreifens zu verhindern. — Der Wärmeflußmesser ist über einen Umschalter N mit dem Meßinstrument O verbunden.

Um den zweiten Teil der Aufgabe, die Bestimmung der Wärmeleitzahl des feuchten Holzes, ausführen zu können, sind in Berührung mit der Rohroberfläche unter die beiden Schutzstreifen zwei Thermoelemente (P_1 unten, P_2 oben) eingeschoben, mit denen die Temperatur t_a der äußeren Oberfläche des Rohres bestimmt werden soll. Die Verwendung von zwei Elementen empfiehlt sich deshalb, weil die äußere Rohrtemperatur längs des Umfanges nicht überall die gleiche ist. Denn die infolge der Erwärmung aufsteigende Luft kühlt die Unterseite des Rohres stärker ab als die Oberseite. Das Mittel aus den Angaben von P_1 und P_2 gibt dann die mittlere Oberflächentemperatur t_a. Auf eine direkte Messung der Temperatur der inneren Rohroberfläche t_i kann verzichtet werden, weil die Wärmeübertragung vom kondensierenden Dampf auf das Rohr so gut ist, daß zwischen der Temperatur des Dampfes und der inneren Rohroberfläche praktisch kein Unterschied besteht. Die Dampftemperatur kann mittels des aus dem Barometerstand und dem mit D gemessenen Überdruck bestimmten Dampfdruckes aus einer Dampftabelle entnommen werden.

Der Umschalter N ist so eingerichtet, daß entweder der Wärmeflußmesser oder eines der beiden Thermoelemente über eine Eisstelle Q an das Meßinstrument O gelegt, also q oder t_a abgelesen werden kann.

Um eine Störung des Beharrungszustandes der Temperaturverteilung durch die Bewegung der Umgebungsluft hervorrufen zu können, ist ein beliebig einschaltbarer Ventilator unterhalb des Wärmeflußmessers aufgestellt.

Versuchsdurchführung.

Der in einem Kessel entwickelte Dampf wird etwa 3 bis 4 Stunden durch das Rohr hindurchgeleitet, um den zur Beobachtung erforder-

3. Bestimmung der Wärmeleitzahl von Wärmeschutz- und Baustoffen.

lichen Beharrungszustand zu erzeugen. Die beiden Wasserabscheider werden so einreguliert, daß ihr Wassermeniskus im Glasrohr sichtbar ist. Der Wärmeflußmesser mit den beiden Schutzstreifen und den Thermoelementen wird am Rohr angebracht und die Ablesung am Instrument O so lange durchgeführt, bis das Bestehen des Beharrungszustandes des Wärmestromes und der Temperaturen sicher festgestellt ist. Durch Anstellen des Ventilators auf die Dauer von etwa 2 Minuten wird der Beharrungszustand gestört und darauf sowohl die Störung wie das Wiedereintreten des Beharrungszustandes beobachtet.

Versuchsergebnisse.

Die Versuchsergebnisse sind in der Zahlentafel 16 zusammengestellt. Neben der Zeit und der Zeitdauer in den ersten beiden Spalten sind die

Zahlentafel 16.

Zeit		q kcal m^{-2}h^{-1}	t_o		t_u	
			Teilstriche	°C	Teilstriche	°C
	4^{10}	0	167	17,0	42,3	15,3	38,1
	4^{15}	5	153	17,1	42,6	15,5	38,6
	4^{20}	10	156	17,2	42,8	15,7	39,1
	4^{25}	15	160	17,3	43,1	15,8	39,3
	4^{30}	20	164	17,4	43,4	15,8	39,3
	4^{35}	25	168	17,6	43,9	15,9	39,6
	4^{40}	30	170	17,9	44,6	16,1	40,1
	4^{45}	35	171	18,2	45,3	16,2	40,3
	4^{50}	40	173	18,4	46,0	16,3	40,5
	4^{55}	45	176	18,5	46,2	16,4	40,8
	5^{00}	50	178	18,6	46,5	16,5	41,0
	5^{05}	55	180	18,6	46,5	16,6	41,3
	5^{10}	60	182	18,7	46,8	16,8	41,8
	5^{15}	65	183	18,6	46,5	16,9	42,0
	5^{20}	70	182	18,7	46,8	16,9	42,0
	5^{25}	75	183	18,7	46,8	16,8	41,8
Störung	5^{30}	80	182	—	—	—	—
	$5^{30,5}$	80,5	307	—	—	—	—
	5^{31}	81	320	—	—	—	—
	5^{32}	82	322	18,0	44,8	15,8	39,3
	5^{33}	83	200	—	—	—	—
	5^{34}	84	191	18,3	45,7	16,0	39,8
	5^{35}	85	184	—	—	—	—
	5^{40}	90	181	18,5	46,2	16,4	40,8
	5^{45}	95	182	18,7	46,8	16,7	41,5
	5^{50}	100	183	18,7	46,8	16,8	41,8
	5^{55}	105	182	18,7	46,8	16,8	41,8

Reduzierter Barometerstand 712 mm Q.-S.,
Überdruck im Rohr gegen die Atmosphäre 10 mm W.-S.

am Wärmeflußmesser abgelesenen Werte von q angegeben. Die folgenden Spalten enthalten die Temperaturen t_o und t_u an der äußeren Oberfläche des Rohres, oben und unten gemessen, und zwar in Teilstrichen des Millivoltmeters und in den aus der Eichkurve für die Thermoelemente entnommenen Werten in ° C.

Die Störung des Beharrungszustandes ist 5^{30} durch Anstellen des Ventilators verursacht, der 5^{32} wieder abgestellt wurde.

Unter der Zahlentafel ist der reduzierte Barometerstand und der Überdruck des Dampfes im Rohr gegen die Atmosphäre in mm W.-S. eingetragen. — Aus der Summe der beiden letzteren ergibt sich der absolute Dampfdruck zu $712 + \frac{10}{13,6} = 713$ mm Q.-S., welchem nach den Angaben der Dampftabellen eine Siedetemperatur von 98,2° entspricht. Letztere Temperatur ist nach obigem gleichzeitig als Rohrinnentemperatur t_i einzuführen.

Aus der graphischen Auftragung (Abb. 41) der Beobachtungszahlen, in welcher die Zeiten als Abszissen, die Werte von q bzw. von t_o und t_u als Ordinaten aufgetragen sind, zeigen, daß der Beharrungszustand erst 60 Minuten nach Auflegen des Wärmeflußmessers eingetreten war und bis 80 Minuten erhalten geblieben ist. Das anfängliche Sinken der q-Kurve erklärt sich daraus, daß beim Auflegen des Wärmeflußmessers sich dessen Innenseite erwärmt hat, während die Außenseite noch kühl war. Zwischen seinen beiden Oberflächen bestand also anfangs eine verhältnismäßig große Temperaturdifferenz, welcher jedoch nicht auch ein großer Wärmefluß durch den ganzen Wärmeflußmesser entsprach; denn ein Teil der auf der Innenseite eindringenden Wärme wurde in ihm noch aufgespeichert. Der Vorgang der Speicherung und ihr Verlauf wird durch die Kurven veranschaulicht, die erst nach 60 Minuten das Eintreten des Dauerzustandes erkennen lassen.

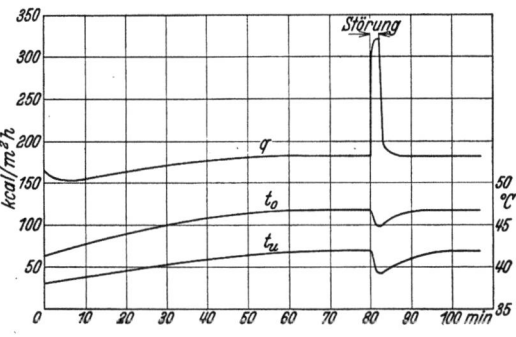

Abb. 41. Angaben des Wärmeflußmessers.

Die durch den Ventilator hervorgerufene Störung bedingt ein Ansteigen der q- und ein Abfallen der t-Kurven, welche erst zur Zeit 100 Minuten wieder den Beharrungszustand erreichen.

Der in der Zeit von 5^{10} bis 5^{30} und von 5^{40} bis 5^{55} herrschende Beharrungszustand ergibt für die von 1 m² der Rohroberfläche in einer Stunde abgegebene Wärmemenge

$$q = 182{,}5 \text{ kcal/m}^2\text{ h},$$

aus welcher sich nach der auf S. 63 angegebenen Formel für den laufenden Meter des Rohres die in der gleichen Zeit austretende Wärmemenge zu

$$q_m = \pi D_a q = \pi \cdot 0{,}2 \cdot 182{,}5 = 115 \text{ kcal/mh}$$

berechnet.

Aus dem Werte von q ergibt sich dann mittels der auf S. 63 angegebenen Gleichung die Wärmeleitzahl λ des Rohrmaterials. Hierin ist zu setzen

$$D_a = 0{,}20 \text{ m},$$
$$D_i = 0{,}10 \text{ m},$$
$$t_i = 98{,}2 \text{ °C},$$
$$t_a = \frac{t_o + t_u}{2} = \frac{46{,}7 + 41{,}9}{2} = 44{,}3 \text{ °C},$$

worin die für t_o und t_u eingesetzten Zahlen die Mittelwerte aus den Beobachtungen während des Beharrungszustandes darstellen. Es ist

$$\lambda = \frac{182{,}5 \cdot 0{,}2 \cdot \ln(0{,}2/0{,}1)}{2(98{,}2 - 44{,}3)} = 0{,}23 \text{ kcal/m h °C}.$$

Dieser Wert ist etwa doppelt so groß als der dem lufttrockenen Holz zugehörige Wert von λ.

4. Wärmeübertragung[1].

Bei den im vorhergehenden Kapitel besprochenen Bestimmungen der Wärmeleitzahl fester Stoffe strömte die Wärme innerhalb eines einheitlichen Körpers. Falls sie von diesem auf einen flüssigen oder gasförmigen übertritt, führt man eine Wärmeübergangszahl α ein; sie gibt diejenige Wärmemenge an, welche von der Flächeneinheit in der Zeiteinheit zwischen ihnen ausgetauscht wird, wenn 1° Temperaturunterschied besteht. Die von einer Fläche F von der Temperatur t_0 in der Zeit τ an das berührende Medium von der Temperatur t_a abgegebene Wärmemenge Q beträgt dann

$$Q = \alpha F(t_0 - t_a)\tau.$$

Die Dimension von α ist kcal/m² h °C.

Ein häufig vorkommender Fall ist die Wärmeübertragung an Gase, z. B. an Luft, auf die sich daher die nachfolgenden Betrachtungen beschränken.

---

[1] Gröber, H., u. S. Erk: Die Grundgesetze der Wärmeübertragung. 2. Aufl. Berlin: Julius Springer 1933. — Merkel, E.: Die Grundlagen der Wärmeübertragung. Dresden u. Leipzig: Th. Steinkopff 1927. — Schack, A.: Der industrielle Wärmeübergang. Düsseldorf: Verlag Stahleisen 1929. — ten Bosch, M.: Die Wärmeübertragung. 2. Aufl. Berlin: Julius Springer 1927.

4. Wärmeübertragung.

Die Erfahrung hat gelehrt, daß α von sehr vielen Größen abhängig ist. Bei Feststellung der für α geltenden Gesetze berücksichtigt man, daß die Wärme auf zwei wesentlich verschiedene Arten abgegeben wird, nämlich einerseits durch Leitung und Fortführung des Gases, andererseits durch Strahlung.

Bei der ersten Art der Übertragung wird die Wärme in der Luft von der wärmeren Oberfläche zu kälteren Stellen fortgeleitet, wodurch die Luft infolge der durch die Temperatursteigerung bedingten Ausdehnung einen Auftrieb erfährt und die sog. freie Konvektionsströmung ausführt. Zu dieser unvermeidlichen Strömung kann noch eine z. B. durch Wind oder einen Ventilator erzeugte aufgezwungene Strömung hinzutreten.

Die zweite Art der Wärmeübertragung ist dadurch bedingt, daß alle Körper bei jeder Temperatur Wärme abstrahlen und daß daher ihre Oberflächen mit Körpern der Umgebung, welche eine andere Temperatur besitzen, durch Strahlung Wärme austauschen.

Diesen Umständen entsprechend, zerlegt man die Wärmeübergangszahl α in die beiden Teile α_b und α_s, so daß

$$\alpha = \alpha_b + \alpha_s,$$

woraus sich für die in der Zeiteinheit von der Flächeneinheit abgegebene Wärmemenge $q = Q/F\tau$ ergibt

$$q = \alpha_b(t_0 - t_a) + \alpha_s(t_0 - t_a),$$

oder abgekürzt

$$q = q_b + q_s.$$

Die Wärmeübergangszahl α_b ist neuerdings durch eine größere Anzahl experimenteller und theoretischer Untersuchungen bestimmt worden, wobei sich für ihre Berechnung eine sehr verwickelte Formel ergab. α_b ist nämlich u. a. abhängig von der Form und den Dimensionen des wärmeabgebenden Körpers, dem Strömungszustande des umgebenden Mediums und dessen physikalischen Eigenschaften, wie dem spezifischen Gewicht, dem Ausdehnungskoeffizienten, der Zähigkeit, der spezifischen Wärme und der Wärmeleitzahl.

Wesentlich einfacher ist die Bestimmung von α_s, weil diese Größe durch die Strahlungszahl der Körperoberfläche und derjenigen Körper, mit denen ein Strahlungsaustausch stattfindet, berechnet werden kann. Diese Strahlungszahl ergibt sich aus der Gültigkeit des Gesetzes, welches von Stefan experimentell und von Boltzmann theoretisch begründet worden ist. Nach diesem ist die von der Flächeneinheit eines schwarzen, d. h. alle auffallenden Strahlen absorbierenden Körpers in der Zeiteinheit ausgestrahlte Wärmemenge proportional der vierten Potenz seiner absoluten Temperatur T ($°K$), also gleich σT^4. Der Proportionalitätsfaktor

$\sigma = 4{,}96 \cdot 10^{-8}\,\text{kcal}\,\text{m}^{-2}\,\text{h}^{-1}\,{}^\circ K^{-4}$ ist eine sehr kleine Zahl, während andererseits T^4 im allgemeinen einen sehr hohen Wert besitzt. Man schreibt deshalb die Ausstrahlung in der Form $C_s\left(\dfrac{T}{100}\right)^4$, worin $C_s = 4{,}96$.

Nach Versuchen von Wamsler[1] gilt dieses Gesetz auch für die in der Praxis benutzten Stoffe, nur ist der Proportionalitätsfaktor, die Strahlungszahl für alle Körper kleiner als für den schwarzen. Durch neuere Untersuchungen sind die Strahlungszahlen vieler Körper festgestellt worden[2].

Auf Grund dieser Feststellung kommt man zur zahlenmäßigen Berechnung von α_s auf folgendem Wege.

Wenn sich zwei unendlich große ebene Flächen $F_1 = F_2$ von den Strahlungszahlen C_1 und C_2, den Temperaturen T_1 und T_2 gegenseitig anstrahlen, so ist die stündlich von der Flächeneinheit übertragene Wärmemenge gleich

$$q_s = C\left[\left(\dfrac{T_1}{100}\right)^4 - \left(\dfrac{T_2}{100}\right)^4\right],$$

worin
$$\dfrac{1}{C} = \dfrac{1}{C_1} + \dfrac{1}{C_2} - \dfrac{1}{C_s}.$$

Sind die beiden Flächen nicht gleich groß, und wird etwa F_1 von F_2 vollkommen umschlossen, so ist das Flächenverhältnis F_1/F_2 zu berücksichtigen, wobei sich ergibt

$$\dfrac{1}{C} = \dfrac{1}{C_1} + \dfrac{F_1}{F_2}\left(\dfrac{1}{C_2} - \dfrac{1}{C_s}\right).$$

Bei der praktischen Verwertung dieser Gleichung tritt vielfach eine Vereinfachung dadurch ein, daß F_2 sehr vielmal größer ist als F_1, wenn z. B. ein Rohr von der Fläche F_1 in einem Raum mit den Begrenzungswänden F_2 aufgehängt ist. Alsdann kann auf der rechten Seite der letzten Gleichung der zweite Ausdruck vernachlässigt werden, und es folgt $C = C_1$. Somit ist zur Berechnung von q_s aus der Gleichung

$$q_s = C_1\left[\left(\dfrac{T_1}{100}\right)^4 - \left(\dfrac{T_2}{100}\right)^4\right]$$

außer den gemessenen Temperaturen nur die Strahlungszahl C_1 der wärmeabgebenden Fläche erforderlich.

In Verbindung mit der obigen Gleichung

$$q_s = \alpha_s(t_0 - t_a)$$

ergibt sich für $t_1 = t_0$ und $t_2 = t_a$

$$\alpha_s = \dfrac{C_1\left[\left(\dfrac{T_o}{100}\right)^4 - \left(\dfrac{T_a}{100}\right)^4\right]}{t_0 - t_a}.$$

---
[1] Wamsler, F.: Forschg. Ing.-Wes. Heft 98 u. 99 (1911).
[2] Schmidt, E.: Gesundh.-Ing Beiheft 20 (1927).

4. Wärmeübertragung.

Die bezüglich α_b und α_s geltenden zahlenmäßigen Gesetzmäßigkeiten müssen berücksichtigt werden, je nachdem in der Praxis eine Wärmeübertragung **gewünscht** wird oder **vermieden** werden soll. Im ersteren Falle müssen die Werte von α_b und α_s möglichst groß, im zweiten Falle möglichst klein gemacht werden. Z. B. kann α_b gesteigert werden durch Vergrößerung der Strömungsgeschwindigkeit des umgebenden Mediums oder bei Rohren durch Verkleinerung des Durchmessers, ferner α_s durch Verwendung eines Materiales mit großer Strahlungszahl. — Umgekehrt wird die Wärmeübertragung vermindert, wenn die Strahlungszahl der Oberfläche möglichst klein gewählt und die Bewegung der Luft verhindert wird.

Die letztere Tatsache wirkt sich im Innern aller Wärmeschutzstoffe aus; denn diese sind nicht wie Metalle homogene Körper, sondern enthalten in ein festes Gerippe eingebettete, feinst verteilte Lufträume. Dauernd wechselt also in ihnen die Wärmeübertragung von der Leitung im festen Bestandteil in Übertragung durch die Luft. Da die Lufträume sehr klein sind, so können sich keine in Betracht kommenden Konvektionsströme ausbilden. Die Luft ist also praktisch in Ruhe; dies bedingt infolge der geringen Leitfähigkeit der Luft die kleine Wärmeleitzahl der Isolierstoffe.

Hiervon wird in neuerer Zeit auch in der Bautechnik weitgehender Gebrauch gemacht, indem man den Baustoff mit größeren oder kleineren Lufträumen versetzt. Hierzu gehört z. B. Schlackenbeton, Bimsbeton, Leichtziegel, Hohlziegel usw. Diese Bauweisen haben gegenüber den Vollmauern neben dem Vorteil des größeren Wärmeschutzes auch denjenigen der Materialersparnis.

Bei der Anwendung von größeren Lufträumen ist jedoch ein gewisser Unterschied zwischen ihnen und festen Körpern zu beachten. Bei letzteren wächst der von ihnen gewährte Wärmeschutz mit der Dicke und ist umgekehrt proportional der Wärmeleitzahl, welche als Materialkonstante selbstverständlich von der Dicke unabhängig ist (vgl. S. 47 und 82).

Dies ist jedoch bei Luftschichten nicht der Fall[1]. Bezeichnet man mit λ' die von K. Hencky eingeführte „äquivalente" Wärmeleitzahl, welche ein fester Körper haben müßte, der, an Stelle der Luftschicht gesetzt, denselben Wärmeschutz bieten würde wie diese, so ist λ' nicht wie bei festen Körpern eine konstante Größe, sondern nimmt mit wachsender Dicke der Luftschicht zu. Denn in größerer Schichtdicke vermögen sich stärkere Konvektionsströme auszubilden, da die Wirkung der Reibung geringer wird. Während also bei festen Körpern der den Wärmeschutz charakterisierende Quotient δ/λ der Dicke proportional ist, hat für Luftschichten δ/λ' den in der Abb. 42 dargestellten Verlauf. Man

---

[1] Vgl. Mull, W. u. H. Reiher: Gesundh.-Ing. Beiheft 28 (1930). — Beckmann, W.: Forschg. Bd. 2 (1931) S. 165.

erkennt, daß der Wärmeschutz bei etwa 5 cm Schichtdicke seinen Höchstwert erreicht und bei weiterer Vergrößerung der Luftschicht nicht mehr zunimmt. Dies ist maßgebend z. B. für die Wahl von Luftschichten in Bauteilen und für die Konstruktion von Doppelfenstern.

Es mag hervorgehoben werden, daß diese Ergebnisse nur zutreffen, solange die Temperaturen sich in denjenigen Grenzen halten, die im Baugewerbe auftreten, also nicht übermäßig hoch sind, und daß außerdem die die Luftschichten einschließenden Werkstoffe gewöhnliche Baustoffe sind. Das Gemeinsame an ihnen ist, daß ihre Oberflächen eine Strahlungszahl haben, die von derjenigen des schwarzen Körpers verhältnismäßig wenig abweicht. Diese auf den ersten Blick überraschende Tatsache erklärt sich daraus, daß bei den dunklen Wärmestrahlen die Rauhigkeit der Oberfläche von maßgebenderem Einfluß ist als die Farbe (Näheres s. Abschn. 4b).

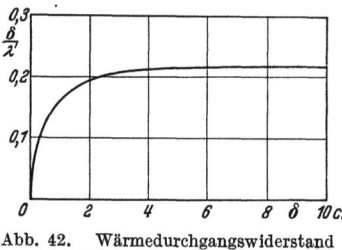

Abb. 42. Wärmedurchgangswiderstand δ/λ' von Luftschichten.

Verwendet man zur Begrenzung der Luftschichten etwa blanke Metallflächen, so läßt sich der Wert von λ' wesentlich herabsetzen, weil dann der durch Strahlung übermittelte Anteil der übertragenen Wärme vermindert wird (vgl. S. 80).

a) Wärmeableitung von Fußböden.

Die im Abschnitt 3 behandelte Wärmeleitzahl λ ermöglicht es, den Wärmestrom in dem betreffenden Körper zu berechnen, wenn Beharrungszustand in der Temperaturverteilung eingetreten ist. Grundsätzlich verschieden von diesem Vorgang ist die als ,,Wärmeableitung von Fußböden" zu bezeichnende Abkühlung, welche der menschliche Fuß beim Stehen auf dem Fußboden erfährt. Sie kann zu gesundheitlichen Störungen führen und ist daher möglichst zu verringern.

Bei ihrer experimentellen Bestimmung ist zu beachten, daß der Fuß nie so lange mit dem Fußboden in Berührung bleibt, daß der Dauerzustand in der Temperaturverteilung eintreten kann. Zur Berechnung des Wärmeverlustes kann daher auch nicht die Gleichung

$$Q = \lambda F \frac{t_1 - t_2}{\delta} \tau$$

zur Verwendung kommen, die oben (S. 47) aufgestellt ist. Vielmehr müßten solche Gleichungen angewendet werden, die für den nichtstationären Zustand gültig sind. In diese geht die sog. Temperaturleitzahl $a = \dfrac{\lambda}{c\gamma}$ als charakteristische Größe ein, welche maßgebend dafür ist, wie schnell sich Temperaturunterschiede ausgleichen und welche

4a) Wärmeableitung von Fußböden.

außer der Wärmeleitzahl λ die spezifische Wärme c und das spezifische Gewicht γ des Körpers enthält.

Da somit die Wärmeabgabe des Fußes von einer größeren Zahl von physikalischen Eigenschaften des Fußbodens abhängt, so ist es nicht möglich, eine einfache Methode auszuarbeiten, welche die durch den Fußboden abgeleitete Wärme in absolutem Maße angibt. Man wird sich daher begnügen, durch Vergleichsversuche die Eignung eines Materiales als Fußboden festzustellen, indem man die Wärmeableitung der zu untersuchenden Körper zu derjenigen eines als hinreichend schützend bekannten Bodens in Beziehung setzt. Die nachstehend beschriebene Versuchsanordnung ist hierzu geeignet[1].

Versuchsanordnung.

Um den menschlichen Fuß, der sich beim Aufsetzen auf den Fußboden abkühlt, nachzuahmen, verwendet man einen zylindrischen Kupferklotz A (Abb. 43) von etwa 5 cm Höhe und 15 cm Durchmesser, der durch eine untergesetzte Gasflamme erwärmt und anschließend auf den betreffenden Fußboden aufgesetzt wird. Zur Ablesung des zeitlichen Verlaufs der Abkühlung dient ein in den Kupferklotz eingeschobenes Thermoelement B, das über eine Eisstelle C an ein Millivoltmeter D angeschlossen ist. Um während der durch das Aufsetzen auf den Fußboden bedingten Abkühlung die Wärmeabgabe des Klotzes an die umgebende Luft möglichst zu verringern, ist der Klotz mit einer 5 cm starken Haube E aus wärmeschützendem Expansitkork bedeckt.

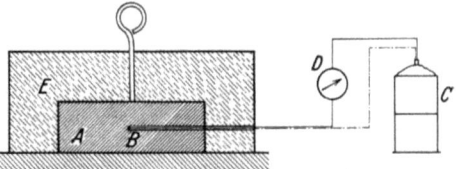

Abb. 43. Wärmeableitung von Fußböden.

Zur Untersuchung mögen die folgenden Materialien benutzt werden:
Beton,
Linoleum
Parkettfußboden
Kokosläufer
Aluminiumblech
} auf Beton.

Es genügen Flächen von 50×50 cm².

Versuchsdurchführung.

Der Kupferblock wird durch die Gasflamme erwärmt, bis das Thermoelement 40° anzeigt, und auf den zu untersuchenden Fußboden auf-

---

[1] Mollier, H.: Gesundh.-Ing. Bd. 33 (1910) S. 93 u. 486. — Eichbauer, F.: Ebenda Bd. 35 (1912) S. 897. — Raisch, E.: Arch. Wärmewirtsch. Bd. 10 (1929) S. 369.

4. Wärmeübertragung.

gesetzt. Seine Temperatur wird mittels des Thermoelementes in Abständen von anfangs 1 Minute, später 2 Minuten abgelesen. Da die Abkühlung auch von der Temperatur des zu untersuchenden Bodens abhängt, muß diese bei den anzustellenden Vergleichsversuchen je die gleiche sein. Die Beobachtungen sollen daher mit Böden angestellt werden, die sich bereits längere Zeit in demselben Raum befunden haben. Ferner soll der Kupferklotz im Augenblick des Aufsetzens auf die verschiedenen Böden immer die gleiche Temperatur haben.

Versuchsergebnisse.

Die Versuchsresultate sind in Zahlentafel 17 zusammengestellt. Sie enthält die Beobachtungszeit, die in Teilstrichen abgelesenen Ausschläge

Zahlentafel 17.

Zeit	Betonfußboden		Linoleum		Parkettfußboden		Kokosläufer		Aluminiumblech	
Min.	Teilstriche	°C	Teilstriche	°C	Teilstriche	°C	Teilstriche	°C	Teilstriche	°C
0	28,0	36,8	28,0	36,8	28,0	36,8	28,0	36,8	28,0	36,8
1	27,0	35,6	26,4	34,9	27,0	35,6	27,2	35,8	26,5	35,0
2	26,2	34,6	25,9	34,2	26,7	35,3	26,9	35,5	25,3	33,5
3	25,6	33,9	25,5	33,7	26,5	35,0	26,7	35,2	24,7	32,7
4	25,2	33,3	25,3	33,4	26,3	34,7	26,5	35,0	24,1	32,0
6	24,7	32,7	25,0	33,1	26,1	34,5	26,3	34,7	23,1	30,7
8	24,2	32,1	24,7	32,7	26,0	34,3	26,2	34,6	22,3	29,7
10	23,9	31,7	24,5	32,5	25,8	34,1	26,0	34,3	21,7	28,9
12	23,6	31,3	24,3	32,2	25,7	33,9	25,8	34,1	21,2	28,2
14	23,3	30,9	24,1	31,9	25,5	33,7	25,7	34,0	20,7	27,6

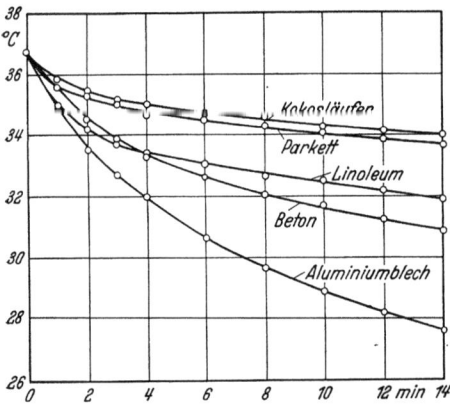

Abb. 44. Abkühlung eines Kupferblockes auf Fußböden.

des Millivoltmeters und die aus der Eichkurve entnommenen Werte in ° C.

In Abb. 44 sind die Ergebnisse eingetragen.

Die langsamste Abkühlung zeigt der Kokosläufer, bei welchem die zwischen den Fasern eingeschlossenen kleinen Lufträume infolge ihres geringen Wärmeleitvermögens eine schnelle Abkühlung des Klotzes verhindern. — Darauf folgt nahezu äquidistant die Kurve für Parkett. Auffallend ist bei ihr der starke Abfall zu Beginn. Er ist bedingt durch das satte Anliegen des Klotzes auf der glatten Oberfläche, wodurch zur

Erwärmung der obersten Holzschicht dem Kupferblock mehr Wärme entzogen wird als durch den Kokosläufer.

Die gleichen Verhältnisse sprechen mit bei den zwei folgenden Kurven. Diejenige des Linoleums senkt sich zu Anfang stärker als die des Betons, weil es eine glattere Oberfläche hat als letzterer. Sie verläuft aber später oberhalb der des Betons infolge der kleineren Wärmeleitzahl von Linoleum.

Das Aluminiumblech endlich könnte wegen seiner geringen Dicke und seiner großen Wärmeleitzahl die Wärmeableitung des Kupferblocks nach unten zwar kaum wesentlich beeinflussen. Daß trotzdem die Kurve für Aluminium erheblich tiefer verläuft als alle übrigen, rührt davon her, daß bei ihm wegen der großen Leitfähigkeit die Wärme in hohem Maße im Blech seitlich fortgeführt wird. Infolgedessen wird der Wärmestrom vertikal nach unten stark verbreitert und außerdem noch Wärme nach oben an die Luft abgegeben.

b) Die Bestimmung von Strahlungszahlen bei gewöhnlicher Temperatur.

Wenn man von dem Strahlungsvermögen der Körper spricht, so denkt man unwillkürlich meist an die Lichtstrahlung bei hohen Temperaturen. Diese ist von seiten der Physiker durch umfassende Untersuchungen für eine große Zahl von Körpern festgestellt worden. Die Technik bedarf jedoch neuerdings mehr und mehr der Kenntnis der Strahlungszahl für die nicht sichtbaren Wärmestrahlen. Denn da der Wärmeaustausch zwischen zwei Körpern durch einen Gasraum hindurch teilweise auch durch die gegenseitige Zustrahlung erfolgt, so braucht man zur Berechnung der Wärmeabgabe auch die Strahlungszahl für die dunklen Wärmestrahlen. Dies ist z. B. der Fall bei der Wärmeabgabe von Heizkörpern und Kesselwänden sowie beim Wärmedurchgang durch Luftschichten, die in Mauern eingeschlossen sind.

Für eine größere Zahl von technischen Flächen ist die Strahlungszahl durch eingehende Untersuchungen festgestellt worden. Die dabei benutzten Methoden sind für genaue Messungen im Laboratorium zwar sehr geeignet, aber in der Praxis oft nicht anwendbar, da nur in das Laboratorium gebrachte Flächen untersucht werden können. Für Messungen an Ort und Stelle eignet sich die nachstehend beschriebene Methode[1].

Theoretische Grundlagen.

Nach dem Stefan-Boltzmannschen Gesetz (vgl. S. 69) ist die in der Zeiteinheit von der Flächeneinheit des schwarzen Körpers bei der absoluten Temperatur T ausgestrahlte Wärmemenge

$$q_s = C_s(T/100)^4.$$

[1] Koch, We.: Z. techn. Physik Bd. 15 (1934) S. 80.

Die Strahlungszahl C_s hat den Wert

$$C_s = 4{,}96 \text{ kcal/m}^2 \text{ h } °\text{K}^4.$$

Nach Wamsler[1] und E. Schmidt[2] kann das Gesetz von Stefan mit hinreichender Genauigkeit auch für nichtschwarze Körper angewendet werden. Die Strahlungszahl solcher Körper ist kleiner als die des schwarzen und sinkt bei dem weißen Körper bis auf den Wert Null herab. Vielfach wird die Strahlungszahl auch in Bruchteilen ε des Wertes des schwarzen Körpers angegeben.

Die Bestimmung der Strahlungszahl einer Fläche kann mit Hilfe der oben (S. 70) für den pro Zeit- und Flächeneinheit erfolgenden Wärmeaustausch q_s zweier Flächen mit den Strahlungszahlen C_1 und C_2 und den Temperaturen T_1 und T_2 angeführten Gleichung erfolgen. Es war

$$q_s = C[(T_1/100)^4 - (T_2/100)^4] \tag{1}$$

und mit der Strahlungszahl C_s des schwarzen Körpers

$$1/C = 1/C_1 + 1/C_2 - 1/C_s.$$

Hierbei ist vorausgesetzt, daß die sich anstrahlenden Flächen unendlich groß sind und keine einspringenden Ecken haben.

Wird also eine gegebene Fläche von der Strahlungszahl C_1 und der Temperatur T_1 mit Flächen verschiedener Strahlungszahl C_2 bei gleicher niedrigerer Temperatur T_2 in Strahlungsaustausch versetzt, so ist die ausgetauschte Wärmemenge q_s ein Maß für C_2. Anders ausgedrückt bedeutet dies: von C_2 ist die Wärmemenge abhängig, die man der ersten Fläche zuführen muß, um sie auf der höheren Temperatur T_1 zu erhalten. Wählt man für T_2 die Umgebungstemperatur, so erhält man die Strahlungszahl bei eben dieser.

Die nachfolgend beschriebene Methode zur Bestimmung einer Strahlungszahl besteht also darin, daß man die Wärmemenge bestimmt, welche der ersten Fläche zuzuführen ist, um ihre Temperatur konstant zu halten, wenn sie sich mit der zweiten Fläche von Umgebungstemperatur im Strahlungsaustausch befindet. Sie setzt voraus, daß die Temperatur der zweiten Fläche sich während der Zustrahlung nicht verändert. Dies kann in einfacher Weise dadurch erreicht werden, daß man die Zustrahlung der ersten Fläche auf immer andere Teile der zweiten richtet, diese also dauernd ihre Umgebungstemperatur behält. — Als besonderer Vorzug der Methode mag hervorgehoben werden, daß man die oft schwierige Messung der Oberflächentemperatur umgehen und durch eine Bestimmung der Umgebungstemperatur ersetzen kann.

---

[1] Wamsler, F.: Mitt. Forsch.-Arb. Ing.-Wes. Heft 98/99 (1911) S. 1.
[2] Schmidt, E.: Gesundh.-Ing. Beiheft 20. München 1927.

4 b) Die Bestimmung von Strahlungszahlen bei gewöhnlicher Temperatur.

Versuchsanordnung.

Die oben angestellten Überlegungen sind gemäß Abb. 45 in folgender Weise verwertet worden. Eine elektrisch geheizte kreisförmige Platte A aus Kupfer, deren nach unten gerichtete Oberfläche geschwärzt ist, bildet den oberen Abschluß eines konischen, innen vernickelten Blechrohres B, welches auf die zu untersuchende Fläche X aufgesetzt wird. A und X stehen im Strahlungsaustausch. Die Temperatur von A kann mit einem Thermoelement D mittels eines Millivoltmeters E bestimmt, die zugeführte Heizwärme mit einem Volt- und Amperemeter F und G gemessen werden.

Alle übrigen Teile der Apparatur dienen nur dazu, daß die der Platte A zugeführte Heizenergie möglichst allein durch Strahlung nach X abgegeben wird.

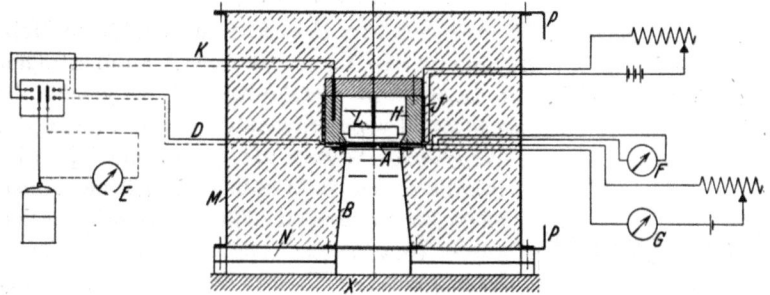

Abb. 45. Strahlungsmesser.

Die Platte A ist nach oben durch einen kupfernen Hohlzylinder H abgedeckt, der als Schutzheizung ausgebildet ist. Er trägt auf seiner Oberfläche eine Heizwicklung J, mit der die nämliche Temperatur erzeugt wird, die A aufweist. Diese Temperatur kann mit dem Thermoelement K gemessen werden. Die Dimensionen von H sind absichtlich verhältnismäßig groß gewählt, damit kleine Schwankungen der Temperatur durch seine Wärmekapazität aufgefangen werden.

In dem Hohlraum von H sind zwei Aluminiumbleche L angebracht. Sie eignen sich besonders dazu, um Abstrahlungsverluste zu verhindern, weil das Aluminium eine sehr kleine Strahlungszahl ($C = 0{,}26$) besitzt. Daher ist ein etwaiger Strahlungsverlust von A nach H nur gering, selbst wenn eine größere Temperaturdifferenz zwischen ihnen bestehen würde. Umgekehrt wird aber ein kleiner Strahlungsverlust bereits eine verhältnismäßig große Temperaturdifferenz zwischen A und H hervorrufen. Ein Strahlungsverlust kann also leicht festgestellt und durch Regulierung der Heizung verhindert werden. Aus diesem Grunde eignet sich der Einbau solcher Aluminiumbleche in allen den Fällen, wo Strahlungsverluste vermieden, also Vorgänge adiabatisch geleitet werden sollen (vgl. Abschn. 4i).

Der ganze Apparat ist in einen Blechbehälter M eingesetzt, der mit einem Wärmeschutzstoff angefüllt ist.

Um eine direkte Wärmeübertragung an den zu untersuchenden Körper X noch weiter zu vermindern, ist zwischen X und dem Boden von M eine Luftschichtisolierung N angebracht. P sind zwei Füße, die es ermöglichen, den Apparat auch bei vertikaler Lage von X benutzen zu können.

Die Methode unterscheidet sich also von den sonst angewendeten darin, daß bei diesen die zu untersuchende Fläche geheizt wird, bei der vorliegenden Methode jedoch die von ihr angestrahlte Fläche. Auf diese Art ist es möglich, die Strahlungszahlen bei Zimmertemperatur in einfacher Weise zu bestimmen.

Versuchsdurchführung.

Wenn es gelänge, die dem Strahler A elektrisch zugeführte Heizenergie allein durch Strahlung auf den Versuchskörper X zu übertragen, so wäre es möglich, die unbekannte Strahlungszahl C_2 gemäß der Gleichung (1) aus der als bekannt anzunehmenden Größe C_1 und den gemessenen Werten von q_s, T_1 und T_2 zu bestimmen. Da in Wirklichkeit Wärmeverluste nicht zu vermeiden sind, ist es erforderlich, durch Vorversuche deren Wert zu bestimmen. Dies geschieht in der Weise, daß man den Strahler auf eine bestimmte Temperatur, etwa 100°C, also auf $T_1 = 100 + 273{,}2 = 373{,}2\,°K$, erwärmt und den Apparat aufsetzt auf Flächen, deren Strahlungszahlen C_2 und Temperaturen T_2 bekannt sind. Die unter diesen Verhältnissen dem Strahler zuzuführende Heizwärme Q ist dann gleich der Summe aus der durch Strahlung übertragenen Wärme, der erwähnten Verlustgröße und einem Zusatzglied, welches den endlichen Dimensionen und der räumlichen Anordnung der strahlenden Flächen gegeneinander Rechnung trägt.

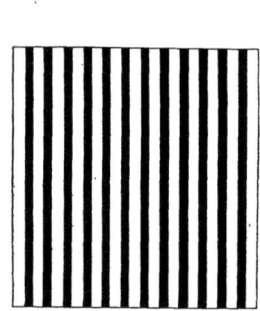

Abb. 46. Eichplatte für den Strahlungsmesser.

Zeichnet man in ein Koordinatensystem als Ordinate die Strahlungszahl C_2 oder ε und als Abszisse den Wert von Q ein, so erhält man eine Linie, deren Abschnitt auf der Abszissenachse, also bei $C_2 = 0$ die Summe von Verlustgröße und Zusatzglied darstellt.

Für ein unbekanntes C_2 kann man nun umgekehrt mittels dieser Linie aus der erforderlichen Heizwärme Q seinen Wert entnehmen.

Es sei darauf hingewiesen, daß die durch diese Vorversuche vorgenommene Eichung die Kenntnis der Strahlungszahl C_1 überflüssig macht.

4 b) Die Bestimmung von Strahlungszahlen bei gewöhnlicher Temperatur. 79

Um die Eichkurve hinreichend sicherzustellen, empfiehlt es sich, Flächen zu benutzen, deren Strahlungszahlen möglichst stark voneinander abweichen. Diese können in einfacher Weise dadurch hergestellt werden, daß man in poliertes Aluminiumblech flache, parallele Nuten einfräst und mit Ölschwarzwasserglas ausfüllt (Abb. 46). Durch Veränderung des Anteiles der schwarzen Nuten an der Oberfläche gegenüber demjenigen der metallischen Restfläche läßt sich die mittlere Strahlungszahl der erzeugten Fläche zwischen den Grenzwerten 0,22 und 4,75 beliebig verändern. So war z. B. für eine Aluminiumplatte
blank $\varepsilon = 0{,}044,\ C = 0{,}22$,
blanke Streifen 3 mm, schwarze Streifen 1,6 mm $\varepsilon = 0{,}363,\ C = 1{,}78$,
blanke Streifen 1,5 mm, schwarze Streifen 3 mm $\varepsilon = 0{,}672,\ C = 3{,}33$,
ganz geschwärzt $\varepsilon = 0{,}958,\ C = 4{,}75$.

Da die Umgebungstemperatur bei der praktischen Verwendung des Apparates wechseln kann, ist eine solche Eichkurve z. B. für 15°, 20° und 25° festgestellt worden (Abb. 47). Zwischenliegende Werte können interpoliert werden.

Bei der Anwendung des Strahlungsmessers wird zunächst A (Abb. 45) auf 100° geheizt, gemessen mit dem Thermoelement D. Gleichzeitig wird die Schutzheizung H eingeschaltet und entsprechend den Angaben von Thermoelement K auf die gleiche Temperatur gebracht. Während dieser Einstellung befindet sich der Apparat in hinreichender Entfernung von der zu untersuchenden Fläche X.

Den so aufgeheizten Apparat setzt man nun auf die Fläche X,

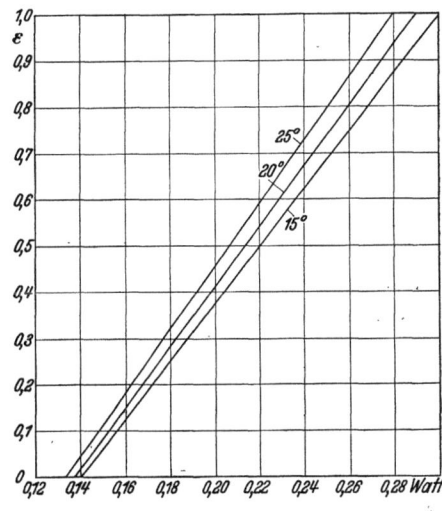

Abb. 47. Eichkurven des Strahlungsmessers.

die genügend lange Zeit in dem Untersuchungsraum gelegen haben muß, um ihre Oberflächentemperatur gleich der Raumtemperatur setzen zu können. Damit sie diese auch während des Versuches beibehält, muß der Apparat in kurzen Zeitabständen auf der Fläche verschoben werden.

Nach dem Aufsetzen auf X wird erforderlichen Falles die Heizung des Strahlers A so verändert, daß Thermoelement D wieder 100° anzeigt. Gleichzeitig wird die Schutzheizung J, wenn erforderlich, nachreguliert. Nachdem einige Zeit Konstanz und Gleichheit der Temperaturen von A und H beobachtet worden sind, wird für diesen Beharrungszustand die

80   4. Wärmeübertragung.

Stärke des Heizstromes abgelesen und die Raumtemperatur mit einem Quecksilberthermometer in der Nähe des Apparates bestimmt.

Versuchsergebnisse.

Zahlentafel 18 enthält in der ersten Spalte das untersuchte Material. Weiter enthält sie die Oberflächentemperatur, die Spannung des Heizstromes in Teilstrichen und Volt, die Stromstärke in Teilstrichen und Ampere, die Heizleistung $e \cdot i$ in Watt, endlich die relative Strahlungszahl ε in Bruchteilen derjenigen des schwarzen Körpers und die Strahlungszahl C.

Zahlentafel 18.

Material	Temperatur °C	Heizung					ε	C
		e		i		Watt		
		Teilstriche	Volt	Teilstriche	Ampere			
Gehobeltes Eichenholz .	20,0	111,8	2,236	63,0	0,1260	2,820	0,887	4,42
Weiße glasierte Kachel .	19,5	111,3	2,226	62,7	0,1254	2,791	0,875	4,34
Ziegelstein	19,5	114,1	2,282	63,9	0,1278	2,917	0,955	4,73
Oxydiertes Bleiblech. .	20,0	90,0	1,800	50,8	0,1016	1,828	0,273	1,35
Heizkörperanstrich:								
Schwarz	19,5	112,0	2,240	63,1	0,1262	2,803	0,885	4,39
Weiß	19,5	111,0	2,220	62,5	0,1250	2,775	0,865	4,29
Silberbronze	20,0	94,4	1,888	53,3	0,1066	2,013	0,385	1,91

Bei der Deutung der Versuchsergebnisse ist zu berücksichtigen, daß das Strahlungsvermögen eines Körpers seinem Absorptionsvermögen, d. h. der Fähigkeit, auffallende Strahlen zu absorbieren, proportional ist. Die angegebenen Werte von C zeigen also, daß für die dunklen Wärmestrahlen die Heizkörperanstriche, und zwar sowohl der schwarze wie der weiße, ein großes Absorptionsvermögen haben. Dasjenige des oxydierten Bleibleches und der Silberbronze sind geringer und dasjenige des Ziegelsteines am größten. — Die Rauhigkeit der Oberfläche hat einen maßgebenden Einfluß.

Die C-Werte veranschaulichen deutlich die bekannte Tatsache, daß die für die sichtbaren Lichtstrahlen geltende Unterscheidung des Strahlungsvermögens nach der Farbe, wie z. B. schwarz und weiß, für die dunklen Wärmestrahlen nicht anwendbar ist. Dem Auge weiß erscheinende Flächen können Wärmestrahlen stark absorbieren und eine große Wärmestrahlungszahl haben.

c) Wärmeabgabe eines Radiators.

Zur Beurteilung von Heizapparaten ist die Kenntnis der Wärmemenge erforderlich, die von ihrer Oberfläche an die Umgebung abgegeben wird. Die Wahl eines Heizkörpers für eine bestimmte Leistung hängt davon ab, ob er imstande ist, unter gegebenen Verhältnissen die erforderliche Wärmemenge zu übertragen[1].

Zur Beheizung z. B. eines Raumes ist durch den Heizkörper (Ofen, Radiator, elektrischer Heizkörper) so viel Wärme zu liefern, daß die Raumtemperatur einen für die Bewohner zuträglichen Wert annimmt und beibehält. — Die von ihm zu liefernde Energie muß zunächst die Luft im Raum sowie dessen Begrenzungswände hinaufheizen und außerdem die Wärmeverluste durch die Begrenzungsflächen an die kältere Außenluft decken, wenn der Raum auf der gewünschten Temperatur gehalten werden soll.

Es sei die Aufgabe gestellt, die Wärmeabgabe eines Radiators zu bestimmen. Seine wärmetechnischen Eigenschaften sind festgelegt durch die Wärmedurchgangszahl k, die angibt, wieviel kcal von 1 m² seiner Oberfläche in 1 Stunde abgegeben werden, wenn zwischen dem Wärmeträger (Wasser oder Dampf) und der umgebenden Luft 1° Temperaturunterschied herrscht; k hat also die Dimension kcal/m² h °C.

Für eine Oberfläche von der Größe F m² und eine beliebige Temperaturdifferenz $(t_m - t_a)$ zwischen der mittleren Temperatur des durchströmenden Wärmeträgers t_m und der Temperatur des Raumes t_a berechnet sich die stündlich abgegebene Wärmemenge nach der Gleichung

$$Q_h = kF(t_m - t_a) \text{ kcal/h};$$

hierin ist t_m die mittlere Temperatur zwischen der Ein- und Austrittstemperatur t_1 und t_2 des Wärmeträgers, also $t_m = \tfrac{1}{2}(t_1 + t_2)$. Somit kann k aus der Gleichung

$$k = \frac{Q_h}{F\left(\dfrac{t_1 + t_2}{2} - t_a\right)}$$

berechnet werden, wenn die Größen Q_h, F, t_m und t_a gemessen worden sind.

Die Größe k umfaßt gleichzeitig die drei Teilvorgänge, aus denen sich der Wärmedurchgang zusammensetzt, nämlich den Wärmeübergang von dem im Inneren strömenden Wärmeträger an die innere Oberfläche des Radiators, den Wärmedurchgang durch die Wand des Radiators und endlich den Wärmeübergang von dessen Oberfläche an die umgebende Luft.

Der Zusammenhang dieser drei Vorgänge läßt sich am besten veranschaulichen, wenn man den Begriff des Widerstandes in die Betrachtung der Wärmeströmung einführt. Man spricht dann von einem Wärme-

---

[1] Schmidt, E., u. A. Großmann: Gesundh.-Ing. Bd. 47 (1924) S. 121. — Thomas, K.: Gesundh.-Ing. Beiheft 23 (1928). — Gruber, X.: Arch. Wärmewirtsch. Bd. 10 (1929) S. 253.

leitungswiderstand, wenn die Wärme durch einen Körper hindurchströmt, und von einem Übergangswiderstand, wenn die Wärme von einem festen auf einen flüssigen oder gasförmigen Körper übertritt. Bei dem Radiator hat die Wärme zuerst den Übergangswiderstand vom Wärmeträger auf die innere Oberfläche des Radiators zu überwinden, dann den Leitungswiderstand durch das Radiatormetall und endlich den Übergangswiderstand von der äußeren Oberfläche an die Luft. Die Widerstände lassen sich berechnen mittels der Begriffe der Wärmeübergangszahl und der Wärmeleitzahl.

Die Wärmeübergangszahl α bedeutet, wie schon S. 68 erwähnt, die Wärmemenge, welche die Flächeneinheit eines festen Körpers in 1 Stunde mit einem ihn berührenden flüssigen oder gasförmigen Körper austauscht, wenn zwischen ihnen 1° Temperaturunterschied besteht; die Wärmeleitzahl λ mißt, wie bereits S. 47 ausgeführt, die Wärmemenge, welche in 1 Stunde durch einen Würfel von 1 m Kantenlänge von einer Seitenfläche zu der gegenüberliegenden fließt, wenn diese 1° Temperaturunterschied haben und die übrigen vier Würfelflächen vor Wärmeaustausch mit der Umgebung geschützt sind. Da die Größen α und λ die Leichtigkeit der Wärmeübertragung charakterisieren, so ergibt sich unmittelbar, daß $1/\alpha$ und $1/\lambda$ Wärmeübertragungswiderständen vergleichbar sind, so daß $1/\alpha$ den Wärmeübergangswiderstand vom gasförmigen zum festen Körper oder umgekehrt, und $1/\lambda$ den Leitungswiderstand einer 1 m dicken Schicht des festen Körpers bedeuten. Da letztere im allgemeinen Fall nicht 1 m, sondern δ m betragen wird, so wäre der betreffende Leitungswiderstand δ/λ. Die entsprechenden Überlegungen führen bezüglich der Größe k zu dem Ergebnis, daß $1/k$ den gesamten Widerstand darstellt, den die Wärme im Radiator zu überwinden hat, um vom Wärmeträger zur Außenluft überzutreten. Er setzt sich aus den drei Einzelwiderständen zusammen, nämlich $1/\alpha_i$, wenn α_i die Wärmeübergangszahl an der inneren Oberfläche ist, ferner δ/λ und $1/\alpha_a$, wenn α_a die Wärmeübergangszahl an der äußeren Oberfläche bedeutet. Damit ergibt sich für k die Definitionsgleichung

$$\frac{1}{k} = \frac{1}{\alpha_i} + \frac{\delta}{\lambda} + \frac{1}{\alpha_a}.$$

Die ersten beiden Teilwiderstände sind durch die Konstruktion des Radiators und den Wärmeträger im wesentlichen bestimmt, dagegen hängt der dritte von den äußeren Bedingungen, wie der Luftströmung und der Aufstellung des Radiators ab.

Dies rührt davon her, daß die Wärmeübertragung des Radiators an die Umgebung nicht nur von der Wärmeleitzahl der Luft, sondern auch von ihrem Strömungszustand sowie außerdem von dem Strahlungsaustausch seiner Oberfläche mit der Umgebung abhängt.

4 c) Wärmeabgabe eines Radiators.

Die nachstehende Aufgabe soll dazu dienen, den Einfluß der äußeren Wärmeübergangszahl auf die Wärmedurchgangszahl k, also auf die Wärmeabgabe des Radiators zu untersuchen. Deshalb soll bei einem ersten Versuch seine Wärmeabgabe unter den gewöhnlichen Verhältnissen bestimmt werden, wo er im größeren Raum frei aufgestellt ist; beim zweiten Versuch wird die Luft durch einen Ventilator schnell am Radiator vorbeigetrieben; beim dritten Versuch endlich wird die Abstrahlung durch stark reflektierende, in der Nähe des Radiators aufgestellte Aluminiumbleche herabgesetzt.

Versuchsanordnung.

Ein Radiator A (Abb. 48) wird an einen Dampfkessel angeschlossen und mit gesättigtem Wasserdampf gespeist. Dieser wird über ein Absperrventil B durch die Leitung C zu- und durch D abgeführt. Um zu verhindern, daß das Kondensat aus der Zuleitung in den Radiator eintritt, ist ein Wasserabscheider E_1 angebracht; dieser besteht aus einem Glasrohr F, dessen Ausfluß regulierbar ist (z. B. mit Gummischlauch und Quetschhahn). Ein Glasrohr ist gewählt, um dauernd beobachten zu können, ob wirklich Dampf und nicht etwa Wasser in den Radiator eintritt.

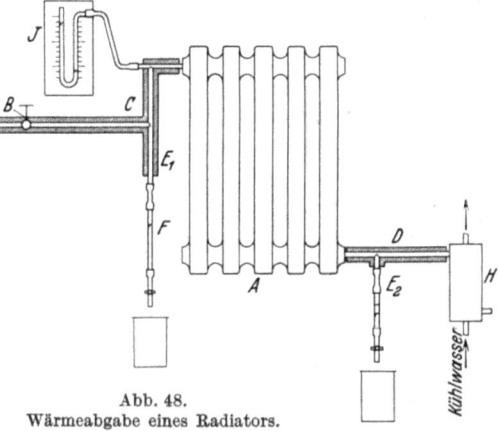

Abb. 48.
Wärmeabgabe eines Radiators.

Der im Radiator kondensierte Dampf fließt durch den Wasserabscheider E_2 ab, während der Überschußdampf in einem mit Wasser beschickten Durchflußkühler H kondensiert wird, um ein Abströmen in den Beobachtungsraum zu vermeiden. Die Messung des absoluten Dampfdruckes im Radiator erfolgt mit einem Barometer und einem mit Wasser gefüllten Differentialmanometer J.

Zur Durchführung des obenerwähnten zweiten Versuchsteiles dient ein elektrisch angetriebener Ventilator, der unter dem Radiator aufgestellt wird.

Für den dritten Versuch wird der Radiator seitlich von vier vertikalen Aluminiumblechen eingeschlossen, die der Luft von unten und oben freien Durchtritt gestatten. Die Bleche sollen von der Radiatorfläche etwa 20 cm Abstand haben, damit die wie beim ersten Versuch vorhandene Konvektionsströmung der Luft nicht verändert wird.

Versuchsdurchführung.

Gleichzeitig mit dem Dampf wird das Kühlwasser für den Durchflußkühler H angestellt. Nachdem der Dampf mit etwa 10 cm Wassersäule Überdruck einige Zeit durch den Radiator hindurchgeströmt ist, wird der Wasserabscheider E_1 so eingestellt, daß sein Wasserstand dauernd in nahezu gleicher Höhe bleibt.

Gemäß der Definitionsgleichung von k sind folgende Größen zu bestimmen: die stündlich vom Radiator abgegebene Wärmemenge Q_h, seine Oberfläche F und die Temperaturen t_m und t_a des Dampfes und der Außenluft. Die Größe Q_h wird aus der Menge des stündlich anfallenden Kondensates G und seiner Verdampfungswärme r berechnet nach der Formel:
$$Q_h = G \cdot r.$$

Zur Bestimmung von G muß während der mit einer Stoppuhr gemessenen Zeit die in einem Gefäß aufgefangene, aus dem Wasserabscheider E_2 ausfließende Wassermenge G' bestimmt werden. Zur genauen Messung von G' ist es erforderlich, daß der Wasserstand im Abscheider E_2 zu Anfang und Ende der abgestoppten Zeit genau den gleichen Stand hat. Dies kann in einfacher Weise dadurch erreicht werden, daß man vor Beginn der Messung den Wasserspiegel etwas unter eine durch einen umgebundenen Faden fixierte Marke sinken läßt, den Quetschhahn schließt und die Stoppuhr in Gang setzt, wenn der Wasserspiegel beim Ansteigen die Marke erreicht. Darauf wird ein leeres Gefäß vom Gewicht G_1 untergesetzt und der Quetschhahn so weit geöffnet, daß im weiteren Verlauf des Versuches der Meniskus im Glasrohr sichtbar bleibt. Wenn eine genügende Wassermenge kondensiert ist, wird wiederum der Wasserspiegel unter die Marke abgesenkt, der Quetschhahn geschlossen und nun derjenige als Ende des Versuches anzusprechende Zeitpunkt mit der Stoppuhr festgehalten, in welchem der Meniskus durch die Marke steigend hindurchgeht. Aus dem Gewicht G_2 des gefüllten Gefäßes erhält man das in der abgestoppten Zeit τ angefallene Kondensat G' aus $G' = G_2 - G_1$ und unter Berücksichtigung von τ die in 1 Stunde ausgeflossene Wassermenge G.

Da der Radiator mit gesättigtem Dampf gespeist wird, kann sowohl seine Verdampfungswärme als seine Temperatur aus seinem Druck p bestimmt werden. Dieser ist gleich der Summe des am Barometer abgelesenen Luftdruckes b mm Q.-S. und des am Wassermanometer J bestimmten Überdruckes h mm W.-S. Aus einer Dampftabelle ist der zugehörige Wert der Verdampfungswärme und die Eintrittstemperatur des Dampfes in den Radiator zu entnehmen. Diese darf auch als Mittelwert des Dampfes im ganzen Radiator angenommen werden, da der Dampf beim Durchströmen nur eine sehr geringe Drucksenkung und damit auch einen sehr kleinen Temperaturabfall erfährt.

4 c) Wärmeabgabe eines Radiators.

Die wärmeabgebende Oberfläche F ist durch Ausmessen zu bestimmen. Die Temperatur der Außenluft t_a wird gemessen durch ein Quecksilberthermometer in solcher Entfernung vom Radiator, daß es einerseits von dessen Strahlung nicht beeinflußt wird (vgl. Abschn. 2a), aber andererseits nahe genug, damit es wirklich die Temperatur derjenigen Luft mißt, die mit dem Radiator im Wärmeaustausch steht.

Versuchsergebnisse.

Die folgende Zahlentafel 19 enthält die Resultate der obenbeschriebenen drei Versuche. Von jeder Art sind zwei Versuche durchgeführt und zu einem Mittelwert von k vereinigt worden. Es bedeuten:

G_1 das Gewicht des Sammelgefäßes für das Kondensat in kg,
G_2 das Gewicht des gefüllten Gefäßes in kg,
$G' = G_2 - G_1$ das Kondensatgewicht in kg,
τ die Zeit in Minuten und Sekunden bzw. Stunden,
G das stündlich angefallene Kondensatgewicht in kg/h,
$Q_h = G \cdot r$ die in 1 Stunde vom Radiator abgegebene Wärmemenge in kcal/h.

Zahlentafel 19.

Art des Versuches	G_1 kg	G_2 kg	G' kg	τ Min.	τ Sek.	τ Stdn.	G kg/h	Q_h kcal/h	k kcal/m² h °C	
1. Natürliche Konvektion	0,120	0,531	0,411	10	3	0,1685	2,44	1317	7,74	7,8
	0,128	0,742	0,614	14	58	0,2493	2,46	1328	7,81	
2. Mit Ventilator	0,128	0,830	0,702	8	13,5	0,1370	5,12	2766	16,24	16,2
	0,120	0,859	0,739	8	42	0,1450	5,09	2750	16,15	
3. Verringerte Abstrahlung	0,120	0,841	0,721	19	8	0,3190	2,26	1221	5,68	5,7
	0,128	0,831	0,703	18	24	0,3065	2,29	1237	5,75	

Raumtemperatur $t_a = 19{,}0°$,
Oberfläche des Radiators $F = 2{,}15$ m²,
Barometerstand $b = 712$ mm Q.-S.,
Überdruck im Radiator gegen Atmosphäre $h = 15$ mm W.-S.,
Druck im Radiator $p = 712 + 15/13{,}6 = 713$ mm Q.-S. $= \frac{713}{735{,}5}$ at $= 0{,}97$ at,
Dampftemperatur $t_m = 98{,}2°$,
Verdampfungswärme $r = 540$ kcal/kg,
Übertemperatur $t_m - t_a = 98{,}2 - 19{,}0 = 79{,}2°$.

Die Wärmedurchgangszahl k, welche gleichzeitig die stündliche Wärmeabgabe der Flächeneinheit des Radiators charakterisiert, ist aus den angegebenen Größen nach folgender Formel zu berechnen:

$$k = \frac{(G_2 - G_1)\dfrac{r}{\tau}}{F(t_m - t_a)}.$$

Der Vergleich der Versuche 1 und 2 zeigt deutlich die starke Vermehrung der Wärmeabgabe durch die mittels eines Ventilators gesteigerte Konvektionsgeschwindigkeit der Luft. Der Wert von k steigt auf mehr als das Doppelte. — Die früher vielfach übliche Verkleidung von Radiatoren verkleinert also die Wärmeabgabe des Radiators, da sie die Konvektion behindert.

Da die Wärmeabgabe erfahrungsgemäß zu etwa 30% auf Abstrahlung beruht (S. 93), so ist vorauszusehen, daß die Behinderung der letzteren die Wärmeabgabe erheblich herabsetzt; dies wird durch den dritten Versuch bewiesen. Da das um den Radiator aufgestellte Aluminiumblech ein sehr starkes Reflexionsvermögen hat, so werden die auf dieses auftreffenden Strahlen zum großen Teile auf den Radiator zurückgeworfen. Infolgedessen sinkt die Wärmedurchgangszahl k auf 5,7 herab.

d) Strahlungstechnische Untersuchung von Radiatoren.

Bei der Beheizung der Wohnräume erkennt man seit einiger Zeit das Bestreben, die erzeugte Wärme besonders den unteren Luftschichten zuzuführen, in denen sich die Menschen aufhalten. Man baut deshalb z. B. die Kachelöfen nicht mehr so schmal und hoch wie früher, sondern bei gleicher Größe der Heizfläche breiter und niedriger. Aus dem gleichen Grunde werden die Gasöfen vielfach so konstruiert, daß man in ihren unteren Teil feuerbeständige feste Körper einbaut, welche durch Gasheizung glühend gemacht werden und ihre Strahlen durch reflektierende Metallflächen namentlich in der Richtung zum Fußboden aussenden. Man greift also gewissermaßen wieder auf die dem Kaminfeuer eigene Heizungsart zurück. — Bei dieser Sachlage ist es von Interesse zu wissen, welcher Bruchteil der zugeführten Energie von einem Heizkörper, z. B. von dem Radiator einer Zentralheizung, in Form von Strahlung sowohl im ganzen als auch nach den verschiedenen Richtungen abgegeben wird.

Die strahlungstechnischen Eigenschaften eines Heizkörpers werden gekennzeichnet durch den strahlungstechnischen Wirkungsgrad η_s, nämlich das Verhältnis der durch Strahlung abgegebenen Wärmemenge Q_s zur insgesamt abgegebenen Q, so daß

$$\eta_s = \frac{Q_s}{Q}.$$

Die Bestimmung von Q_s kann auf folgende Weise geschehen. Man bringt in einiger Entfernung vom Heizkörper ein Temperaturmeßgerät, etwa ein an der Oberfläche berußtes Widerstandsthermometer (Bolometer, Abschn. 1c) an. Dieses nimmt unter dem Einfluß der Strahlung eine erhöhte Temperatur an, und zwar diejenige, bei welcher die aufgenommene Wärme ebenso groß ist wie die infolge der Übertemperatur Δt an die

4 d) Strahlungstechnische Untersuchung von Radiatoren.

kältere Umgebung von der Temperatur t_a abgegebene. Gleichzeitig mit der Temperatursteigerung des Bolometers wächst sein Widerstand vom Anfangswert w_1 um Δw. Es entspricht einer durch Strahlung aufgenommenen Wärmemenge eine bestimmte Widerstandsänderung des Bolometers. Wenn die Beziehung zwischen diesen beiden Größen etwa mittels einer Eichung bekannt ist, kann man also für jede Widerstandsänderung unmittelbar die aufgenommene Wärme angeben. Bei der Feststellung dieser Beziehung kann davon Gebrauch gemacht werden, daß es gleichgültig ist, auf welche Weise die Erwärmung des Bolometers vorgenommen wird. Hierzu eignet sich besonders die elektrische Heizung, indem man einen veränderlichen, meßbaren Strom durch das Bolometer hindurchleitet.

Die so erhaltene Eichkurve gibt für jede Widerstandszunahme Δw des Bolometers an, wieviel Wärme das Bolometer auch bei der Bestrahlung stündlich aufgenommen hat. Um hieraus die Wärme zu erhalten, welche von dem Strahler auf eine senkrecht zu seiner Strahlungsrichtung orientierte Flächeneinheit aufstrahlt, muß außer der Größe der absorbierenden Bolometerfläche deren Absorptionszahl bekannt sein. Unter letzterer versteht man denjenigen Bruchteil der auftreffenden Strahlungsenergie, der von der getroffenen Fläche absorbiert und in Wärme umgewandelt wird. Für Ruß z. B. ist die Absorptionszahl 0,97, so daß der vom Bolometer absorbierten Strahlung 1 die von der strahlenden Fläche zugesandte Energie $\frac{1}{0,97}$ entspricht.

Um die im Ganzen und in den verschiedenen Richtungen ausgestrahlte Energie mit dem Bolometer zu bestimmen, ist eine Reihe von Einzelmessungen nötig, bei denen man das Bolometer (je senkrecht stehend auf der untersuchten Richtung) einerseits in verschiedene Richtungen gegenüber der auf der strahlenden Fläche senkrecht stehenden Mittelebene nach rechts und nach links und andererseits in verschiedenen Richtungen gegenüber der horizontalen Mittellinie nach oben und unten anbringt. Die aus diesen Messungen vorzunehmende Integration findet am einfachsten graphisch statt[1].

Anordnung und Durchführung der Versuche.

Die Untersuchung[2] sei beschrieben an Hand eines Radiators A (Abb. 49). Um eine horizontale, der Vorderfläche desselben parallele Achse B ist in halber Höhe des Heizkörpers ein halbkreisförmiger Bügel C vom Radius 1 m drehbar angebracht, an dem das Bolometer D verschiebbar ist.

---

[1] Reiher, H., u. Osc. Knoblauch: Gas- u. Wasserfach Bd. 69 (1926) S. 897 u. 1054.

[2] Gruber, X.: Arch. Wärmewirtsch. Bd. 10 (1929) S. 253.

Das Bolometer (Abb. 50) besteht etwa aus einer mäanderförmigen Platinfolie F von 0,002 mm Dicke und 5×5 cm² Fläche, die in einem Hartgummirahmen G eingespannt ist. Unter Abzug der zwischen den einzelnen Streifen liegenden Zwischenräume ergibt sich die für die Strahlungsaufnahme in Betracht kommende Bolometerfläche zu 20 cm². Die Enden der Folie sind elektrisch verbunden mit den Anschlußklemmen H und J. Mittels des federnden Bleches K kann das Bolometer auf den halbkreisförmigen Bügel C (Abb. 49) festgeklemmt werden.

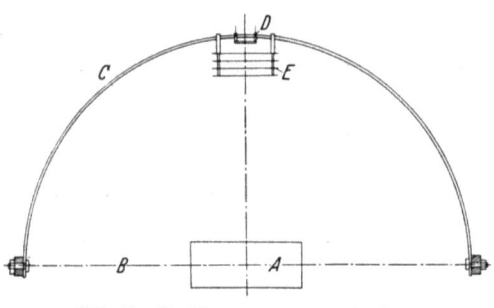

Abb. 49. Strahlungsmessung am Radiator.

Das Bolometer besitzt bei 20° einen Widerstand von 6,38 Ω. Die Platinfolie ist durch Platinschwarz geschwärzt und absorbiert 97% der auf sie treffenden Strahlung.

Zur Eichung des Bolometers bedarf man außer einer Stromquelle eines Volt- und eines Amperemeters. Man stellt mit Hilfe eines Vorschaltwiderstandes verschiedene Heizstromstärken ein und berechnet nach dem Ohmschen Gesetz aus Stromstärke i und Spannung e den Widerstand $w = e/i$ (Ohm). — Durch die Heizung von $e \cdot i$ (Watt) erfährt das Bolometer eine Änderung seines Widerstandes und seiner Temperatur. — Der gleiche Vorgang spielt sich, wie oben erwähnt, dann ab, wenn das Bolometer durch die Zustrahlung eines Heizkörpers erwärmt wird. Trägt man also die einander zugehörigen Werte des Widerstandes w und der Heizenergie $(e \cdot i)$ in ein Diagramm (Abb. 51) ein, so erhält man eine Eichkurve, welche bei Anwendung des Bolometers zur Strahlungsmessung für jeden Widerstandswert die aufgenommene Strahlungswärme entnehmen läßt.

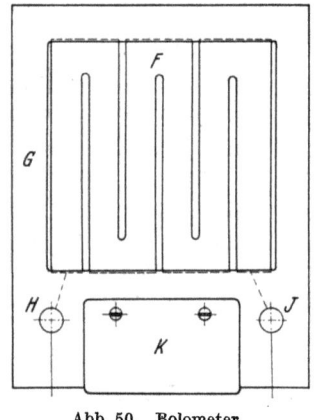

Abb. 50. Bolometer.

Wie ebenfalls oben schon angedeutet, ist die Bolometertemperatur und damit sein Widerstand bedingt von der Wärmeabgabe an die Umgebung. Sie ist also abhängig von der Lage des Bolometers gegenüber der Vertikalen; denn da das Bolometer wärmer ist als die Umgebungsluft, so bilden sich in dieser Konvektionsströme aus, deren Geschwindigkeit beim vertikal gestellten Bolometer am größten, beim horizontalen am kleinsten ist. Die Eichkurve ist daher für mehrere Stellungen des Bolometers aufzunehmen. Aus ihr entnimmt man, daß z. B. einer Widerstandserhöhung von 0,5 Ω bei wagerechter Lage des Bolometers eine zugeführte elektrische oder absorbierte Strahlungsleistung von 1,36 Watt, bei senkrechter Lage eine solche von 1,59 Watt entspricht.

Bei der Strahlungsmessung schaltet man das Bolometer in eine Wheatstonesche Brücke ein, deren Anwendung im Abschnitt 1c besprochen ist. Da die Meßmethode darauf beruht, die Änderung des Widerstandes infolge von Zustrahlung zu bestimmen, so muß die Untersuchung damit beginnen, den Widerstand zunächst im nichtbestrahlten Zustande zu messen. Zu diesem Zwecke kann ein Schutzschirm E (Abb. 49), der aus mehreren durch Luftschichten getrennten Aluminiumblechen besteht, zwischen Bolometer und Heizkörper eingeschaltet werden.

Der das Bolometer tragende Bügel wird in etwa dreizehn verschiedenen Neigungen festgeklemmt; in jeder derselben werden an je um 18° voneinander entfernten Stellen des Bügelumfanges eine Messung bei abgeschirmtem und bestrahltem Bolometer vorgenommen.

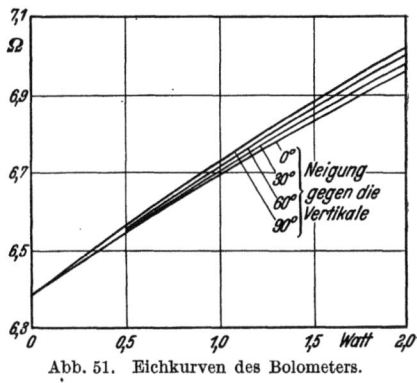

Abb. 51. Eichkurven des Bolometers.

Bezeichnet man mit α die Neigung des Bügels gegen die durch seine Achse gehende Vertikalebene und mit $(90° - \beta)$ den Winkel, den die Verbindungslinie zwischen dem am Bügel befestigten Bolometer und dem Mittelpunkt der Bügelachse mit dieser Achse bildet, so entspräche beim Vergleich der horizontalen Bügelachse mit der Erdachse die Neigung α der geographischen Länge, die Stellung β der geographischen Breite des jeweiligen Bolometerortes.

Der Radiator wird beim Versuch an eine Dampfleitung angeschlossen und die von ihm stündlich im ganzen abgegebene Wärmemenge Q_h gemäß dem Abschnitt 4c durch Messung des Kondensatgewichtes bestimmt.

Versuchsergebnisse.

Für einen Versuch sind in Zahlentafel 20 die Ergebnisse der Strahlungsmessungen zusammengestellt. Sie enthält in der ersten Spalte die Bügelneigung α in Graden gegenüber der Vertikalen, in der ersten horizontalen Reihe die einzelnen Stellungen β des Bolometers auf dem Bügel, so daß $\alpha = 0°$ die unterste Bügelstellung, $\beta = 0°$ die Stellung des Bolometers vor der Mitte des Radiators ist. Bei jeder Bügelneigung sind die Differenzen der Bolometerwiderstände im abgeschirmten und bestrahlten Zustande eingetragen. Dabei sind der Platzersparnis wegen nur die Beobachtungen der vorderen linken Hälfte verzeichnet, da aus Symmetriegründen folgt und durch die Versuche bestätigt wird, daß die Abstrahlung bei freistehendem Radiator nach hinten ebenso groß ist wie nach vorn und diejenige der beiden vorderen Hälften gleich groß ist.

Aus der Zahlentafel 20 wurden zunächst die Unterschiede der Bolometerwiderstände mit und ohne Bestrahlung in Gruppen zwischen den

Zahlentafel 20.

α \ β		−90°	−72°	−54°	−36°	−18°	0°	Umrechnungswert
	0°	0,012	0,012	0,013	0,013	0,012	0,012	
	15°	0,012	0,014	0,013	0,015	0,010	0,010	
Σ 0 bis 15° Ω		0,024	0,026	0,026	0,028	0,022	0,022	
	30°	0,012	0,019	0,016	0,013	0,014	0,012	
	45°	0,013	0,015	0,016	0,016	0,010	0,009	
	60°	0,013	0,021	0,019	0,019	0,011	0,010	
Σ 30 bis 60° Ω		0,038	0,055	0,051	0,048	0,035	0,031	×2,950
desgl. 30 bis 60° W/20 cm²		0,114	0,162	0,150	0,142	0,106	0,092	
	75°	0,016	0,013	0,012	0,012	0,014	0,011	
	90°	0,022	0,018	0,019	0,019	0,012	0,012	
	105°	0,013	0,017	0,023	0,019	0,012	0,010	
	120°	0,016	0,020	0,010	0,010	0,010	0,009	
Σ 75 bis 120° Ω		0,067	0,068	0,064	0,060	0,048	0,042	×3,190
desgl. 75 bis 120° W/20 cm²		0,214	0,217	0,204	0,190	0,153	0,134	
	135°	0,014	0,014	0,013	0,012	0,010	0,011	
	150°	0,010	0,016	0,010	0,010	0,011	0,010	
Σ 135 bis 150° Ω		0,024	0,030	0,023	0,022	0,021	0,021	×2,935
desgl. 135 bis 150° W/20 cm²		0,071	0,088	0,067	0,064	0,062	0,062	
	165°	0,012	0,015	0,012	0,011	0,012	0,010	
	180°	0,012	0,012	0,012	0,011	0,012	0,012	
Σ 165 bis 180° Ω		0,024	0,027	0,024	0,022	0,024	0,022	
Σ 0 bis 15° Ω		0,024	0,026	0,026	0,028	0,022	0,022	
ΣΣ { 0 bis 15° / 165 bis 180° } Ω		0,048	0,053	0,050	0,050	0,046	0,044	×2,860
desgl. 0 bis 15° W/20 cm² 165 bis 180°		0,137	0,152	0,143	0,143	0,132	0,126	
Σ 0 bis 180° W/20 cm²		0,536	0,619	0,564	0,540	0,453	0,404	
Mittlere Strahlungsdichte J_β W/20 cm²		0,0413	0,0476	0,0426	0,0416	0,0348	0,0311	

Bügelneigungen 0 und 15°, 165 und 180°, 30 und 60°, 75 und 120°, 135 und 150° zusammengenommen, addiert und mit Hilfe der Eichlinien des Bolometers für die jeweilige Bolometerstellung umgerechnet von Ω (Ohm) in W (Watt) mittels des Umrechnungswertes in der letzten Spalte der Zahlentafel. Addiert man diese Werte und teilt die Summe durch 13 (Anzahl der Bügelneigungen), so erhält man die mittlere Strahlungsdichte auf der Bolometerfläche für die betreffenden Werte von β. So ergibt sich z. B. für $\beta = -90°$ als mittlere Strahlungsdichte auf die Bolometerfläche $J_\beta = 0{,}0413$ W/20 cm².

Dieser Wert ist für die verschiedenen Werte von β der linken Vorderseite des Radiators in der untersten Zeile der Zahlentafel eingetragen. Die entsprechenden Werte der rechten Hälfte betrugen

$$\beta = +90°; \quad +72°; \quad +54°; \quad +36°; \quad +18°;$$
$$0{,}0401; \quad 0{,}0474; \quad 0{,}0430; \quad 0{,}0422; \quad 0{,}0357.$$

Für die weitere Auswertung denkt man sich den Strahler punktförmig und bezeichnet mit $J_{\alpha,\beta}$ die Strahlungsenergie, die gemäß Abb. 52 in der durch α und β gekennzeichneten Richtung auf 1 cm² der Kugeloberfläche vom Radius r auftrifft. Die auf eine nach vorn gelegene Halbkugel des Raumes vom Radius r ausgesandte Strahlungsenergie hat dann den Wert

$$\int_{\alpha=0}^{\alpha=\pi} \int_{\beta=-\frac{\pi}{2}}^{\beta=+\frac{\pi}{2}} J_{\alpha,\beta} \cdot r^2 \sin\beta \cdot d\alpha \cdot d\beta.$$

Bezeichnet man mit J_H die mittlere Strahlungsdichte auf der Halbkugeloberfläche, so ist die insgesamt auf sie auftreffende Strahlungsenergie

$$2\pi r^2 J_H,$$

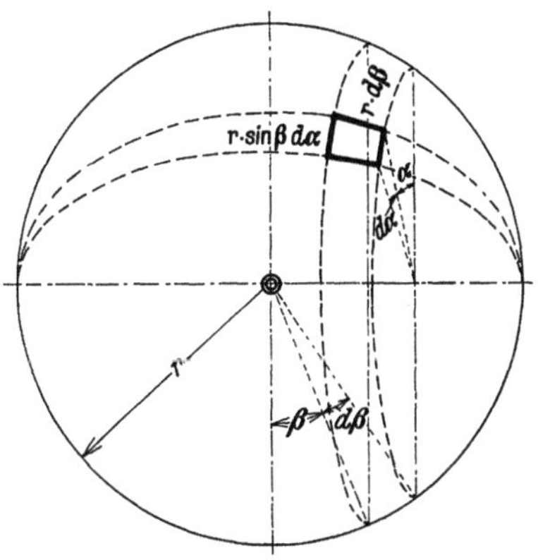

und daher

Abb. 52. Bolometerstellungen.

$$J_H = \frac{1}{2\pi} \int_{\alpha=0}^{\alpha=\pi} \int_{\beta=-\frac{\pi}{2}}^{\beta=+\frac{\pi}{2}} J_{\alpha,\beta} \cdot \sin\beta \cdot d\alpha \cdot d\beta.$$

Die in der letzten Horizontalreihe der Zahlentafel 20 vorgenommene Mittelbildung in vertikaler Richtung stellt bereits die Integration bezüglich der Variablen α der Energiemengen dar, welche jeweils in die einzelnen 18° breiten, den verschiedenen Werten von β entsprechenden Sektoren ausgestrahlt werden. Die Größe $J_{\alpha,\beta}$ ist daher im Integral durch die erhaltenen Werte J_β zu ersetzen.

Die Auswertung der nunmehr vereinfachten Gleichung

$$J_H = \tfrac{1}{2} \int\limits_{-\frac{\pi}{2}}^{+\frac{\pi}{2}} J_\beta \sin\beta \cdot d\beta$$

geschieht nach dem Vorschlage von Rousseau[1] auf folgende Weise: Durch Multiplikation und Division der rechten Seite der Gleichung mit einer willkürlichen Größe m erhält sie die Form

$$J_H = \frac{1}{2m} \int\limits_{-\frac{\pi}{2}}^{+\frac{\pi}{2}} J_\beta \cdot \sin\beta \cdot d(m\beta) = -\frac{1}{2m} \int\limits_{-\frac{\pi}{2}}^{+\frac{\pi}{2}} J_\beta \cdot d(m\cos\beta).$$

Die Auswertung dieser Integration geschieht auf graphischem Wege (Abb. 53). Auf der Abszissenachse von $(-m)$ bis $(+m)$ trägt man jeweils die für einen Winkel β in Zahlentafel 20 gefundene Strahlungsenergie J_β als Ordinate über der Abszisse $m\cos\beta$ auf. Durch Verbindung der Endpunkte dieser Ordinaten wird über der Strecke $2m$ eine Fläche von der Größe $\int\limits_{-\frac{\pi}{2}}^{+\frac{\pi}{2}} J_\beta \cdot d(m\cos\beta)$ ab-

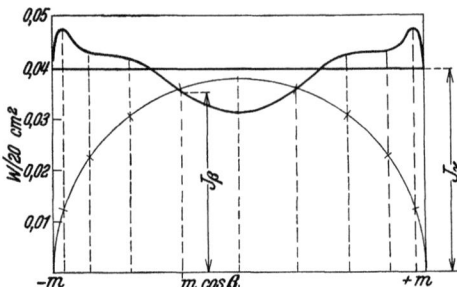

Abb. 53. Energieverteilung der Radiatorstrahlung.

geschlossen. Planimetriert man diese aus und konstruiert über der gleichen Basis $2m$ ein flächengleiches Rechteck, so gibt dessen Höhe den gesuchten Mittelwert J_H an. Aus der dargelegten Rechnungsweise ist ersichtlich, daß der willkürlich gewählte Wert von m ohne Einfluß auf das Ergebnis ist.

Man erhält so die auf die Bolometerfläche von 20 cm² treffende Energiedichte $J_H = 0{,}0394$ W, d. h. $0{,}00197$ W/cm². Berücksichtigt man ferner, daß die Platinfolie 97% der zugestrahlten Energie aufgenommen hat und das Bolometer auf einer Halbkugel von 100 cm Halbmesser bewegt wurde, so beträgt die von einer Seite des Heizkörpers ausgestrahlte Wärmemenge 111 kcal/h.

---

[1] Rousseau: Compt. rend. des essais photom. à l'Exposition d'Anvers, 1885. S. auch P. B. A. Linker: Elektrotechnische Meßkunde S. 545. Berlin: Julius Springer 1920.

In gleicher Weise wurde die von der Rückseite des Radiators ausgestrahlte Energie bestimmt. Die Messung ergab 110,5 kcal/h, somit, wie zu erwarten war, den gleichen Wert wie für die Vorderseite. Die im ganzen abgestrahlte Wärmemenge beträgt also 222 kcal/h.

Die gesamte Wärmeabgabe wurde aus der vom Heizkörper in einer Stunde niedergeschlagenen Dampfmenge berechnet. Es betrugen: der Dampfüberdruck 30 mm W.-S., der Barometerstand 716 mm Q.-S., die Temperatur des Dampfes 98,2°, also die Verdampfungswärme $r = 540$ kcal/kg, die Raumtemperatur $t_a = 19,8°$, das Gewicht des Kondensates 1,56 kg/h. Daraus ergibt sich die insgesamt abgegebene Wärmemenge zu $1,56 \cdot 540 = 842$ kcal/h. Der strahlungstechnische Wirkungsgrad ist somit

$$\eta_s = \frac{222}{842} = 0,264,$$

d. h. der untersuchte Heizkörper gibt 26% seiner Wärme durch Strahlung ab.

e) Wärmeübertragung und Wärmespeicherung von Rohrisolierungen.

In allen bisher behandelten Aufgaben ist stets der Beharrungszustand der Temperaturverteilung eingestellt worden ohne Rücksicht auf die Wärmemenge, die zur Aufheizung zugeführt werden mußte und in dem betreffenden Körper aufgespeichert wurde.

Eine größere Speicherfähigkeit ist z. B. bei Mauern von Wohnräumen aus hygienischen Gründen deshalb von Vorteil, weil in der Zeit zwischen den einzelnen Heizungen die in den Mauern aufgespeicherte Wärme die Abkühlung der Raumluft verzögert.

Es kann jedoch unter Umständen auch ein geringes Speichervermögen von Vorteil sein, z. B. bei der Isolierung von Dampfleitungen, die periodisch in Betrieb genommen werden. Die in der Zeit des Dampfdurchganges aufgenommene Wärme geht während der Betriebspausen an die Außenluft über und ist daher im allgemeinen seinem vollen Betrage nach als Wärmeverlust in Rechnung zu setzen. Aus diesem Grunde hat man neuerdings Rohrisolierungen ausgeführt, die gleichzeitig einen guten Wärmeschutz und ein geringes Speichervermögen besitzen. Dieser Gedanke ist in weitestgehendem Maße in der unten näher besprochenen sog. Alfol-Isolierung[1] zur Anwendung gekommen.

Die praktische Auswirkung des Speicherungsvermögens mag durch folgenden Versuch veranschaulicht werden. Drei Rohre gleicher Abmessungen, von denen eines nackt ist und die anderen beiden mit zwei verschiedenen Wärmeschutzstoffen isoliert sind, werden durch elek-

---

[1] Schmidt, E.: Z. VDI Bd. 71 (1927) S. 1395.

trische Innenheizung auf die gleiche Temperatur erwärmt, bis der Dauerzustand der Temperaturverteilung erreicht ist. Hierauf wird die Heizung abgeschaltet und aus dem Verlauf der Abkühlung das Speicherungsvermögen beurteilt.

Mit diesen drei Rohren lassen sich
a) der Wärmeübergang,
b) die Wärmeleitung,
c) vergleichsweise auch die Speicherung bestimmen.

a) **Wärmeübergang.** Für die Wärmeübergangszahl α besteht die Gleichung (S. 68)
$$\alpha = \frac{Q_h}{F(t_0 - t_a)},$$
worin Q_h die in der Zeiteinheit von der Fläche F abgegebene Wärmemenge und $(t_0 - t_a)$ die Übertemperatur des Rohres über die Umgebungsluft bedeuten. Man hat daher zur Bestimmung von α die elektrisch zugeführte Wärmemenge Q_h und die Temperaturen t_0 und t_a zu messen.

Gemäß der Gleichung
$$\alpha = \alpha_b + \alpha_s$$
konnte die von der Flächeneinheit in der Zeiteinheit übertragene Wärmemenge q in die beiden Teile q_b und q_s zerlegt werden, welche durch Berührung und durch Strahlung abgegeben werden. Nun war
$$q_s = \alpha_s (t_0 - t_a)$$
und andererseits
$$q_s = C_1 \left[\left(\frac{T_0}{100}\right)^4 - \left(\frac{T_a}{100}\right)^4 \right],$$
so daß sich durch Gleichsetzen dieser beiden Ausdrücke ergab
$$\alpha_s = \frac{q_s}{(t_0 - t_a)} = \frac{C_1 \left[\left(\frac{T_0}{100}\right)^4 - \left(\frac{T_a}{100}\right)^4 \right]}{t_0 - t_a}.$$

Somit kann α_s berechnet werden, wenn die Strahlungszahl C_1 des wärmeabgebenden Körpers bekannt ist. Durch Subtraktion der Größe α_s von α ergibt sich dann α_b.

b) **Wärmeleitung.** Die Bestimmung der Wärmeleitzahl λ der beiden Rohrisolierungen geschieht nach der oben beschriebenen Methode (Abschn. 3b), und zwar ist
$$\lambda = \frac{Q_h \ln(D_a/D_i)}{2\pi L(t_i - t_0)}.$$

Hierin bedeuten D_i und D_a den inneren und äußeren Durchmesser der Isolierung, t_i und t_0 die zugehörigen Temperaturen und L die Länge des Rohres.

c) **Wärmespeicherung.** Um mit der Anordnung die Wärmespeicherung verschiedener Isolierungen zu bestimmen, wird anschließend

4 e) Wärmeübertragung und Wärmespeicherung von Rohrisolierungen. 95

an den bei den beiden vorhergehenden Untersuchungen eingestellten Beharrungszustand die elektrische Heizung abgeschaltet. Bei der alsdann einsetzenden Abkühlung wird die aufgespeicherte Wärme an die Umgebung übertragen. Das Ende des Vorganges ist dann erreicht, wenn die Oberflächentemperatur auf den Wert der Außentemperatur t_a gesunken ist. Da aber aus dem Teil a) der Untersuchung der Wert von α bekannt ist, so ist es nun möglich, aus dem zeitlichen Verlauf der Abkühlung die in der Zeit τ abgegebene Wärme, welche der gespeicherten Wärme entnommen ist, aus dem Integral zu berechnen

$$q = \int_0^\tau \alpha (t_0 - t_a) \, d\tau.$$

Hierbei ist zu beachten, daß die abgegebene Wärme nicht nur herrührt von der Isolierung, sondern auch vom Rohr selbst, einschließlich des Heizkörpers. Die von diesen gespeicherte Wärme wird durch den Versuch mit dem nackten Rohre festgestellt und alsdann von derjenigen der beiden isolierten Rohre in Abzug gebracht.

Versuchsanordnung.

Drei elektrisch innerlich geheizte Stahlrohre von 1 m Länge und 60 mm äußerem Durchmesser sind an den beiden Enden 3 cm tief in Expansit-

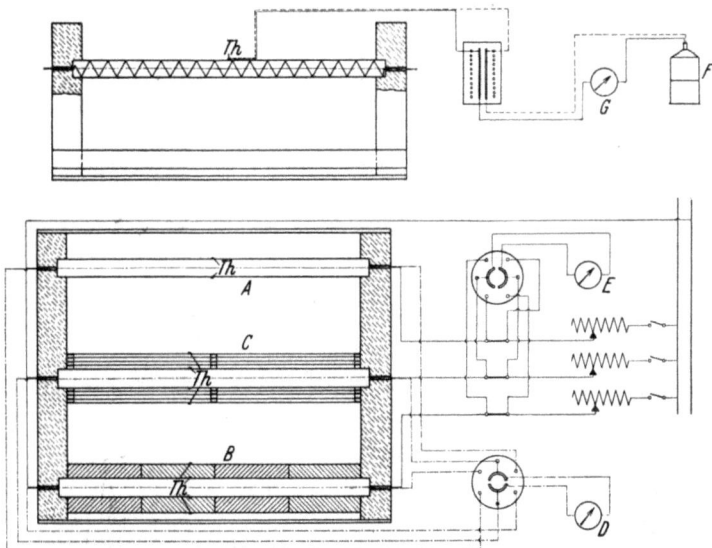

Abb. 54. Bestimmung von Wärmeübergangszahlen, Wärmeleitzahlen und Wärmespeicherung.

kork eingeschoben (Abb. 54). Das eine Rohr (A) hat eine Oberfläche mit Walzhaut, das zweite (B) ist mit 5 cm starken Kieselgurschalen isoliert, die äußerlich mit einer lackierten Nesselbinde umhüllt sind. Das dritte Rohr (C) ist mit einer Alfol-Isolierung versehen. Diese hat insofern ein Interesse, als bei ihr wissenschaftliche Erkenntnisse praktisch zur Verwertung kommen. Die Isolierung besteht aus vier etwa 14 mm voneinander abstehenden, um das Rohr herumgelegten zylindrischen Flächen aus Aluminiumfolie von nur 0,015 mm Stärke. Die Dicke der zwischen den Aluminiumblechen eingeschlossenen Luftschichten ist so gewählt, daß sich Konvektionsströme in ihnen nur in geringem Maße ausbilden können. Als wichtige Neuerung tritt hinzu, daß die Alfol-Isolierung die Wärmeübertragung durch Strahlung durch die Luftschichten hindurch stark vermindert. Die Strahlungszahl des Aluminiums hat den Wert von 0,26, beträgt also nur 5% der Strahlungszahl des schwarzen Körpers (vgl. S. 79).

Die Heizenergie der einzelnen Rohre kann getrennt reguliert und mit einem Volt- und einem Amperemeter D und E gemessen werden. Die Temperaturbestimmung der Oberfläche des Rohres und der Isolierungen geschieht mit Thermoelementen Th aus Eisen-Konstantan, die über eine Eislötstelle F mit einem Millivoltmeter G verbunden sind. Die Rohre sind horizontal angeordnet. Infolge ihrer Erwärmung bilden sich in der umgebenden Luft von unten nach oben gerichtete Konvektionsströme aus. Da die abkühlende Wirkung auf der unteren Seite der Rohre stärker zur Geltung kommt als an der oberen Seite, so ist die Temperatur am unteren Teil des Rohrumfanges niedriger als am oberen; daher ist an jedem Rohr je ein Thermoelement in der im Abschnitt 3b beschriebenen Weise oben und unten befestigt. Die Messung der Lufttemperatur geschieht mit einem Thermoelement, welches in einiger Entfernung von den Rohren anzubringen ist, um von diesen nicht angestrahlt zu werden.

Damit die drei Rohre sich nicht gegenseitig Wärme zustrahlen, sind in ihren Zwischenräumen berußte Bleche aufgehängt, welche die zugestrahlte Wärme absorbieren und an die Umgebungsluft fortleiten sollen.

Versuchsdurchführung.

Aus den eingangs ausgeführten Überlegungen ist vorauszusehen, daß bei den drei Untersuchungen der Wärmeübergangszahl, der Wärmeleitzahl und der Wärmespeicherung bei gleicher Heizleistung sich in den drei Rohren verschiedene Rohr- und Übertemperaturen $(t_0 - t_a)$ der freien Oberfläche gegenüber der Umgebung einstellen werden; denn man kann mit ein und derselben Wärmemenge verschieden hohe Temperaturen erzeugen, je nach den Maßnahmen, die man trifft, um die zugeführte Wärme an der Ableitung zu verhindern. Die gleiche Heizleistung, welche im nackten Rohr vielleicht eine hohe Temperatur und eine große Übertemperatur erzeugt, wird im isolierten Rohr eine viel höhere Rohrtemperatur, aber doch nur eine geringere Übertemperatur

4 e) Wärmeübertragung und Wärmespeicherung von Rohrisolierungen. 97

der Oberfläche verursachen. Demgemäß ist vor Anstellung der Beobachtung ein Versuchsplan zu entwerfen, wie man mit möglichst wenig Versuchsreihen alle gewünschten Resultate erhält.

Als Beispiel mag nachstehende Versuchsfolge dienen. Man erzeugt durch passende Heizung im nackten Rohr die Rohrtemperaturen von etwa 30°, 50°, 100° und 150°, gleichzeitig in den mit Kieselgur bzw. Alfol isolierten Rohren die gleichen Rohrtemperaturen und heizt so lange, bis der Beharrungszustand der Temperaturverteilung erreicht ist. Aus diesen Versuchen kann man die Abhängigkeit der Wärmeübergangszahl von der Übertemperatur der drei Rohre sowie die Wärmeleitzahl und deren Temperaturabhängigkeit für beide Isolierungen bestimmen.

Um für das von der Temperatur abhängige Speichervermögen eine Messung wenigstens für eine Temperatur vorzunehmen, wählt man willkürlich eine solche z. B. von etwa 150° Rohrtemperatur aus und stellt für diese den Dauerzustand ein. Zu gleicher Zeit werden dann die Heizungen der drei Rohre abgeschaltet und darauf nacheinander stets in derselben Folge die Rohrtemperaturen und die Oberflächentemperaturen der Isolierungen abgelesen. Zu Anfang sind die Ablesungen wegen des stärkeren Temperaturabfalles möglichst rasch hintereinander, später in größeren Abständen durchzuführen. Von Zeit zu Zeit ist die Raumtemperatur zu bestimmen.

Versuchsergebnisse.

Die Untersuchung zerfällt nach obigem in drei Teile.

a) Wärmeübergangszahl α. Für das nackte Eisenrohr und die mit Kieselgur und Alfol isolierten Rohre ergaben sich als Beispiel aus mehreren Versuchen die in Zahlentafel 21 angegebenen Werte. Sämtliche Rohre hatten den äußeren Durchmesser von 60 mm, so daß für die isolierten Rohre $D_i = 60$ mm ist.

Zahlentafel 21.

Eisenrohr	D_a	C_1	t_i	t_0	Q_h	α	α_b	α_s
Nackt	—	3,3	—	146,1	303,5	12,7	6,6	6,1
Mit Kieselgur isoliert .	162	4,5	146,5	33,4	62,1	8,3	3,5	4,8
Mit Alfol isoliert . . .	169	0,3	146,1	36,4	34,2	3,9	3,6	0,3

Lufttemperatur $t_a = 19,3°$.

Für Alfol ist die Berechnung nachstehend durchgeführt. — Dabei ist zu beachten, daß die Heizung sich zwar über die ganze Länge des 1 m langen Rohres erstreckt, die Wärmeabgabe nach außen jedoch an den beiden Enden durch die Lagerung in den Korkplatten vermindert war, so daß nur 0,94 Teile der zugeführten Heizung radial durch die Isolierung ausströmten.

$Q_h = 0{,}86 \cdot 0{,}94 \cdot e \cdot i = 0{,}81 \cdot e \cdot i = 0{,}81 \cdot 87{,}1 \cdot 0{,}484 = 34{,}2 \text{ kcal/h}$,

$F = 0{,}509 \text{ m}^2$,

$\alpha = \dfrac{Q_h}{F(t_0 - t_a)} = \dfrac{34{,}2}{0{,}509 \cdot 17{,}1} = 3{,}93$,

$\alpha_s = \dfrac{C_1[(T_0/100)^4 - (T_a/100)^4]}{t_0 - t_a} = \dfrac{0{,}3(91{,}9 - 73{,}2)}{17{,}1} = 0{,}3$,

$\alpha_b = \alpha - \alpha_s = 3{,}9 - 0{,}3 = 3{,}6 \text{ kcal/m}^2 \text{ h °C}$.

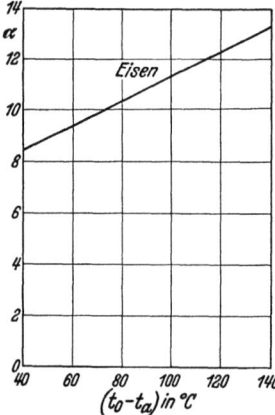

Abb. 55. Wärmeübergangszahl α des nackten Eisenrohres.

Die aus mehreren Versuchen gewonnene Abhängigkeit des Wertes α für die drei Rohre von der Übertemperatur $(t_0 - t_a)$ ist in Abbildung 55 und 56 graphisch dargestellt und stellt je angenähert eine gerade Linie dar.

Die stark wärmeschützende Wirkung der Isolierungen erkennt man unmittelbar aus dem Vergleich der Wärmemenge Q_h, welche nötig ist, um die drei Stahlrohre auf der gleichen Temperatur zu halten.

Bei den zwei isolierten Rohren war der äußere Durchmesser nahezu gleich groß, und der von der Berührung herrührende Anteil α_b der Wärmeübergangszahl besitzt daher den gleichen Betrag. Daß sich jedoch bei der Alfol-Isolierung ein wesentlich kleinerer Wert von α ergibt als bei Kieselgur, rührt davon her, daß wegen der kleineren Strahlungszahl des Aluminiums der Strahlungsanteil stark herabgesetzt wird.

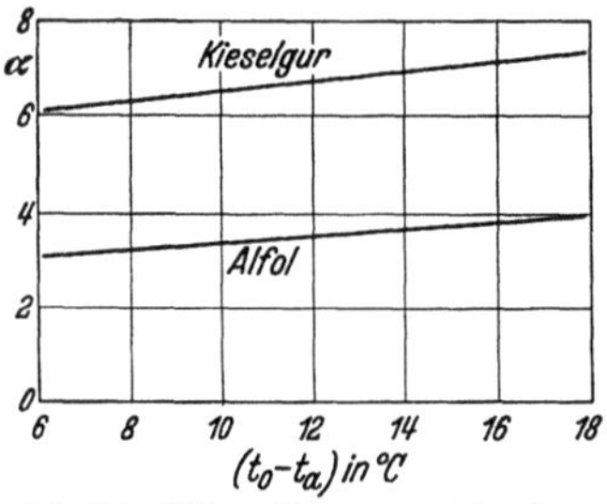

b) Wärmeleitzahl λ. Aus den in Zahlentafel 21 mitgeteilten Werten ergibt sich beispielsweise für die Wärmeleitzahl des Alfols

$$\lambda = \dfrac{Q_h \cdot \ln(D_a/D_i)}{2\pi L(t_i - t_0)}$$
$$= \dfrac{34{,}2 \cdot 1{,}036}{2\pi \cdot 0{,}94 \cdot (146{,}1 - 36{,}4)}$$
$$= 0{,}049 \text{ kcal/m h °C}.$$

Abb. 56. Wärmeübergangszahl α der isolierten Rohre.

Die aus einer Reihe von Versuchen erhaltene Abhängigkeit von λ von der Temperatur ergibt sich aus Abb. 57. Die dort angegebenen Temperaturen sind das arithmetische Mittel aus t_i und t_0. — Der Vergleich zeigt, daß die Alfolisolierung eine geringere Wärmeleitzahl hat als Kieselgur.

4e) Wärmeübertragung und Wärmespeicherung von Rohrisolierungen. 99

c) **Wärmespeicherung.** Wie oben erklärt, soll die in der Isolierung aufgespeicherte Wärme durch einen Abkühlungsversuch der vorher auf eine höhere Temperatur erwärmten Rohre bestimmt werden. Dies ist in folgender Weise möglich.

Nach Abschaltung der Heizung beobachtet man die zeitliche Veränderung der äußeren Oberflächentemperatur t_0 der beiden isolierten Rohre während einer längeren Zeit, etwa zwei Stunden, und außerdem für diese und das nackte Rohr die Rohrtemperatur. Man zeichnet nun die drei Abkühlungskurven, d. h. die Temperatursenkung der Oberflächen abhängig von der Zeit τ auf und entnimmt diesen die Übertemperaturen $(t_0 - t_a)$ zu bestimmten, der weiteren Rechnung zugrunde zu legenden Zeiten (Abb. 58). Diese verbindet man mit den zugehörigen, aus dem ersten Versuch bestimmten Werten von α (Abbildung 55 und 56). Man erhält so in dem

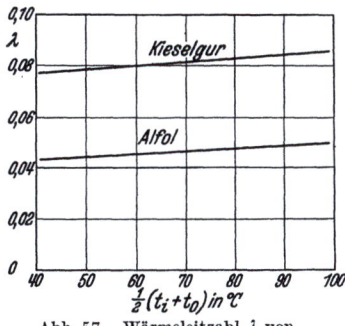

Abb. 57. Wärmeleitzahl λ von Kieselgur und Alfol.

Produkt $F \alpha (t_0 - t_a) d\tau$ die zu verschiedenen Zeitpunkten in einem Zeitelement $d\tau$ von dem betreffenden Rohr abgegebene Wärmemenge. — Zeichnet man nunmehr drei neue Kurven (Abb. 59 und 60) mit $F\alpha(t_0 - t_a)$ als Ordinate und der Zeit τ als Abszisse, so stellt die unter der Kurve liegende Fläche die in der Zeit τ von dem Rohre abgegebene Wärmemenge dar, nämlich $F \int_0^\tau \alpha (t_0 - t_a) d\tau$. Man erhält sie durch Planimetrieren. Die für diese Wärmemenge für verschiedene Zeitintervalle gefundenen Werte sind in Abb. 59, 61 und 62 über der Zeitabszisse als Ordinaten aufgetragen und geben also die bis zu verschiedenen Zeitpunkten aus dem gespeicherten Wärmevorrat abgegebenen Beträge an.

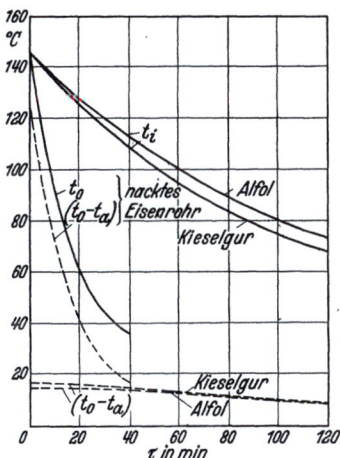

Abb. 58. Abkühlungskurven.

Weil mit der Zeit die Übertemperatur $(t_0 - t_a)$ immer geringer wird, verlangsamt sich gleichzeitig die Wärmeabgabe. Die Neigung der erhaltenen Kurven wird daher dauernd kleiner; die Kurven würden horizontal verlaufen, wenn sämtliche Speicherwärme abgegeben ist. Diese würde man ihrem ganzen Betrage nach erhalten, wenn man die Abkühlung so lange fortsetzt, bis die Oberflächentemperatur der Rohre bis auf die Umgebungstemperatur gesunken ist.

In den vorstehenden Betrachtungen ist noch unberücksichtigt geblieben, daß die abgegebene Wärme nicht nur von der Isolierung, sondern auch vom eingeschlossenen Stahlrohr herrührt. Die Speicherwärme des letzteren ist daher von der bisher gemessenen in Abzug zu bringen, um die Speicherwärme der Isolierung allein zu erhalten.

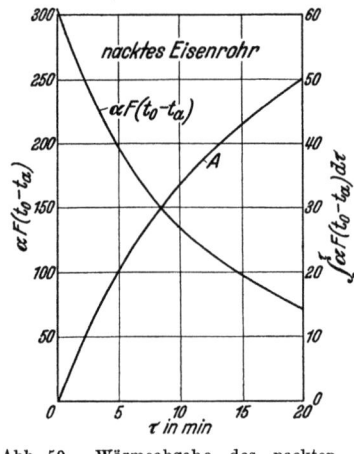

Abb. 59. Wärmeabgabe des nackten Eisenrohres.

Der Gang der Auswertung mag an einem Beispiel erläutert werden. Ein Versuch ergab, daß bei der Alfolisolierung nach Abb. 58 die Übertemperatur der Oberfläche nach 60 Minuten von 17,2° auf 12,7° gesunken war. Gleichzeitig sank die Temperatur t_i des von der Isolierung umgebenen Stahlrohres von 146° auf 100° (Abb. 58). Um die von dem Stahlrohr dabei abgegebene Wärmemenge angeben zu können, bedarf man noch der Kenntnis der Wärmeabgabe des letzteren in ihrer Abhängigkeit von der Temperatur. Zu diesem Zwecke ist noch ein neues Diagramm (Abb. 63) aufzuzeichnen. Man erhält es durch Verbindung der Diagramme Abb. 58 und 59 (Kurve A), indem man die zu einer bestimmten Wärmeabgabe erforderliche Zeit durch die gleichzeitig erfolgte Abkühlung ausdrückt.

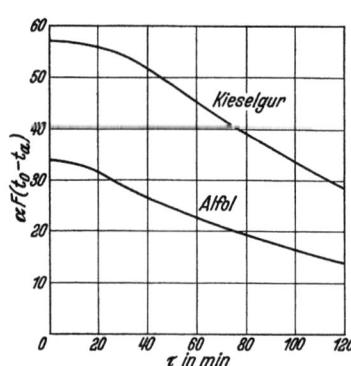

Abb. 60. Zeitlicher Verlauf der Wärmeabgabe.

Abb. 63 enthält demgemäß die Wärmeabgabe als Ordinate und die Temperatur als Abszisse. Aus dem Diagramm ist unmittelbar zu entnehmen, daß das Stahlrohr bei seiner Temperatursenkung von 146° auf 100° 26 kcal abgegeben hat. Da in 60 Minuten im ganzen durch die Oberfläche der Alfolisolierung 29 kcal ausgetreten waren, so ergibt sich, daß von der Isolierung allein nur 3 kcal entnommen wurden.

Der Versuch zeigt, daß nach zwei Stunden von der Alfolisolierung (Abb. 62) abgegeben waren

$$46{,}8 - 42{,}2 = 4{,}6 \text{ kcal}$$

und von der Kieselgurisolierung (Abb. 61)

$$89{,}5 - 44{,}0 = 45{,}5 \text{ kcal.}$$

Der Vergleich der Speicherkurven ergibt, daß diejenige des Kieselgurs auch am Ende noch steiler verläuft als die des Alfols, also dem Temperaturausgleich mit der Umgebung noch ferner liegt. Wenn in beiden Fällen der Versuch sein Ende auch noch nicht erreicht hat, so ist doch zu erkennen, daß die Speicherwärme des Alfols wesentlich geringer ist als die

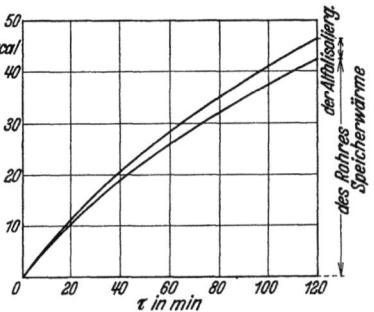

Abb. 62. Speicherwärme.

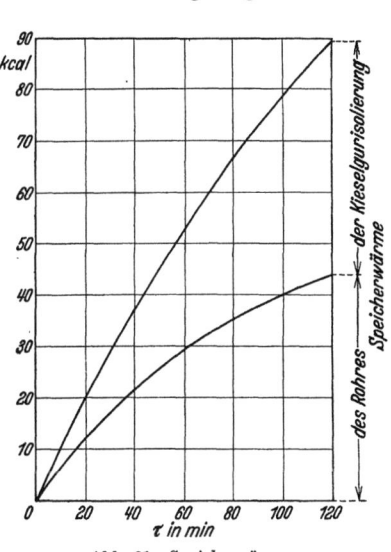

Abb. 61. Speicherwärme.

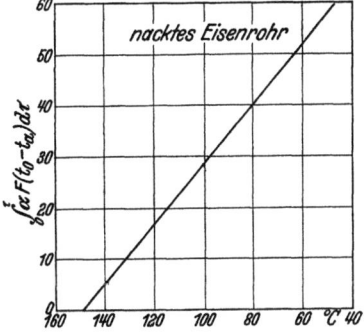

Abb. 63. Wärmeabgabe des nackten Rohres abhängig von der Temperatur.

des Kieselgurs. Die Genauigkeit der Bestimmung der geringen Speicherwärme der Alfolisolierung kann keine sehr große sein, da sie sich nur als Differenz zweier großen Zahlen ergibt. — Der ganze Versuch verfolgte mehr einen pädagogischen Zweck.

f) Die Bestimmung der Wärmeaufnahme von Dampfkesselrohren mittels Wärmesonde.

Die Berechnung von Wasserrohrkesseln bietet deshalb Schwierigkeiten, weil die Wärmeübertragung von den Heizgasen, dem Rost und den Kesselwänden auf die Rohre von unterschiedlichen und wechselnden sowie vielfach ungenau bekannten Verhältnissen abhängig ist. Die Übertragung durch Berührung (vgl. S. 69) wird nämlich außer von der Gastemperatur wesentlich von der Strömungsrichtung und Geschwindigkeit der heißen Gase bedingt; andererseits ist die durch Strahlung übertragene Wärme von der Temperatur des Rostes, der Kesselwände und der Eigenstrahlung der Gase abhängig. Es überlagert sich also eine Reihe von Temperaturfeldern, deren Ursachen voneinander unabhängig sind. Infolgedessen haben Versuche, welche die Heizwirkung auf das in den einzelnen Rohren fließende Wasser durch Messung von dessen Temperatur und Geschwindigkeit zu bestimmen trachteten, zu keinem praktisch verwertbaren Prüfungsverfahren geführt.

Wesentlich einfacher gestaltet sich die Bestimmung der Wärmeübertragung auf das Wasserrohr, selbst bei unübersichtlichen Betriebsverhältnissen, mittels der nachstehend beschriebenen „Wärmesonde"[1]. Das Prinzip derselben beruht darauf, daß man einen in der Form dem Rohre nachgebildeten zylindrischen Körper von bekannter Wärmekapazität in das betreffende Temperaturfeld einbringt und seinen Temperaturanstieg in Abhängigkeit von der Zeit beobachtet. Dabei ist dafür zu sorgen, daß sich die Sonde möglichst in dem gleichen Temperatur- und Strömungsfeld befindet, wie das zu untersuchende Rohrstück.

Wenn sich die Sonde in der Zeit $d\tau$ um $dt°$ erwärmt, so kann die von ihr aufgenommene Wärme dQ auf zwei verschiedene Weisen berechnet werden. Es sei

G das Gewicht der Sonde in kg,
F ihre mit den Heizgasen in Berührung kommende Oberfläche in m²,
c ihre spezifische Wärme in kcal/kg °C,
α die Wärmeübergangszahl von der Umgebung an die Oberfläche in kcal/m² h °C,
t_a die Umgebungstemperatur in °C, und
t_0 die Sondentemperatur, welche unter Annahme einer großen Wärmeleitzahl ihres Materiales in ihrem Innern und an der Oberfläche als gleich groß angenommen werden kann.

Alsdann gelten die folgenden Gleichungen

$$dQ = G c\, dt_0,$$
$$dQ = \alpha F (t_a - t_0)\, d\tau.$$

Hieraus folgt

$$\alpha = \frac{G c}{F(t_a - t_0)} \cdot \frac{dt_0}{d\tau}.$$

Die Wärmeübergangszahl α läßt sich dann aus $dt_0/d\tau$, also aus der zeitlichen Änderung der Sondentemperatur ermitteln, wenn außer den Werten von G, F und c die Umgebungstemperatur t_a bestimmt wird.

Durch die Verbindung der Sondenmessung mit derjenigen der Umgebungstemperatur ist also die obenerwähnte Berechnung von Dampf-

---

[1] Schmidt, H.: Entwickelung einer Wärmesonde zum Messen des Wärmeüberganges in Wasserrohrkesseln. Diss. Techn. Hochsch. München 1934.

kesseln ausführbar. Wenn es sich jedoch bei bereits fertigen Kesseln um die Ermittlung der tatsächlichen Leistung der einzelnen Rohre handelt, so ist die Kenntnis der Umgebungstemperatur unter Umständen von geringerem Interesse, so daß deren Bestimmung unterbleiben darf. Die Untersuchung des Kessels mit der Sonde allein kann dann dazu benutzt werden, um die sog. Heizflächenbelastung q (kcal/m² h) zu bestimmen nach der Gleichung

$$q = \alpha(t_0 - t_a) = \frac{Gc}{F} \cdot \frac{dt_0}{d\tau}.$$

Unter gewissen Verhältnissen läßt sich die Heizflächenbelastung noch in zwei Teile zerlegt bestimmen; nämlich in denjenigen Teil, welcher durch Berührung (q_b), und denjenigen, welcher durch Strahlung (q_s) übertragen wird. Diese Zerlegung kann in der Weise geschehen, daß man die Sonde aus zwei Teilen zusammensetzt (Doppelsonde), deren Oberflächen voneinander abweichende, aber bekannte Strahlungszahlen haben. Ihre Anwendung ist jedoch nur dann möglich, wenn die Strahlungszahlen der Sondenteile sich nicht durch Niederschlag von Ruß oder durch chemische Einflüsse verändern. Man erhält dann beim Einbringen der Doppelsonde in das zu untersuchende Temperaturfeld für die beiden Sondenteile voneinander verschiedene Erwärmungskurven. Aus diesen kann man in nachstehend näher angegebener Weise die Zerlegung vornehmen.

Die Verwertung der mit der Doppelsonde angestellten Beobachtungen geschieht dann in folgender Weise. Ebenso wie die Heizflächenbelastung q kann auch die Wärmeübergangszahl α in zwei Teile α_b und α_s zerlegt werden (s. S. 69). Ist der äußere Durchmesser für beide Sondenteile gleich groß, so hat ihre Wärmeübergangszahl durch Berührung den gleichen Wert α_b. Wenn dann die beiden Teile der Sonde durch die Indizes 1 und 2 voneinander unterschieden werden, so ist

$$\alpha_1 = \alpha_b + \alpha_{s1},$$
$$\alpha_2 = \alpha_b + \alpha_{s2}.$$

Ferner besteht zwischen der Wärmeübergangszahl α_s und der Strahlungszahl C sowie den Temperaturen der Umgebung T_a (°K) und der Oberfläche T_0 die Beziehung (vgl. S. 70)

$$\alpha_s = C\frac{(T_a/100)^4 - (T_0/100)^4}{T_a - T_0}.$$

Also ist, angewandt auf die beiden Sondenteile,

$$\alpha_{s1}/\alpha_{s2} = C_1/C_2,$$

wenn C_1 und C_2 die Strahlungszahlen der beiden Teile bedeuten. Aus diesen Gleichungen folgt

$$\alpha_{s1} = \frac{\alpha_1 - \alpha_2}{1 - C_2/C_1},$$

hieraus ergibt sich
$$\alpha_b = \alpha_1 - \alpha_{s1} = \alpha_1 - \frac{\alpha_1 - \alpha_2}{1 - C_2/C_1}.$$
Entsprechend erhält man auch
$$q_b = q_1 - \frac{q_1 - q_2}{1 - C_2/C_1}.$$

Mit Hilfe dieser Gleichungen ist es also möglich, die Wärmeübergangszahl bzw. die Heizflächenbelastung durch Berührung zu bestimmen aus den mit den beiden Sondenteilen ermittelten Werten von α_1 und α_2 bzw. q_1 und q_2.

Versuchsanordnung.

Je nachdem die Feuerung des Kessels mit Kohle oder Gas erfolgt, ist die einfache oder die Doppelsonde zu verwenden. Zunächst sei erstere beschrieben.

Der eigentliche Meßteil der Sonde (Abb. 64) besteht aus einem zylindrischen Körper A aus Kupfer, auf welchen ein Stahlrohr aufgeschrumpft

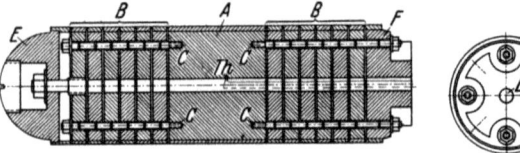

Abb. 64. Wärmesonde.

ist. Die gute Wärmeleitzahl des Kupfers bietet die Gewähr, daß beim Einbringen der Sonde in einen Feuerungsraum die Temperatur der Sonde in allen Teilen in gleicher Weise ansteigt. Andererseits hat die Oberfläche des Stahlrohres dieselbe Strahlungszahl wie die Wasserrohre des Kessels. Das Stahlrohr schützt außerdem das Kupfer vor chemischen Angriffen der Heizgase. Die Achse von A ist ausgebohrt und umschließt die Drähte des Thermoelementes Th, das den Temperaturanstieg von A mißt. Zur Isolierung sind die Drähte durch Porzellanröhrchen geführt.

Die Erwärmung von A durch die Heizgase muß während des Versuches in analoger Weise erfolgen wie diejenige der Wasserrohre des Kessels, also nur in radialer Richtung durch die zylindrische Oberfläche. Ebenso wie bei den Wasserrohren praktisch keine Wärme in der Richtung der Rohrachse strömt, darf auch bei der Sonde von den Stirnflächen des Meßteiles keine Wärme ausgetauscht werden. Zu diesem Zwecke sind beiderseits von A je sechs Schutzscheiben B angebracht. Diese bestehen aus Kupfer mit aufgeschrumpftem Stahlmantel und besitzen an ihrem Umfang einen 1 mm hohen schneidenförmig ausgebildeten Rand, durch den zwischen je zwei benachbarten Scheiben ein Luftraum entsteht. Die kreisförmigen Oberflächenteile des Meßteiles und der Scheiben sind vernickelt, um eine Wärmeübertragung durch Strahlung zwischen den einzelnen Teilen herabzumindern. Die Wärmefortleitung in radialer Richtung wird durch das gutleitende Kupfer möglichst begünstigt, während sie durch die isolierenden Luftschichten in axialer Richtung tunlichst vermindert wird. Der aus den Scheiben gebildete Schutzkörper hat also in radialer Richtung eine sehr große und in axialer Richtung eine kleine Wärmeleitfähigkeit. Hierdurch wird erreicht, daß die dem Meßteil zunächst liegenden Scheiben den gleichen Temperaturanstieg zeigen wie der Meßteil selbst und daß durch die wärmeschützende Wirkung der Luftlamellen der Wärmeaustausch so stark herabgemindert wird, daß er während der Versuchsdauer ohne Einfluß auf den Meßteil bleibt.

Die einzelnen Teile der Sonde werden durch Nickelstahlbolzen C zusammengehalten. Zur Verminderung der Wärmeübertragung haben sie einen kleineren Durchmesser als die Bohrungen der Scheiben B. Zur Führung dienen schmale Wülste. Die zentrale Ausbohrung D nimmt die Thermoelementendrähte auf, die über eine Eisstelle an ein Millivoltmeter angeschlossen sind. E und F sind zwei Endteile, von denen E nur zum Abschluß, F dagegen als Anschlußstück für ein etwa 2 m langes Rohr dient, das zum Einführen der Sonde in den Feuerraum benutzt wird. Es umschließt die Thermoelementendrähte und enthält eine Wasserkühlung, durch welche eine übermäßige Erwärmung des Halterohres verhindert wird. Nötigenfalls kann die Haltevorrichtung durch ein zweites aufgeschobenes Rohr verlängert werden.

Die bei der einfachen Sonde verfolgten Grundsätze des Aufbaues finden sich in analoger Weise bei der Doppelsonde verwertet. Sie besteht aus zwei miteinander verbundenen Teilen, die sich nur durch die Strahlungszahl C_1 und C_2 ihrer Meßteile a und b (Abb. 65) unterschei-

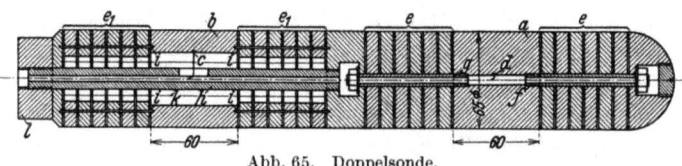

Abb. 65. Doppelsonde.

den. Jeder derselben ist durch je sechs Schutzscheiben von der gleichen Strahlungszahl C_1 bzw. C_2 geschützt vor Wärmeaustausch in axialer Richtung.

Die zylindrische Oberfläche von a und den zugehörigen Schutzscheiben ist durch einen elektrolytisch aufgebrachten Schwarznickelüberzug geschwärzt, welcher unempfindlich gegen Temperaturwechsel und mechanische Beanspruchung ist. Die Strahlungszahl wurde im Temperaturbereich von 100 bis 500° zu $C_1 = 2{,}55$ gefunden. Die zylindrische Oberfläche des Teiles b und der zugehörigen Schutzscheiben ist elektrolytisch blank vernickelt und besitzt zwischen 100 und 500° die Strahlungszahl $C_2 = 0{,}70$.

Der Unterschied der Strahlungszahlen C_1 und C_2 hat zur Folge, daß die entsprechenden Teile der Sonde in gleichen Zeiten wesentlich verschiedene Wärmemengen aufnehmen. Hätten sie also das gleiche Gewicht, so würde sich der Teil mit der größeren Strahlungszahl C_1 schneller erwärmen als derjenige mit der kleineren Strahlungszahl C_2. Da aber bei der Verwendung der Sonde der zeitliche Temperaturanstieg beider Teile möglichst in den gleichen Grenzen liegen soll, muß der Teil b und die zugehörigen Scheiben eine kleinere Masse besitzen. Dies wird in einfacher Weise dadurch erreicht, daß sie innen größere Bohrungen erhalten als a.

Die einzelnen Teile der Sonde werden durch die Nickelstahlbolzen f, g und h zusammengehalten. Der richtige Abstand des Teiles b und der zugehörigen Scheiben von dem Bolzen h wird durch die Zentrierstifte i gesichert. Da der Bolzen h vom Meßteil b Wärme aufnehmen und nach außen ableiten könnte, ist eine Aluminiumfolie k als Wärmeschutz eingelegt.

Die Thermoelemente d und c, mit denen der Temperaturanstieg der Sondenteile a und b gemessen wird, sind über eine Eislötstelle je an ein Millivoltmeter angeschlossen, damit bei Anwendung nur eines Instrumentes durch Umschaltung nicht unnötig Zeit zwischen den einzelnen Ablesungen verstreicht.

Durchführung und Ergebnis der Versuche.

Der Versuch wurde an einem Strahlungskessel der Maschinenfabrik Augsburg-Nürnberg von 200 m² Heizfläche und 20 atü Betriebsdruck durchgeführt. Die Meßstelle lag in halber Höhe des Feuerraumes unmittelbar vor den Wasserrohren der Rückwand. Während des Versuches fuhr der Kessel nur mit Halblast. Dem Betriebsdruck von 21 ata entspricht eine Sättigungstemperatur von 214°. Wegen des kleinen Wärmedurchgangswiderstandes vom siedenden Wasser bis zur äußeren Kesselrohroberfläche kann die Oberflächentemperatur gleich der Wassertemperatur gesetzt werden.

Bei der Anwendung der Sonde handelte es sich also darum, die Heizflächenbelastung q bei 214° zu bestimmen. In der oben abgeleiteten Gleichung

$$q = \frac{Gc}{F} \cdot \frac{dt_0}{d\tau}$$

bedeutet $dt_0/d\tau$ die Temperatursteigerung dt_0 mit der Zeit $d\tau$. Um sie für 214° zu erhalten, wird eine Temperatur-Zeitkurve aufgenommen, aus deren Steigung bei 214° der gesuchte Differentialquotient erhalten

4 g) Wärmeschutz von Kleiderstoffen. 107

wird. Der Beobachtungsbereich muß also um einen gewissen Betrag unterhalb 214° beginnen und sich bis zu einer höheren Temperatur erstrecken.

Nachdem die Wasserkühlung des Halterohres angestellt ist, wird die Sonde in die Feuerung eingebracht. Die Beobachtungen werden begonnen, wenn die Sondentemperatur etwa 160° erreicht hat. Alle 20 Sekunden, welche Zeit an einer Stoppuhr abzulesen ist, wird die Sondentemperatur bestimmt, bis diese auf etwa 260° gestiegen ist. Zahlentafel 22 enthält die Zeit, die Temperatur der Sonde in Teilstrichen des Millivoltmeters und die aus einer Eichkurve entnommenen zugehörigen Werte in °C.

Zahlentafel 22.

Zeit Sek.	Temperatur	
	Teilstriche	°C
0	63,0	160
20	67,6	170
40	72,0	179,5
60	76,4	189
80	80,7	198
100	85,0	207,5
120	89,3	216,5
140	93,4	225
160	97,6	233,5
180	101,7	242
200	105,9	250,5
220	110,1	259

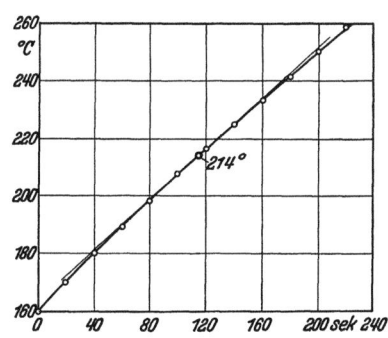

Abb. 66. Erwärmungskurve der Wärmesonde.

Bei der Auswertung von q ist zu berücksichtigen, daß die Wärmekapazität der Sonde sich als Summe von zwei Teilen ergibt. Der großen Wärmeleitzahl wegen bestand der Kern aus Kupfer, der zum Schutz gegen die Heizgase aufgeschrumpfte Mantel aus Stahl. Bezeichnen G_k und G_e die Gewichte, c_k und c_e die spezifische Wärme der Teile, so ist

$$q = \frac{G_k c_k + G_e c_e}{F} \cdot \frac{dt_0}{d\tau}.$$

In Abb. 66 ist die Erwärmungskurve aufgezeichnet, die bei 214° eine Neigung von 0,440°/sec oder 1584°/h aufweist. Für die Heizflächenbelastung ergibt sich

$$q = \frac{1,688 \cdot 0,0982 + 0,272 \cdot 0,121}{0,01319} \cdot 1584 = 23\,900 \text{ kcal/m}^2\text{ h}.$$

g) Wärmeschutz von Kleiderstoffen.

Auf S. 71 u. 82 wurde bereits darauf hingewiesen, daß der Wärmeschutz einer Schicht von der Dicke δ und der Wärmeleitzahl λ charakterisiert wird durch den Quotienten δ/λ, der auch als Wärmeleitungswiderstand bezeichnet wird. Im Gegensatz zu festen Körpern, bei denen

δ unmittelbar gemessen werden kann und λ experimentell, z. B. nach der Plattenmethode (Abschn. 3a) bestimmbar ist, treten bei Kleiderstoffen folgende Schwierigkeiten auf. Erstens läßt sich die Dicke der Stoffe wegen der faserigen Beschaffenheit der Oberfläche mittels eines, mit einem unvermeidlichen geringen Drucke anzulegenden Meßinstrumentes nicht bestimmen, ohne das Gefüge zu verändern. Zweitens bedarf man zur Bestimmung der Wärmeleitzahl λ der Kenntnis der Oberflächentemperaturen, die wegen des lockeren Aufbaues nicht einwandfrei gemessen werden können.

Diese Schwierigkeit läßt sich umgehen, wenn man den Wärmedurchgangswiderstand der Kleidung im ganzen ermittelt. Dieser stellt sich als Summe von δ/λ ihrer einzelnen Schichten und den übrigen Widerständen dar, welche sich dem Wärmestrom von der Körperoberfläche bis zur Umgebungsluft entgegensetzen. Zu diesen gehört z. B. der Wärmeübergangswiderstand von der Oberfläche der Kleidung an die Umgebungsluft. Bezeichnet man letztere Widerstände mit w, so ist der Gesamtwiderstand
$$1/k = \delta/\lambda + w,$$
worin k die sog. Wärmedurchgangszahl bezeichnet, also diejenige Wärmemenge angibt, welche durch die Flächeneinheit der Kleidung in der Zeiteinheit durchströmt, wenn zwischen der Körperoberfläche und der Umgebungsluft $1°$ Temperaturunterschied herrscht (s. S. 82).

Die Bestimmung von k muß geschehen nach einer Methode, die möglichst der Wärmeübertragung vom menschlichen Körper durch die Kleidung hindurch an die Umgebung entspricht. Wenn diese Methode auch nicht zu einer absoluten, sondern nur zu einer relativen Bestimmung des Wärmschutzes der Stoffe führt, so ist dies ohne Bedeutung, weil bei der Wahl eines Kleiderstoffes nur maßgebend ist, welcher Stoff wärmer hält als der andere und weil die Absolutwerte von δ und λ je für sich ohne Interesse sind.

Bei der Wahl der Untersuchungsmethode ist folgendes zu beachten.

Die menschliche Kleidung, welche die Aufgabe hat, den Körper vor einer übermäßigen, gesundheitsschädlichen Wärmeabgabe zu schützen, ist entsprechend dem Klima und der Jahreszeit verschieden zu wählen. Sie besteht im allgemeinen aus mehreren übereinanderliegenden Stoffen. Die wärmeschützende Wirkung der Kleidung ist dann wesentlich bedingt durch die Wärme- und Luftdurchlässigkeit der Kleidung im ganzen. Diese hängt nun zwar von der Durchlässigkeit der einzelnen Stoffe ab, aber auch davon, wie sich die einzelnen Schichten folgen und wie dicht sie aneinander und am menschlichen Körper anliegen. Dies rührt, wie unten näher beschrieben wird, davon her, daß eine etwaige Luftdurchlässigkeit bei auftreffendem kalten Winde nur dann in starkem Maße

4 g) Wärmeschutz von Kleiderstoffen.

kühlend wirken kann, wenn zwischen den einzelnen Stoffen eine Luftschicht vorhanden ist. An folgendem Modell sei dies erläutert.

Sei ein warmer zylindrischer Körper K (Abb. 67) von einem Kleiderstoff S umhüllt, der das eine Mal dicht an ihm anliegt, das andere Mal einen gewissen Abstand, etwa 1 cm, von ihm hat. Im zweiten Falle wird bei der angedeuteten Windrichtung ein Druckunterschied zwischen den Stellen A und B herrschen, der bewirkt, daß Luft bei A ein- und bei B austritt und eine wärmeabführende Strömung zwischen Stoff und Zylinder hervorruft. Bei kleiner werdendem Abstand nimmt der Strömungswiderstand in der Luftschicht zu und daher mit der Geschwindigkeit gleichzeitig auch die kühlende Wirkung ab. — Im obenerwähnten ersten Falle, bei dem der Stoff satt an K anliegt, kann sich durch ihn hindurch praktisch keine Strömung ausbilden; die Luftdurchlässigkeit des Stoffes tritt daher in ihrer Wirkung stark zurück gegenüber seiner Wärmedurchlässigkeit.

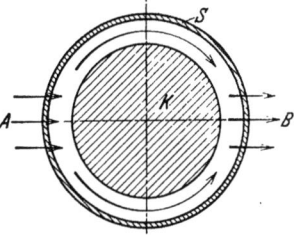

Abb. 67. Luftströmung durch Kleidung.

Aus den geschilderten Verhältnissen läßt sich folgern, in welcher Weise die Wärmeleitfähigkeit des Stoffes zur Geltung kommt, je nachdem er am Zylinder anliegt oder sich in einem Abstand von ihm befindet. Eine geringe Wärmeleitfähigkeit wird beim anliegenden Stoff wirksam sein, weil hier die im Stoffe enthaltene isolierende Luft zum großen Teile in Ruhe bleibt und wärmeschützend wirkt. Beim Anbringen des Stoffes im Abstand vom Zylinder bläst jedoch ein Luftstrom durch den Stoff hindurch und läßt daher den den Stoff in ruhender Luft charakterisierenden Wärmeschutz nicht zur Wirkung kommen.

Die für den anliegenden Stoff besprochenen Verhältnisse gelten auch angenähert für den Fall, daß bei der menschlichen Kleidung ein wärmeschützender Stoff zwar nicht unmittelbar am Körper, aber nach innen an einem wenig luftdurchlässigen Futterstoff anliegt. Denn hierdurch wird auch ein unmittelbares Durchblasen des Windes durch den Stoff verhindert.

In den vorliegenden Betrachtungen ist die Theorie des Wärmeschutzes der Kleidung gegeben, und alle Verschiedenheiten, die sich aus der Zusammensetzung der menschlichen Kleidung ergeben, lassen sich in ihrer Wirkung voraussagen.

Um den Wärmschutz einer Kleidung im ganzen und in ihren einzelnen Schichten beurteilen zu können, bedarf man nach obigen Überlegungen einer Einrichtung, welche den Wärmedurchgang sowohl im anliegenden wie im abstehenden Zustand in seiner Abhängigkeit von der Geschwindigkeit auftreffender Luft messen läßt, sowie einer solchen, mit der die

110   4. Wärmeübertragung.

Luftdurchlässigkeit bestimmt werden kann. Diese seien nachstehend beschrieben.

Versuchsanordnung[1].

Der Stoff wird um ein senkrecht stehendes Rohr A (Abb. 68) von etwa 90 mm Durchmesser und 400 mm Länge herumgelegt. A umschließt einen elektrischen Heizkörper B, bestehend aus einem Rohr, auf welches, durch Asbest isoliert, ein Chromnickelband aufgewickelt ist. Stromstärke i und Spannung e können durch ein Ampere- und ein Voltmeter C und D gemessen werden.

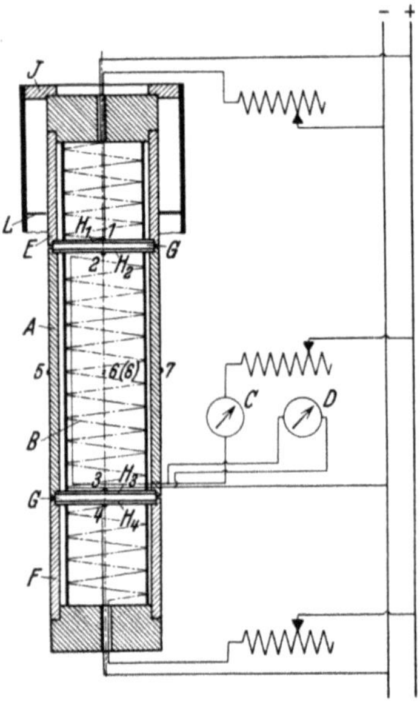

Ist dann $F\,\mathrm{m}^2$ die Oberfläche von A, so ist im Beharrungszustand der Temperaturverteilung

$$q = 0{,}86\,\frac{e \cdot i}{F}\;\mathrm{kcal/m^2\,h}$$

die von der Flächeneinheit in der Zeiteinheit durch den Stoff hindurch abgegebene Wärmemenge, wenn die Wärme durch das Rohr nur radial und nicht axial strömt. Um dies zu erreichen, sind zwei weitere Zylinder E und F gleichen Durchmessers an die beiden Enden von A angesetzt, welche je auch einen Heizkörper enthalten und als Schutzheizung dienen. Auch E und F sind vom Stoff bedeckt.

An den Enden von A liegen zwei Korkplatten G von 3 mm Stärke, welche durch die vier Kupferbleche H_1 bis H_4 abgedeckt sind. Auf diese sind vier Thermoelemente 1 bis 4 aufgelötet, während zur Bestimmung der Temperatur des Rohres A die in mittlerer Höhe befestigten Elemente 5 bis 8 dienen.

Abb. 68. Wärmeschutz von Kleiderstoffen (Versuchseinrichtung).

Die Heizung von E und F wird nun so eingestellt, daß das Element 1 die gleiche Temperatur zeigt wie 2 und ebenso 4 die gleiche Temperatur wie 3. Da dann die die zwei Korkplatten G einschließenden Kupferbleche je die gleiche Temperatur aufweisen, so wird dadurch der axiale Wärmeaustausch von A gegen E und F verhindert.

Da die Versuche, bei denen der Dauerzustand der Temperaturverteilung abgewartet werden muß, längere Zeit in Anspruch nehmen, so wird sich die besprochene Gleichheit der Temperaturen der Kupferbleche H nicht immer einhalten lassen. Ein solcher Versuch läßt sich trotzdem verwerten, wenn man die durch die Korkplatten ausgetauschte

---

[1] Mönch, E.: Melliand Textilber. Bd. 15 (1934).

4 g) Wärmeschutz von Kleiderstoffen.

Wärme berücksichtigt. Ist nämlich die Wärmeleitzahl der Korkplatten bekannt, so kann aus der Temperaturdifferenz 1 gegen 2 und 3 gegen 4 der Kupferplatten der Wärmeaustausch Δq an den Enden von A mit E und F berechnet und als Korrekturgröße an q angebracht werden.

Entsprechend der den menschlichen Körper bedeckenden Kleidung werden die Versuche erst so angestellt, daß der Stoff den Zylinder unmittelbar berührt und dann 1 cm von ihm absteht. In letzterem Falle wird je ein zweiteiliger Holzring J angebracht, an dem der Stoff durch Draht befestigt ist, und fünf weitere Abstandsringe L aus Pappe über die Länge der Zylinder verteilt.

Sollte der Luftzwischenraum von 1 cm noch unterteilt werden, so kommt eine erste Stofflage auf fünf Abstandsringe von 5 mm Breite, eine zweite auf fünf weitere, auf den Stoff aufgelegte, ebenso breite Abstandsringe.

Um die Wärmeabgabe durch den Stoff im Winde nachzuahmen, ist der Zylinder A in einem Windkanal aufgehängt, in welchem Luft durch einen elektrisch angetriebenen Ventilator mit verschiedener Geschwindigkeit hindurchgeblasen werden kann. Die Luftgeschwindigkeit wird mit einem Flügelanemometer bestimmt. Dieses wird jeweils zur Messung nur für kurze Zeit in den Kanal gebracht, um eine dauernde Störung der Luftströmung zu vermeiden. Die Lufttemperatur wird mit einem Quecksilberthermometer an einer Stelle gemessen, die von der Wärmeabgabe des Zylinders nicht beeinflußt wird.

Zur Untersuchung kamen verschiedene Stoffe, die sich je nach der Art der Verwendung möglichst voneinander unterschieden. — Zur Bestimmung ihrer Luftdurchlässigkeit l wurde der Stoff in den Querschnitt eines Rohres von 10 cm Durchmesser ausgespannt und Luft von 1 cm W.-S. Überdruck aus einem Gasometer durchgeblasen (vgl. Abschn. 5c).

Die Liste der untersuchten Stoffe enthält neben dem Gewicht g in g/m² auch die Luftdurchlässigkeit l (gemessen in cm³ für 1 cm² Fläche, 1 Sekunde und bei 1 cm W.-S. Überdruck):

Stoffart	g	l	Stoffart	g	l
1. Damenstoff	174	206,0	5. Winteranzugstoff . .	401	11,6
2. Sommeranzugstoff .	254	11,6	6. Uniformstoff	527	3,9
3. Windjackenstoff . .	269	4,6	7. Winterüberzieherstoff	679	23,4
4. Sportanzugstoff . .	361	53,5	8. Battist (Hemdenstoff)	95	25,4

Versuchsdurchführung.

Der Stoff wird für die Untersuchung entweder direkt oder mit Abstandsringen in einem Stück um die drei Zylinderteile A, E und F gelegt und auf der Rückseite zusammengenäht. Nach Anstellen der Heizung wird an den Thermoelementen der Eintritt des Beharrungszustandes

112   4. Wärmeübertragung.

der Temperatur festgestellt. Dieser wird nach etwa 1 bis 2 Stunden erreicht sein.

Um den Verhältnissen der Wärmeabgabe des menschlichen Körpers nahezukommen, wird die Heizung so eingestellt, daß die mit den Thermoelementen 5 bis 8 gemessene Temperatur des Zylinders A etwa 20° höher liegt als die der an ihm vorbeistreichenden Luft. — Die Heizungen von E und F werden so gewählt, daß die vier Kupferbleche H möglichst die gleiche Temperatur haben.

Die Stromstärke i und Spannung e des Heizstromes im Zylinder A wird ebenso wie die Temperatur t_a der umgebenden Luft abgelesen.

Dieser erste Versuch entspricht den Verhältnissen, bei denen sich in ruhender Luft die sog. „freie" Strömung durch das Aufsteigen der am geheizten Zylinder erwärmten Luft ausbildet. Einige weitere Versuche werden bei laufendem Ventilator ausgeführt, um eine „erzwungene" Strömung mit Geschwindigkeiten bis zu 8 m/sec zu erzeugen. Die Windgeschwindigkeit wird mit dem Anemometer bestimmt.

Versuchsergebnisse.

Der Gang der Auswertung sei an nachstehendem Auszug eines Versuchsprotokolles für den Winterüberzieherstoff (7) erläutert. Er enthält (Zahlentafel 23) für vier bei verschiedenen Luftgeschwindigkeiten w durchgeführte Versuche die Ablesungen der Thermoelemente 5 bis 8 (in Teilstrichen und ° C), aus denen sich als Mittel die Zylindertemperatur t_0 ergibt.

Die Elemente 1 bis 4 lassen den Wärmeaustausch $\varDelta q$ zwischen A und den Schutzheizungen E und F berechnen. Die an den Kupferplatten H gemessenen Temperaturen t_1 bis t_4 können gleichzeitig als die Oberflächentemperaturen der beiden Korkplatten angesehen werden. Bezeichnet dann λ die Wärmeleitzahl des Korkes, δ seine Dicke und f seine Fläche, so ist nach Abschnitt 3a die von A mit E und F durch die beiden gleich großen Korkplatten ausgetauschte Wärmemenge

$$\varDelta q = \frac{\lambda f}{\delta}[(t_1 - t_2) + (t_4 - t_3)].$$

Wenn die Schutzheizungen in E und F niedrigere Temperaturen erzeugen als A aufweist, dann strömt Wärme von A ab, und es ist $\varDelta q$ negativ. Im umgekehrten Falle ist $\varDelta q$ positiv, und A nimmt von E und F Wärme auf. Es ist

$$\lambda = 0{,}045 \text{ kcal/m h ° C},$$
$$f = 0{,}00541 \text{ m}^2,$$
$$\delta = 0{,}003 \text{ m}.$$

Beispielsweise ergibt sich für Versuch Nr. II

$$\varDelta q = \frac{0{,}045 \cdot 0{,}00541}{0{,}003}[(42{,}2-42{,}7)+(42{,}0-42{,}9)] = -0{,}11 \text{ kcal/h}.$$

4 g) Wärmeschutz von Kleiderstoffen.

Für die übrigen Versuche ist Δq ebenfalls in Zahlentafel 23 aufgenommen. Aus der untenstehenden Berechnung von q erkennt man, daß Δq nur eine sehr kleine Korrekturgröße darstellt.

Zahlentafel 23.

	Versuch Nr.		I	II	III	IV
Thermoelemente	5	Teilstrich °C	31,0 40,4	32,9 42,7	32,0 41,6	32,2 41,9
	6	Teilstrich °C	31,0 40,4	32,9 42,7	32,2 41,9	32,9 42,7
	7	Teilstrich °C	31,0 40,4	33,1 43,0	32,8 42,6	33,2 43,1
	8	Teilstrich °C	31,0 40,4	32,9 42,7	32,4 42,1	32,9 42,7
	t_0 (°C) Mittel aus 1 bis 4		40,4	42,8	42,1	42,8
	1	Teilstrich °C	31,0 40,4	32,3 42,2	31,9 41,5	32,9 42,7
	2	Teilstrich °C	31,0 40,4	32,9 42,7	32,3 42,2	32,9 42,7
	3	Teilstrich °C	31,0 40,4	33,0 42,9	32,4 42,1	32,9 42,8
	4	Teilstrich °C	31,0 40,4	32,3 42,0	32,7 42,5	33,0 42,9
	t_a (°C)		15,7	19,1	17,9	17,2
	w (m/sec)		0	1,2	5,3	8,1
Heizung		e (Volt) i (Amp)	30,8 0,545	35,1 0,625	39,6 0,70	42,8 0,76
		kcal/h	14,4	18,9	23,8	28,0
	Δq (kcal/h)		0	$-0{,}11$	$-0{,}003$	0
	k (kcal/m² h °C)		5,2	7,1	8,6	9,8

Die Zahlentafel enthält noch die Werte der Lufttemperatur t_a, der Luftgeschwindigkeit w, der Spannung e und der Stromstärke i des Heizstromes.

Die von A, dessen Oberfläche $F = 0{,}112$ m² ist, durch den Stoff abgegebene Wärmemenge beträgt alsdann pro Flächen- und Zeiteinheit

$$q = \frac{1}{F}\left(0{,}86\,e\,i + \Delta q\right).$$

Bezeichnet man mit k (vgl. S. 81) diejenige Wärmemenge, welche von dem Zylinder A durch den Stoff hindurch in der Zeiteinheit je

Flächeneinheit bei 1° Temperaturdifferenz an die Umgebung von der Temperatur t_a abgeführt wird, so ist

$$k = \frac{q}{t_0 - t_a} = \frac{0{,}86\,ei + \Delta q}{F(t_0 - t_a)}.$$

Die sich ergebenden Werte von k sind in Abb. 69 und 70 in Abhängigkeit von der Windgeschwindigkeit graphisch aufgetragen. Aus ihnen

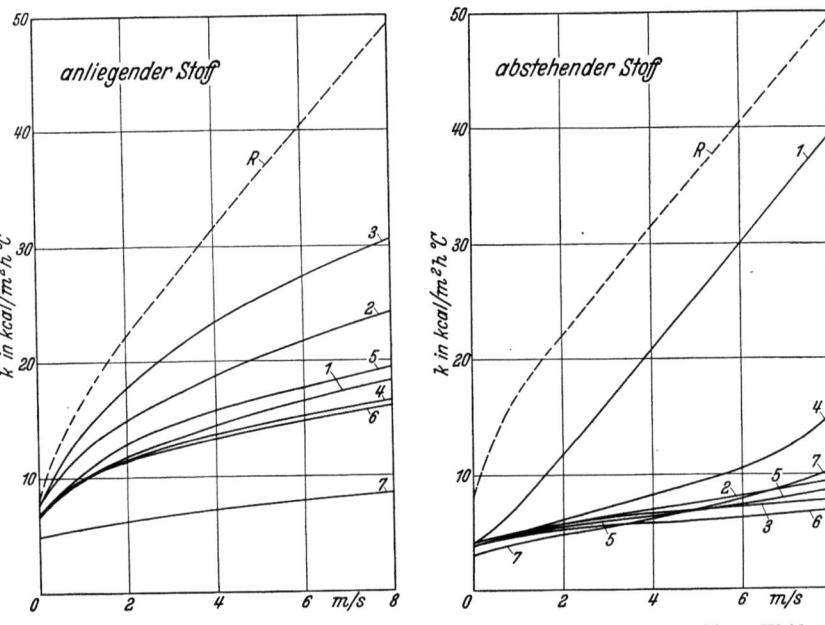

Abb. 69. Wärmedurchgangszahl von Kleiderstoffen.

Abb. 70. Wärmedurchgangszahl von Kleiderstoffen (1 cm Luftzwischenraum).

sind für die Geschwindigkeiten von 0; 4 und 8 m/sec bei anliegendem und abstehendem Stoff die k-Werte in Zahlentafel 24 zusammengestellt.

Zahlentafel 24.

Stoffart	Am Zylinder anliegend			1 cm Abstand vom Zylinder		
	k bei Luftgeschwindigkeit in m/sec					
	0	4	8	0	4	8
1. Damenstoff	6,8	14,4	18,2	4,2	21,0	39,4
2. Sommeranzugstoff	7,5	18,8	24,4	4,1	6,9	9,5
3. Windjackenstoff	7,8	23,5	30,4	4,2	6,5	8,0
4. Sportanzugstoff	6,4	13,8	16,7	4,1	8,2	15,2
5. Winteranzugstoff	6,9	14,6	19,5	4,0	6,5	8,7
6. Uniformstoff.	6,8	13,4	16,4	3,9	5,8	6,9
7. Wintermantelstoff	4,8	8,3	9,8	3,4	6,3	10,2

4g) Wärmeschutz von Kleiderstoffen.

Die Abbildungen enthalten außerdem in der Kurve R den Wärmeverlust des nackten Rohres.

Wie bereits in der Einleitung erwähnt wurde, tritt bei anliegendem Stoff die Wirkung der Luftdurchlässigkeit zurück gegenüber derjenigen der Wärmedurchlässigkeit. Infolgedessen hat der Winterüberzieherstoff (7) den kleinsten Wärmeverlust. Alsdann folgen mit untereinander etwa gleichem k-Wert der Uniformstoff (6), der Sportanzugstoff (4), der Damenstoff (1) und der Winteranzugstoff (5). Wichtig ist hierbei das Ergebnis, daß für den Wärmeschutz nicht das Gewicht der Flächeneinheit das Maßgebende ist, denn zu dieser Gruppe gehört sowohl der schwere Uniformstoff als auch der ganz leichte Damenstoff. Da bei dem dünnen, aber festen Sommeranzugstoff (2) und dem Windjackenstoff (3) die Wärmeleitfähigkeit verhältnismäßig groß ist, so ist der Wärmeschutz klein, und k besitzt hohe Werte.

Abb. 70 läßt erkennen, daß durch eine 1 cm dicke Luftschicht die Luftdurchlässigkeit so stark zur Geltung kommt, daß bei der Untersuchung eines Einzelstoffes die wärmeschützende Wirkung völlig überdeckt wird. Denn die k-Kurve des Windjackenstoffes (3) liegt sogar unter derjenigen des Wintermantelstoffes (7). Diese Wirkung muß daher bei der Verwendung stark luftdurchlässiger Stoffe durch Unterlegen eines weniger luftdurchlässigen Futters beseitigt werden. Von den übrigen Ergebnissen sei hervorgehoben, daß der Damenstoff (1) die größten k-Werte aufweist.

Zahlentafel 25.

Stoffart	k bei		
	0 m/sec	4 m/sec	8 m/sec
Sportanzugstoff (4) mit Zwischenlage	3,2	5,2	6,3
Uniformstoff (6) mit Zwischenlage	3,3	4,4	4,9

Zahlentafel 25 enthält die k-Werte für den Sportanzugstoff (4) und den Uniformstoff (6), wenn sich diese in 1 cm Abstand befinden und in dem Zwischenraum zwischen Stoff und Zylinder noch ein Battiststoff ausgespannt ist. In Abb. 71 sind neben den früheren Kurven 4 und 6 noch die neuen 4a und 6a

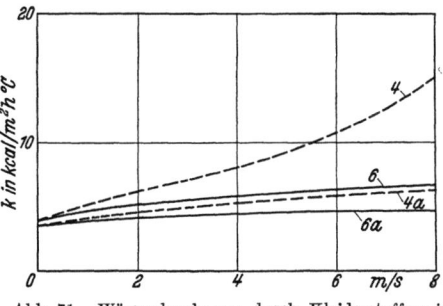

Abb. 71. Wärmedurchgang durch Kleiderstoffe mit Zwischenlage.

enthalten. Man erkennt deutlich, daß der Wärmeschutz merklich dadurch erhöht wird, daß die Konvektion in der dem Zylinder anliegenden Luftschicht durch Unterteilung verringert wird, obgleich die Luftdurchlässigkeit des Battistes verhältnismäßig groß ist.

Für den Wärmeschutz von Kleiderstoffen sind aus den angestellten Versuchen die nachstehenden Folgerungen zu ziehen.

Je nach der Verwendung, welche ein Kleiderstoff finden soll, ist mehr oder weniger Wert auf den Schutz gegen Wind oder den gegen Kälte zu legen, also seine Wind- oder seine Wärmedurchlässigkeit zu beachten. Erstere wird in der oben beschriebenen Weise bestimmt, indem man Luft aus einem Gasometer durch den Stoff hindurchbläst, letztere, indem man ihn um einen elektrisch geheizten Zylinder legt und diejenige Heizwärme bestimmt, welche den Zylinder auf einer bestimmten Temperatur zu halten vermag.

Den gemeinsamen Einfluß von Wind und Kälte erhält man, wenn man den Zylinder einem Luftstrom aussetzt und wiederum Heizversuche anstellt, wenn der Stoff einmal fest an dem Zylinder anliegt, das andere Mal einen gewissen Abstand, etwa von 1 cm, hat.

Das Ergebnis dieser drei Versuche, also der Luftdurchlässigkeit und der Heizversuche im „anliegenden" und „abstehenden" Zustande am Zylinder charakterisieren gemeinsam den Wärmeschutz der Kleiderstoffe.

Aus diesen Ergebnissen läßt sich dann auch die Wirkung ableiten, welche verschiedene aneinanderliegende Stoffe auf den menschlichen Körper ausüben.

h) Messung der Luftfeuchtigkeit mit Thermoelementen ohne künstliche Belüftung.

Bei der Bestimmung der in der Luft enthaltenen Feuchtigkeit kann man drei Untersuchungsmethoden unterscheiden.

1. Man leitet ein bestimmtes Luftvolumen durch einen Wasserdampf absorbierenden Körper und bestimmt durch dessen Gewichtszunahme die in der Luft enthaltene Feuchtigkeit.

2. Man kühlt die Luft mit dem Daniellschen Hygrometer so weit ab, bis sich der in der Luft enthaltene Wasserdampf niederschlägt, also der sog. Taupunkt erreicht ist.

3. Man mißt mit dem August-Assmannschen Psychrometer die Temperaturdifferenz eines trockenen und eines mit angefeuchtetem Mull überzogenen Thermometers. In diesem Falle muß die Anordnung so getroffen werden, daß die Temperatur des feuchten Thermometers seinen theoretisch möglichen Tiefstwert, die sog. Kühlgrenze erreicht. Dies wird bei dem Assmannschen Psychrometer durch Anwendung eines Ventilators erzielt, welcher Luft an dem feuchten Thermometer mit einer gewissen Geschwindigkeit vorbeisaugt.

4 h) Messung der Luftfeuchtigkeit mit Thermoelementen.

Wie nachstehende Überlegungen und Versuche zeigen, kann die Kühlgrenze ohne künstliche Belüftung erreicht werden durch Thermoelemente mit dünner, feuchter Umhüllung.

Ein grundsätzlicher Unterschied zwischen der zweiten und dritten Methode beruht darauf, daß beim Hygrometer der Feuchtigkeitsgehalt der Luft nicht geändert wird, während beim Psychrometer die Luft vom feuchten Thermometer Wasserdampf aufnimmt. Die zur Verdampfung nötige Wärme wird dabei dem Wärmeinhalt der Luft entnommen, die sich also gleichzeitig abkühlt und an Feuchtigkeitsgehalt zunimmt. Dieser Vorgang erreicht sein Ende, wenn die Lufttemperatur so weit gesunken ist, daß die Feuchtigkeitszunahme zur Sättigung ausreicht. Diese Temperatur ist die obenerwähnte Kühlgrenze.

Zur Beschreibung der Zustandsänderung, welche die vorbeistreichende ungesättigte Luft bei der Berührung mit dem feuchten Thermometer erfährt, eignet sich der Begriff des Wärmeinhaltes i, der in der Dampftechnik die bekannte weitgehende Verwendung findet. i ist durch die Gleichung definiert

$$i = u + Apv,$$

worin bedeuten

u die innere Energie,
$A = 1/427$ den Wärmewert der Arbeitseinheit,
p den Druck und
v das spezifische Volumen.

Aus thermodynamischen Überlegungen folgt, daß bei Zustandsänderungen eines Körpers, die bei konstantem Druck und ohne Zuführung von Wärme vor sich gehen, der Wert von i konstant bleibt. Dies trifft praktisch bei der Luft zu, die an dem feuchten Thermometer unter Wasserdampfaufnahme und gleichzeitiger Abkühlung vorbeistreicht. Der Vorgang ist also thermodynamisch als ein solcher bei konstant bleibendem Wärmeinhalt zu bezeichnen.

Mit Hilfe der Temperaturdifferenz $(t - t')$ zwischen trockenem und feuchtem Thermometer kann man die sog. relative Feuchtigkeit φ der Luft berechnen, d. h. das Verhältnis der in ihr wirklich vorhandenen Wasserdampfmenge zu derjenigen, die im Höchstfalle, also bei Sättigung, bei der gleichen Temperatur in ihr enthalten sein könnte. Bezeichnet nämlich p (mm Q.-S.) den Partialdruck des in der Luft enthaltenen Wasserdampfes von der Temperatur t und p_s den Sättigungsdruck bei der gleichen Temperatur, so ist $\varphi = p/p_s$. Der Wert von p_s kann aus Dampftafeln entnommen werden, während p mittels der folgenden in der Meteorologie vielfach verwendeten Formel berechnet werden kann:

$$p = p_{s'} - 0{,}00066\,(t - t')\,b;$$

hierin bedeuten

$p_{s'}$ den der Temperatur t' des feuchten Thermometers entsprechenden Sättigungsdruck des Wasserdampfes in mm Q.-S.,
b den Barometerstand in mm Q.-S.

Da auch $p_{s'}$ aus Tabellen abgelesen werden kann, so bedarf man zur Bestimmung von φ der Größen t und t' sowie b.

Aus den Gesetzen der Diffusion und der Wärmeübertragung ergeben sich nun folgende Betrachtungen.

Die Verdunstung des Wassers auf der Oberfläche des feuchten Thermometers ist als ein von selbst verlaufender Naturvorgang das Primäre; der gebildete Wasserdampf diffundiert in die Umgebungsluft. Sekundär entsteht dann ein Wärmestrom aus der Umgebung in Richtung auf das durch die Verdunstung abgekühlte Thermometer. Der Wärmestrom ist also entgegengesetzt gerichtet dem Diffusionsstrom des Wasserdampfes.

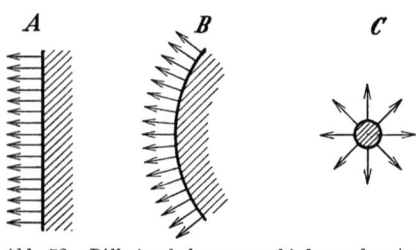

Abb. 72. Diffusionsbahnen verschieden geformter Oberflächen.

Sei die Luft in unmittelbarer Nähe der verdunstenden Oberfläche als ruhend angenommen; dann ist die Verdunstungsgeschwindigkeit, also die Wassermenge, die in der Zeiteinheit von der Oberflächeneinheit des feuchten Thermometers verdunstet, bei gegebener Temperatur davon abhängig, wie sich das Partialdruckgefälle des Wasserdampfes in der Umgebungsluft ausbildet. Die Unterschiede, welche je nach der Form der feuchten Oberfläche entstehen, sind aus Abb. 72 ersichtlich, in der einerseits eine ebene, unendlich groß gedachte Fläche A, andererseits eine Zylinderfläche C von kleinem Radius und eine solche B mit größerem Radius angenommen ist. Während bei A der Wasserdampf in immer gleicher Querschnittsfläche diffundiert, verteilt er sich bei B und C auf immer größer werdende Zylinderflächen. Vergleichsweise könnte man sagen, daß bei der ebenen Fläche die Diffusionsfäden alle parallel, bei der zylindrischen Fläche divergent verlaufen, und zwar um so mehr, je kleiner der Radius ist. Bei den Zylinderflächen ist daher das Partialdruckgefälle und entsprechend auch die Verdunstungsgeschwindigkeit wesentlich größer als bei der Ebene und wächst mit abnehmendem Zylinderradius.

Da bekanntlich der Wärmeübergang von einem warmen festen Körper auf ein Gas dem besprochenen Diffusionsvorgang analog verläuft, gelten für diesen die gleichen Betrachtungen und führen zu dem bekannten Ergebnis, daß die Wärmeübergangszahl eines zylindrischen Körpers mit

4h) Messung der Luftfeuchtigkeit mit Thermoelementen.

abnehmendem Radius anwächst. Selbstverständlich wird für den Fall, daß der Zylinder kälter ist als die Umgebung, die Wärmeaufnahme des letzteren ebenfalls mit abnehmendem Radius größer.

Fassen wir mit Maxwell[1] die Wärmeleitung der Gase als einen Diffusionsvorgang auf, und zwar der kinetischen Energie der Molekularbewegung, so ist daraus zu folgern, daß der Wärmestrom in gleicher Weise vom Zylinderradius abhängig ist wie die Verdunstungsgeschwindigkeit. Hieraus ergibt sich dann unmittelbar weiter, daß die durch Verminderung des Radius verstärkte Verdunstung in der Tat vor sich gehen kann, weil die zur Verdunstung erforderliche Wärmemenge auch durch die verstärkte Wärmezufuhr ermöglicht wird. Endlich folgt zum Schluß die experimentell bestätigte Tatsache, daß die psychrometrische Temperaturdifferenz $(t - t')$ bei ruhender Luft mit abnehmendem Thermometerradius anwächst[2].

Bei den bisherigen Konstruktionen des Psychrometers hat man die zur einwandfreien Messung des Feuchtigkeitsgehaltes erforderliche Vergrößerung des Partialdruckgefälles nicht durch die oben erwähnte Verminderung des Durchmessers, sondern durch eine Vergrößerung der Luftgeschwindigkeit erreicht, indem man die Luft mit einer bestimmten Geschwindigkeit an dem feuchten Thermometer vorbeisaugt.

Die nachstehenden Versuche beweisen, daß in der Tat mit dünnen Temperaturmeßgeräten (Thermoelementen) ohne Belüftung eine Abkühlung des feuchten Meßteiles bis zur Kühlgrenze erfolgt, also einwandfreie Messungen möglich sind. Diese Anordnung gestattet daher auch eine Feuchtigkeitsmessung in solchen Fällen, wo der Bewegungszustand der Luft nicht gestört werden darf, also die Benutzung eines Ventilators nicht zulässig ist.

Zur Beurteilung der Meßgenauigkeit hat man den Begriff der Gütezahl[3] a eingeführt, welche gleich dem Verhältnis der beim Versuch beobachteten psychrometrischen Differenz $(t - t')$ zu derjenigen theoretischen $(t - t'_0)$ darstellt, welche sich am Psychrometer einstellen würde, wenn das feuchte Thermometer die Kühlgrenze t'_0 der Raumluft erreicht hat. Es ist also

$$a = \frac{t - t'}{t - t'_0}.$$

Der zur Berechnung der Gütezahl eines Psychrometers erforderliche Wert von t'_0 kann in einfacher Weise aus den „J, x-Tafeln feuchter Luft"

---

[1] Maxwell, J. C.: Theorie der Wärme, S. 366. Deutsch von F. Neesen. Braunschweig 1878.
[2] Koch, We.: Gesundh.-Ing. Bd. 57 (1934).
[3] Gramberg, A.: Technische Messungen bei Maschinenuntersuchungen und zur Betriebskontrolle. 6. Aufl. S. 391. Berlin: Julius Springer 1933.

von Grubenmann[1] entnommen werden, wenn der Wasserdampfgehalt der Luft durch einen gesonderten Versuch ermittelt worden ist.

Der Gang der Bestimmung von t'_0 sei durch folgendes Beispiel erläutert. Ist z. B. $t = 20°$ und der Luftdruck $b = 720$ mm Q.-S., so ergibt sich aus dem oberen Teil der Abb. 73 durch Herunterloten von dem Punkte A der Sättigungskurve 720 auf die gleiche Drucklinie 720 des darunterliegenden Teildiagrammes der Sättigungsdruck $p_s = 17,7$ mm Q.-S. (Punkt B).

Ist nun durch Bestimmung des Feuchtigkeitsgehaltes, etwa nach der Absorptionsmethode, mittels einer Dampftafel der Partialdruck des Wassers gefunden zu $p = 4,9$ mm Q.-S., so beträgt die relative Feuchtigkeit $\varphi = 4,9/17,7 = 0,28$. Den diesem Zustande der Luft entsprechenden Punkt im J, x-Diagramm erhält man, indem man von dem Punkt C, welcher den Werten $p = 4,9$ mm und $b = 720$ mm Q.-S. zugehört, lotrecht nach oben hinaufgeht bis zur Temperaturlinie

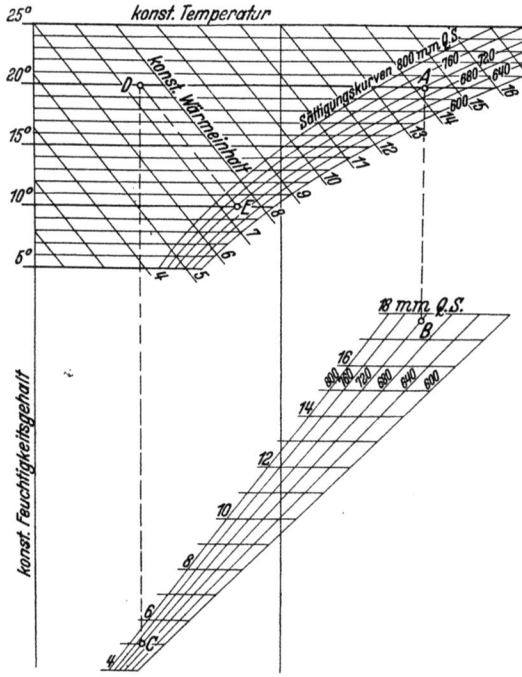

Abb. 73. J, x-Diagramm für feuchte Luft.

---

[1] Grubenmann, M.: J, x-Tafeln feuchter Luft. Berlin: Julius Springer 1926. In diesen Tafeln ist, einem Vorschlag von R. Mollier folgend [Z. VDI Bd. 67 (1923) S. 869], der Wärmeinhalt J von 1 kg trockener Luft und x kg Wasserdampf in kcal als Ordinate und x als Abszisse eingetragen (Abb. 73). Nimmt man zunächst an, daß die Luft mit Wasserdampf gesättigt ist und daß das Dampf-Luftgemisch bei verschiedenen Temperaturen immer denselben Gesamtdruck ausübt, so entsprechen diesen Zuständen verschiedene Werte von x. Im Grubenmannschen Diagramm sind für mehrere solche Drucke h, wie z. B. 720 mm Q.-S., die Sättigungskurven eingezeichnet, welche die Zustände mit gleichem Werte von h miteinander verbinden. Von besonderem Interesse ist nun die Kenntnis des in diesem Dampf-Luftgemisch herrschenden Partialdruckes h_w des Wasserdampfes. Um diesen in einfachster Weise abgreifen zu können, ist von Grubenmann ein zweites Teildiagramm der Dampfdruckkurven h_w für die verschiedenen Werte von h eingezeichnet, in welchem der dem vorhandenen x-Werte entsprechende Dampfdruck h_w in mm Q.-S. abgelesen werden kann.

$t = 20°$ (Punkt D). Diesem entspricht ein Wärmeinhalt $J = 7{,}4$ kcal. Die zugehörige Kühlgrenze t_0' erhält man endlich als Schnittpunkt E der Linie des konstanten Wärmeinhaltes $J = 7{,}4$ mit der Sättigungskurve $b = 720$. Man findet so $t_0' = 10{,}2$.

Versuchsanordnung.

Die Untersuchung hat den Zweck, nachzuweisen, daß mit dünnen Thermoelementen mit dünner Umhüllung auch ohne Belüftung richtige Feuchtigkeitsbestimmungen ausgeführt werden können. Um den Einfluß des Durchmessers der Umhüllung festzustellen, muß die Form der feuchten Hülle so gewählt werden, daß sie mit beliebiger, sicher meßbarer Stärke angebracht werden kann. Die sonst übliche Umhüllung mit Mull oder ähnlichen Stoffen ist daher in diesem Falle wenig geeignet und wurde durch poröse Tonröhrchen ersetzt. Diese besaßen axiale Bohrungen, in welche Thermoelemente eingeführt wurden.

Der Aufbau der Versuchsanordnung ist aus Abb. 74 ersichtlich. Ein Windkanal wird gebildet durch zwei Holzkästen A und B, die

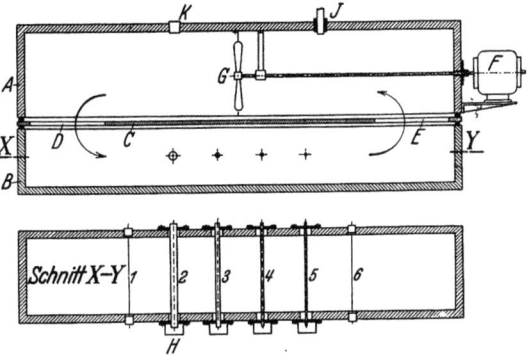

Abb. 74. Luftfeuchtigkeitsbestimmung mit Thermoelementen.

durch eine horizontale, mit Rundgummi nach außen abgedichtete Zwischenplatte C getrennt sind. Letztere enthält zwei Öffnungen D und E, so daß mittels eines durch einen Elektromotor F angetriebenen Ventilators G ein umlaufender Luftstrom erzeugt werden kann. Zur Messung der Luftgeschwindigkeit führt man in einem Vorversuch ein Anemometer in B zwischen die Thermoelemente ein und bestimmt die Belastung des Elektromotors für diejenige Luftgeschwindigkeit, die bei den eigentlichen Versuchen angewendet werden soll. Als solche wurde die Geschwindigkeit 1,8 m/sec gewählt, weil eine ähnliche auch beim Assmannschen Psychrometer ausreichend ist.

Im Teil B sind sechs Thermoelemente aus Konstantan-Manganin von 0,3 mm Durchmesser angebracht, von denen 1 und 6 frei in der Luft liegen, also zur Bestimmung der Lufttemperatur verwendet werden können. 2 bis 5 sind mit porösen Tonröhrchen vom Außendurchmesser 5; 3; 2 und 1 mm umhüllt. 1 und 6 sind durch Gummistopfen, 2 bis 5 mit Gummimembranen nach außen abgedichtet. Zur Befeuchtung tauchen die Tonröhrchen in Messingnäpfchen H, die mit Wasser gefüllt werden.

122   4. Wärmeübertragung.

Die Thermoelemente sind über einen Umschalter und eine gemeinsame Eislötstelle an ein Millivoltmeter angeschlossen.

Für die Bestimmung der absoluten Feuchtigkeit der Luft sind in A zwei verschließbare Öffnungen J und K angebracht, von denen J zu zwei Chlorkalziumvorlagen, einer Gasuhr und einer Wasserstrahlpumpe führt. Wird letztere in Tätigkeit gesetzt, so kann Umgebungsluft durch K in den Kanal eintreten und durch den Ventilator an den Thermoelementen vorbeigesaugt werden.

Durchführung und Ergebnis der Versuche.

Zunächst soll der Einfluß des Durchmessers der feuchten Umhüllung und derjenige der Luftgeschwindigkeit untersucht werden.

In Zahlentafel 26 sind für die sechs Thermoelemente die Temperaturen in Teilstrichen und ° C enthalten, die bei verschiedenen Zeiten und Luftgeschwindigkeiten beobachtet wurden. Die Ablesungen geschahen erst, nachdem der Beharrungszustand der Temperaturverteilung eingetreten war. Daß dieser in der Tat erreicht war, ist daraus zu entnehmen, daß die Angaben der Thermoelemente 1 und 6 sich innerhalb der Beobachtungszeit nicht geändert haben.

Zahlentafel 26.

Zeit	Geschwindigkeit m/sec	Meßstelle										
		1		2 (5 mm ⌀)		3 (3 mm ⌀)		4 (2 mm ⌀)		5 (1 mm ⌀)		6	
		Teilstriche	°C	Teilstriche	°C	Teilstriche	°C	Teilstriche	°C	Teilstriche	°C	Teilstriche	°C
11^{10}	0	13,9	19,5	9,8	14,0	9,3	13,3	8,9	12,7	8,7	12,4	13,9	19,5
11^{15}		14,0	19,6	9,8	14,0	9,4	13,4	9,0	12,8	8,8	12,6	14,0	19,6
11^{20}	1,8	14,0	19,6	9,2	13,1	8,8	12,6	8,9	12,7	8,8	12,6	14,0	19,6
11^{25}		14,0	19,6	8,9	12,7	8,8	12,6	8,8	12,6	8,8	12,6	14,0	19,6
11^{00}	0	14,0	19,6	9,4	13,4	9,2	13,1	9,0	12,8	8,8	12,6	14,0	19,6
11^{35}		14,0	19,6	9,7	13,8	9,3	13,3	9,0	12,8	8,7	12,4	14,0	19,6
11^{40}		14,0	19,6	9,8	14,0	9,3	13,3	9,0	12,8	8,7	12,4	14,0	19,6
11^{45}	1,8	14,0	19,6	8,8	12,6	8,8	12,6	8,9	12,7	8,8	12,6	14,0	19,6
11^{50}		14,0	19,6	8,9	12,7	8,8	12,6	8,8	12,6	8,7	12,4	14,0	19,6

Die Versuche bestätigen die oben ausgesprochene Voraussage; denn bei ruhender Luft nimmt die psychrometrische Differenz mit abnehmendem Durchmesser zu (von 5,6° auf 7,0°).

Ferner ist aus den Beobachtungen zu entnehmen, daß das Element 5 mit und ohne Ventilation die gleiche Temperatur zeigt. Es muß also schon in ruhender Luft die Kühlgrenze erreicht haben, da seine Temperatur durch Ventilation nicht mehr erniedrigt werden konnte.

Endlich ist festzustellen, daß bei Ventilation sämtliche Elemente die gleiche Temperatur annehmen, und zwar diejenige des Elementes 5 bei ruhender Luft. Somit ist bewiesen, daß ein Element mit nur 1 mm Umhüllungsdurchmesser bereits ohne Ventilation die psychrometrische Differenz richtig angibt.

Mit der aus den Beobachtungen des Elementes 5 bestimmten Kühlgrenze kann die Gütezahl der übrigen Elemente berechnet werden. Sie ist in Abhängigkeit von Durchmesser und Geschwindigkeit in der Zahlentafel 27 angegeben.

Aus der oben angegebenen Formel oder der J, x-Tafel ergibt sich der Feuchtigkeitsgehalt der Luft aus den Messungen

Zahlentafel 27.

Geschwin-digkeit m/sec	Gütezahl			
	2	3	4	5
0	0,79	0,89	0,96	1
1,8	1	1	1	1

$t = 19,6°, t' = 12,5°, b = 715$ mm Q.-S. zu $\varphi = p/p_s = 7,5/17,1 = 0,44$.

Gewissermaßen zur Kontrolle des obigen Ergebnisses, daß dem Element 5 die Gütezahl 1 zuzusprechen ist, wurde in einem zweiten Versuch eine Feuchtigkeitsbestimmung nach der Absorptionsmethode durchgeführt.

In 30 l Luft von der Temperatur 20,5° und bei 690 mm Q.-S. in der Gasuhr, denen ein Gewicht von 0,0328 kg entspricht, waren 0,231 g Wasser enthalten. Der Feuchtigkeitsgehalt betrug demnach $x = 0,231/32,8 = 0,00704$. Der Partialdruck des Wasserdampfes im Gemisch berechnet sich zu 8,0 mm Q.-S., und daher ist $\varphi = 8,0/18,1 = 0,44$.

Aus gleichzeitig durchgeführten Ablesungen des trockenen (20,5°) und des feuchten Thermoelementes 5 (13,2°) ergab sich ein Feuchtigkeitsgehalt $\varphi = 0,44$, also eine volle Übereinstimmung mit dem nach der Absorptionsmethode gefundenen Resultat.

i) Konstruktion eines adiabatischen Kalorimeters.

Als letzte Aufgabe aus der Wärmelehre sei noch eine Vorrichtung besprochen, welche es ermöglicht, bei physikalischen oder chemischen Vorgängen, die mit der Entwicklung oder dem Verbrauch von Wärme verbunden sind, den Wärmeaustausch mit der Umgebung zu verhindern. Dies kann in der Weise erreicht werden, daß man in der unmittelbaren Umgebung der Oberfläche des betreffenden Gefäßes elektrische Schutzheizungen anbringt, die man mit einer solchen Energie beschickt, daß die Schutzheizungen die gleiche Temperatur haben wie die benachbarte Oberfläche des Gefäßes. Denn alsdann kann aus der Umgebung Wärme weder aufgenommen noch solche an sie abgegeben werden. Es handelt sich also, um einen in der Thermodynamik gebräuchlichen Ausdruck zu benutzen, um die schon in der Überschrift gewählte Bezeichnung: adiabatisches Kalorimeter.

Selbstverständlich kann ein solches von Fall zu Fall sehr verschieden sein. Das nachstehend beschriebene Kalorimeter ist für die Bestimmung der spezifischen Wärme überhitzten Wasserdampfes bestimmt. Es kann vielleicht für andere Kalorimeter als Vorbild dienen.

Versuchsmethode.

Die an anderer Stelle[1] beschriebene Versuchsanlage arbeitet nach dem Durchflußverfahren: einem gleichmäßig fließenden Dampfstrom wird in einem wärmedichten Kalorimeter eine bestimmte Wärmemenge zugeführt. Der abfließende Dampf wird kondensiert und das Wasser gewogen. Aus der stündlich durchfließenden Wassermenge, der im Kalorimeter zugeführten Wärmemenge und der hierdurch hervorgerufenen Temperaturerhöhung des Dampfes läßt sich die spezifische Wärme bestimmen.

Für eine einwandfreie Messung ist der Beharrungszustand erforderlich, d. h. während des Versuches müssen konstant bleiben der Druck, unter dem der Dampf steht, die Dampfmenge, die das Kalorimeter in der Zeiteinheit durchströmt, die Temperatur, mit der der Dampf in das Kalorimeter eintritt und die Heizenergie, die dem Dampf im Kalorimeter zugeführt wird. Weiter ist erforderlich, daß die dem Dampf im Kalorimeter zuzuführende Wärme auch restlos auf den Dampf übergeht und nicht zum Teil an die Umgebung abgegeben wird.

Beschreibung des Durchflußkalorimeters.

Der zu untersuchende Dampf tritt in das Kalorimeter (Abb. 75) über die Zuleitung A und das Rohr B in eine bifilar gewickelte Rohrschlange C ein, wird hier erwärmt und verläßt das Kalorimeter über die Rohre D und E.

In die Rohre B und D ist je ein an seinem oberen Ende geschlossenes Rohr F und G eingeschweißt; diese nehmen die zur Messung der Ein- bzw. Austrittstemperatur des Dampfes dienenden Widerstandsthermometer H und J auf. Um Fehler in der Bestimmung dieser Temperaturen infolge Wärmeaustausches mit der Umgebung zu vermeiden (vgl. S. 48), ist folgende Anordnung getroffen worden. Die Rohre B und D sind umgeben von zwei Hohlzylindern L und M aus Aluminium, die auf ihrer äußeren Mantelfläche elektrische Heizungen tragen und einen guten Ausgleich der Temperatur gewährleisten. Mit diesen wird die Temperatur der Aluminiumzylinder auf gleiche Höhe gebracht wie die der Rohre, welche die Widerstandsthermometer aufnehmen. Mittels der Thermoelemente 1 bis 12 kann die Temperatur beobachtet werden. Zeigen 1 bis 6 bzw. 7 bis 12 je den gleichen Wert, so findet kein Wärmeaustausch von Rohr B bzw. D mit der Umgebung statt; die Dampf-

---

[1] Koch, We.: Forschg. Bd. 3 (1932) S. 1.

leitungsrohre haben ebenso wie die Aluminiumzylinder die gleiche Temperatur wie der Dampf selbst. Die Widerstandsthermometer H und J messen daher in der Tat richtig die Dampftemperatur.

Im oberen Teil des Kalorimeters wird dem Dampf die zur Überhitzung erforderliche Wärme mittels elektrischer Energie zugeführt. Im Innern der Rohrschlange C befindet sich ein Porzellankörper N, der zur Aufnahme von Chromnickeldraht mit Rillen versehen ist. Um zu verhindern, daß die von diesem erzeugte Wärme in nennenswertem Maße durch die obere und untere Öffnung der Rohrschlange abströmt, ist an beiden Stellen ein Strahlungsschutz aus Nickelblechen O angebracht (der untere, innerhalb der Schlange liegende ist auf der Zeichnung nicht sichtbar).

Die Anordnung des Heizkörpers im Innern der Schlange ist aus folgenden Gründen getroffen worden. Bei der Messung nach der Durchflußmethode stellen sich im Kalorimeter im wesentlichen drei verschiedene Temperaturen ein: die Eintrittstemperatur des Dampfes, die Tempera-

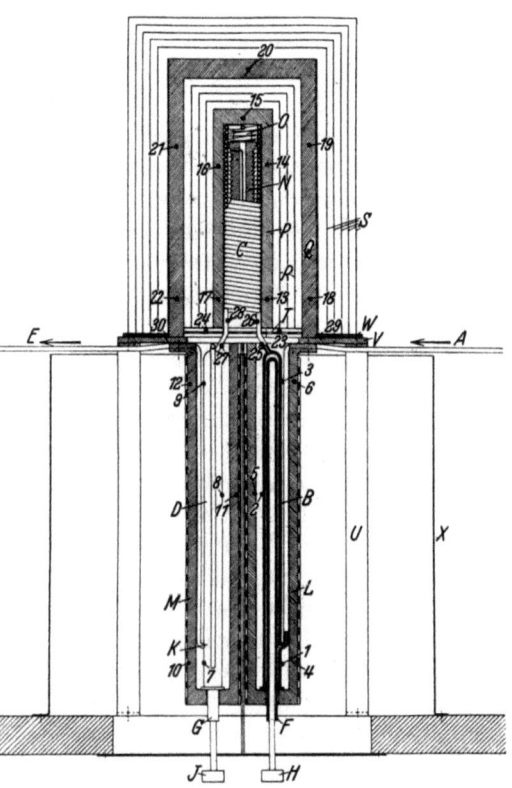

Abb. 75. Adiabatisches Kalorimeter.

tur des Heizkörpers, der die Wärme an den Dampf übertragen soll, und die Austrittstemperatur. Von diesen ist die des Heizkörpers am höchsten; sie wird um so höher sein, je größer die spezifische Wärme des Dampfes ist, wenn also viel Wärme an diesen abzugeben ist. Diese drei Temperaturgebiete berühren sich innerhalb des Kalorimeters und beeinflussen sich gegenseitig, aber um so weniger, je kleiner der Unterschied zwischen ihnen ist. Der überwiegende Einfluß des Heizkörpers ist nun dadurch nahezu ausgeschaltet worden, daß die Heizspirale mit ihrer ganzen Ausdehnung von der Rohrschlange, die den zu erwärmenden

Dampf führt, umgeben ist. Hierdurch ist erreicht worden, daß die mittlere Temperatur an der äußeren Oberfläche der Rohrschlange meist niedriger war als die Austrittstemperatur des Dampfes. Bei Versuchen, die einen großen Wert der spezifischen Wärme ergaben, trat dies infolge der guten Wärmeaufnahme durch den Dampf stets ein, obwohl der Heizkörper im Innern, dessen Temperatur durch ein Thermoelement beobachtet werden konnte, bis 100° wärmer war als der austretende Dampf. Nur bei einigen Versuchen bei niedrigem Druck und hoher Temperatur, also kleiner spezifischer Wärme, war die Temperatur der äußeren Oberfläche der Rohrschlange um 1 bis 2° wärmer als der abströmende Dampf.

Von besonderer Bedeutung für die Genauigkeit der Versuche ist es, Wärmeverluste der Kalorimeterinnenheizung nach außen zu vermeiden. Dies wird, wie schon oben erwähnt, dadurch erreicht, daß in der Umgebung jedes Teiles des eigentlichen Kalorimeters mittels elektrischer Schutzheizung die gleiche Temperatur erzeugt wird, die das Kalorimeter selbst hat. Um die Temperatur des letzteren bestimmen zu können, ist ein Aluminiumhohlzylinder P aufgebracht, der in Bohrungen fünf Thermoelemente 13 bis 17 trägt. Infolge seiner guten Wärmeleitfähigkeit wird er, wenn keine Verluste nach außen eintreten, eine gut ausgeglichene Mitteltemperatur der verschieden temperierten Windungen der Rohrschlange annehmen. Mit einigem Abstand vom Zylinder P ist ein zweiter Zylinder Q aufgesetzt, der gleichfalls fünf Thermoelemente 18 bis 22 und weiter auf seiner äußeren Mantelfläche eine elektrische Heizwicklung trägt. Von einer Beheizung der oberen horizontalen Begrenzung ist abgesehen worden, da, wie die Versuche später bestätigten, die große Wandstärke des Aluminiumzylinders Q und die nach oben strebende warme Luft genügend Wärme zuführten. Mittels der elektrischen Heizung wird der äußere Zylinder auf die gleiche Temperatur gebracht, die der innere P aufweist. Um diese Belastung möglichst genau einstellen zu können, wurde eine Meßanordnung gewählt, die bereits kleine Abweichungen von der jeweils richtigen Einstellung deutlich erkennen läßt. Der Luftraum zwischen den Zylindern P und Q wurde nämlich in der aus der Abbildung erkennbaren Weise durch drei Aluminiumbleche R geteilt. Solange die inneren und äußeren Thermoelemente nicht gleiche Temperatur haben, fließt etwa vom Kalorimeter zur Schutzheizung ein Wärmestrom, der vom Temperaturunterschied zwischen P und Q und vom Wärmedurchgangswiderstand der Schicht zwischen den beiden Zylindern abhängt. Dieser wird durch die Aluminiumbleche mit kleiner Strahlungszahl stark erhöht, so daß selbst bei größerem Temperaturunterschied doch nur wenig Wärme von innen nach außen fließt. Umgekehrt haben bei Schwankungen um den Zustand gleicher Temperatur beider Zylinder kleine übertretende Wärmemengen große Temperaturunterschiede zwischen diesen Stellen zur Folge[1]. — Um auch den Wärmeverlust der Schutzheizung nach außen zu vermindern, sind fünf oben geschlossene Mäntel S aus Aluminiumblech aufgebracht worden.

Nach unten ist das Kalorimeter abgeschlossen durch eine zweiteilige weitere Schutzheizung T, die zwei Thermoelemente 23 und 24 zur Beobachtung ihrer Temperatur trägt.

Um feststellen zu können, ob die Verbindungsstellen der Thermometerrohre B und D mit der Rohrschlange C Wärme aus dem Kalorimeter abführen, sind auf diesen Rohren je zwei Thermoelemente 25 bis 28 angebracht.

Die Schutzheizungen für das Kalorimeter ruhen auf einer von Flacheisen U gestützten Eisenplatte V, die mit zahlreichen Bohrungen versehen ist, um das Abströmen der Wärme nach außen zu vermindern. Zu dem gleichen Zweck dient eine weitere Schutzheizung W mit zwei Thermoelementen 29 und 30. Der untere Teil des Kalorimeters ist von einem Blechkasten X umgeben, der mit Asbestwolle gefüllt ist.

Anwendung des Kalorimeters.

Wie oben erwähnt, war für die Konstruktion des Kalorimeters maßgebend seine Verwendung zur Bestimmung der thermischen Eigenschaften des Wasserdampfes bei hohen Drucken und Temperaturen. Die Messung dieser Größen ist jedoch bei der vorliegenden Aufgabe nicht das Endziel, sondern vielmehr der Nachweis, daß es mit der beschriebenen Apparatur möglich ist, Wärmemengen verlustlos zu bestimmen. Es handelt sich also darum, durch die beschriebenen Schutzheizungen die Temperatur an den verschiedensten Stellen der Umgebung des Kalorimeters denjenigen anzugleichen, die je in ihm selbst herrschen.

Zur Erläuterung sei die Einstellung des Beharrungszustandes verfolgt, welcher erreicht ist, wenn bei konstant gehaltenen Werten der Temperatur, der Beheizung des Dampfes, der Strömungsgeschwindigkeit und des Druckes die Temperaturen aller Schutzheizungen konstant bleiben und außerdem je die einander zugehörigen Meßstellen die gleiche Temperatur haben. Da der Absolutwert der Temperaturen ohne Bedeutung ist, so sei das Meßergebnis der Elemente nicht in °C, sondern in Teilstrichen des Millivoltmeters angegeben. 0,1 Skalenteile entsprechen etwa 0,25°. In Zahlentafel 28 ist der Gang der Temperaturen an den einzelnen Meßstellen eingetragen. Der Versuchsbericht beginnt erst, nachdem die angestrebten Temperaturen der Schutzheizungen angenähert erreicht waren. Nach Verlauf der Zeit von 9^{50} bis 11^{10} ist der gewünschte Beharrungszustand eingetreten, daß die Mittelwerte der einander zuzuordnenden Temperaturen innen und außen gleich sind.

---

[1] Diese Maßnahme ist auch im Abschnitt 4b zur Anwendung gebracht.

Zahlentafel 28.

Zeit			9^{50}	10^{10}	10^{30}	10^{50}	11^{10}
Eintritt	innen	1	115,5	115,6	115,7	115,7	115,7
		2	115,3	115,5	115,6	115,6	115,6
		3	115,5	115,6	115,7	115,7	115,7
	außen	4	115,1	115,2	115,5	115,6	115,6
		5	115,6	115,5	115,7	115,8	115,8
		6	115,2	115,3	115,5	115,6	115,6
Austritt	innen	7	118,0	118,0	118,1	118,3	118,3
		8	118,0	118,0	118,2	118,4	118,4
		9	117,9	118,0	118,1	118,3	118,3
	außen	10	117,8	117,9	118,0	118,2	118,3
		11	118,5	118,2	118,2	118,4	118,4
		12	117,9	117,9	118,0	118,2	118,2
Kalorimeter	innen	13	117,4	117,6	117,8	117,9	117,9
		14	117,5	117,6	117,8	117,9	117,9
		15	117,5	117,6	117,8	117,8	117,8
		16	117,5	117,6	117,8	117,9	117,8
		17	117,5	117,6	117,7	117,9	117,8
	außen	18	117,8	117,7	117,7	117,8	117,8
		19	117,9	117,7	117,6	117,8	117,8
		20	117,9	117,7	117,7	117,8	117,8
		21	117,9	117,7	117,7	117,8	117,8
		22	117,8	117,7	117,7	117,8	117,8
Boden des Kalorimeters		23	116,5	117,2	117,6	117,8	117,8
		24	116,0	117,1	117,6	117,7	117,8
Rohre	Eintritt	25	115,4	115,6	115,6	115,7	115,7
		26	115,4	115,6	115,6	115,7	115,7
	Austritt	27	118,0	118,0	118,2	118,3	118,3
		28	117,9	118,0	118,2	118,3	118,3
Temperatur der Zusatzheizung W		29	116,5	117,2	117,6	117,8	117,8
		30	116,0	117,1	117,6	117,7	117,7

Eine Kontrolle, ob in der Tat das Kalorimeter als adiabatisch bezeichnet werden kann, läßt sich in der Weise ausführen, daß man unter sonst gleichbleibenden Verhältnissen entweder die Innenheizung des Kalorimeters oder die in der Zeiteinheit durchfließende Dampfmenge oder beide zugleich ändert. Ein etwa auftretender Wärmeaustausch mit der Umgebung würde zwar bei den verschiedenen Versuchen denselben Wert haben, jedoch in seiner Auswirkung auf das Meßergebnis verschieden stark zur Geltung kommen und nicht den gleichen Zahlenwert der spezifischen Wärme ergeben. Wenn jedoch wie bei den ausgeführten Versuchen, die Resultate übereinstimmen, so ist dadurch bewiesen, daß kein Wärmeaustausch mit der Umgebung stattgefunden hat.

5. Druck und Geschwindigkeit.

Die Messung von Drucken wird bekanntlich bei zwei wesentlich verschiedenen Vorgängen angewendet. Entweder kann es sich z. B. beim Dampfkessel oder einer hydraulischen Presse darum handeln, die für die Beanspruchung des Materiales, das zum Bau der betreffenden Maschine verwendet wurde, zulässige Druckgrenze nicht zu überschreiten. Oder es ist bei der Umwandlung von Druckenergie in Bewegungsenergie dieser Vorgang durch Druckmessungen zu verfolgen. Während im ersten Fall statische Zustände zu untersuchen sind, kommen im zweiten außerdem dynamische Vorgänge in Betracht. Im letzteren Falle dient die Druckmessung zur Bestimmung von Geschwindigkeiten und auch zur Mengenmessung. Gerade die Geschwindigkeits- und Mengenmessung ist in neuerer Zeit besonders eingehend untersucht worden. Dementsprechend sind auch in den nachstehenden Aufgaben solche gewählt, bei denen die Druckmessungen in diesem Sinne verwertet werden.

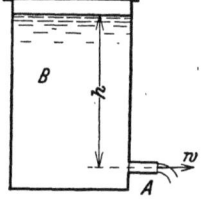

Abb. 76. Ausfluß aus einem Gefäß.

Wir betrachten eine reibungslose Flüssigkeit, welche durch eine Öffnung A (Abb. 76) aus einem Gefäß B ausfließt. Bezeichnet w die Ausflußgeschwindigkeit eines Masseteilchens m, so ist dessen kinetische Energie $\frac{mw^2}{2}$. Durch das Ausfließen verschwindet im Niveau h die gleich große Masse m, welche die potentielle Energie mgh besessen hat, wenn g die Erdbeschleunigung bedeutet. Die Gleichsetzung der beiden Energiebeträge führt zu der bekannten Formel $w = \sqrt{2gh}$.

Bezeichnet γ das spezifische Gewicht der Flüssigkeit und p den Druck in der Mündungsfläche, so ist

$$p = h\gamma \quad \text{und} \quad h = \frac{p}{\gamma},$$

so daß auch

$$w = \sqrt{2g\frac{p}{\gamma}}.$$

Die nämliche Formel gilt, wenn der Druck p nicht durch eine Flüssigkeitssäule, sondern durch irgendwelche andere Maßnahmen erzeugt wird. Man gelangt dann unmittelbar von dem Ausfluß aus dem vertikalen Gefäß z. B. zu dem Strömen in einem horizontalen Rohre.

Es könnte vielleicht auffallend erscheinen, daß in dem absichtlich gewählten Beispiel des horizontal liegenden Rohres, bei dem doch die Erdanziehung gar nicht zur Geltung kommt, trotzdem die Geschwindigkeit w von der Größe g abhängen soll. Dies erklärt sich folgendermaßen. In dem absoluten Maßsystem ist anschließend an die aus der Erfahrung abgeleitete Beziehung: Kraft = Masse × Beschleunigung als

130 5. Druck und Geschwindigkeit.

Masseneinheit die Masse des in der Volumeneinheit enthaltenen Wassers festgesetzt und daraus als Krafteinheit diejenige abgeleitet worden, welche dieser Masseneinheit die Beschleunigung 1 erteilt. — Geht man unter Beibehaltung der Beschleunigungseinheit zu einem anderen Maßsystem über, das eine andere Krafteinheit besitzt, so ändert sich natürlich entsprechend der obigen Beziehung auch die Größe der Masseneinheit, also derjenigen Masse, welche durch die neu gewählte Krafteinheit die Beschleunigung 1 erfährt.

Benutzt man das auch oben angewandte technische Maßsystem, wählt man also als Krafteinheit das Gewicht des in der Volumeneinheit enthaltenen Wassers, so ist diese Kraft imstande, dieser Masse die Beschleunigung g und demnach einer g mal größeren Masse die Beschleunigung 1 zu erteilen. Diese g mal größere Masseneinheit entspricht also der g mal größeren Krafteinheit, wodurch die Maßzahl, welche einer gegebenen Masse zukommt, natürlich g mal kleiner erscheint.

Bei der Anwendung des absoluten und des technischen Maßsystems besteht demnach zahlenmäßig der Unterschied, daß in ersterem das Gewicht der Volumeneinheit, also das spezifische Gewicht γ, gleichzeitig auch die Masse der Volumeneinheit, also die spezifische Masse, angibt, während im technischen Maßsystem, entsprechend der g mal größeren Einheit der Masse, dem spezifischen Gewicht γ nur eine g mal kleinere Maßzahl der spezifischen Masse entspricht. In allen Anwendungen des technischen Maßsystems wird also eine zu berechnende Masse in der Weise erhalten, daß man γ durch g dividiert, wie dies auch in der obigen Formel für die Geschwindigkeit w zum Ausdruck kommt.

Würde man bei dem obenerwähnten Ausflußgefäß die Geschwindigkeit durch ein Hindernis vernichten, so würde sich an diesem ein sog. Staudruck ausbilden. Dieser ist ein Maß für die Geschwindigkeit und kann mit dem sog. Pitotrohr gemessen werden. Es besteht im einfachsten Falle aus einem gebogenen Rohr, das beispielsweise in einem offenen Gerinne mit seiner einen Öffnung senkrecht gegen die Strömung gerichtet sei (Abb. 77). Die Flüssigkeit steigt dann bis zur Höhe h über den freien Flüssigkeitsspiegel auf, aus der nach der oben angegebenen Gleichung die Geschwindigkeit berechnet werden kann.

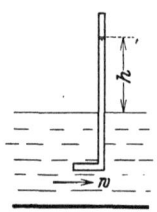
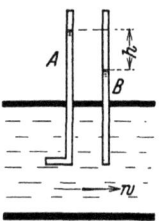

Abb. 77. Staudruckmessung im offenen Gerinne.

Abb. 78. Staudruckmessung im Rohr.

Strömt die Flüssigkeit in einer Rohrleitung, so kann der Staudruck in gleicher Weise mit dem Rohr A (Abb. 78) gemessen werden. Die Druckhöhe gibt jedoch nicht die Geschwindigkeit unmittelbar an, weil ein in der Rohrleitung herrschender statischer Druck ebenfalls ein Ansteigen in A hervorruft. Die dem statischen Druck entsprechende Druckhöhe wird in dem benachbarten Rohr B gemessen, dessen freie untere Öffnung in der Strömungsrichtung liegt, also keinem Staudruck ausgesetzt ist. Der in A gemessene Druck setzt sich also zusammen aus dem durch die Strömungsgeschwindigkeit verursachten dynamischen Druck p_{dyn} und dem statischen Druck p_{st}. Er wird als Gesamtdruck p_g bezeichnet, so daß

$$p_g = p_{\mathrm{dyn}} + p_{\mathrm{st}}.$$

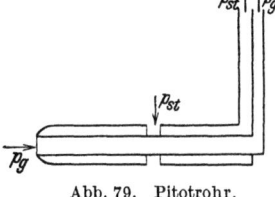

Abb. 79. Pitotrohr.

In der praktischen Anwendung gibt man dem Pitotrohr die nebengezeichnete Form (Abb. 79).

Das Pitotrohr liefert die Geschwindigkeit an einer bestimmten Stelle des Strömungsquerschnittes. Es ist daher wohlgeeignet zur Bestimmung der Geschwindigkeitsverteilung über diesen Querschnitt. Wenn man die Durchflußmenge in dem gesamten Querschnitt messen will, muß durch eine größere Zahl von Messungen das Geschwindigkeitsfeld bestimmt werden. In diesem Falle wendet man daher einfacher einen Staurand, eine Düse oder ein Venturirohr an. Das diesen Gemeinsame ist eine Verengung des Durchschnittsquerschnittes; vor und hinter derselben entsteht ein Druckunterschied, der zur Bestimmung der Durchflußmenge benutzt wird. Sie hängt ab von der Formgebung der Meßanordnung und ist durch eine Eichung zu ermitteln[1].

In gleicher Weise wie durch den Einbau eines der genannten Meßgeräte tritt ein Druckverlust auch durch die Reibung an der Rohrwand selbst ein. Auch dieser kann zur Mengenmessung benutzt werden. Diese Methode hat den Vorteil, daß sie keinen zusätzlichen Energieverlust in der Rohrleitung hervorruft. Eine Erläuterung der hierbei auftretenden Gesetzmäßigkeiten findet sich in Abschnitt 5c.

a) Eichung von Mikromanometern.

Das in der Praxis am häufigsten benutzte Gerät zur Messung kleiner Drücke ist das Mikromanometer. Es besteht bekanntlich aus einem zylindrischen Luftvolumen A (Abb. 80), das mit demjenigen Raume verbunden wird, dessen Überdruck gemessen werden soll. A ist unten durch eine Sperrflüssigkeit abgeschlossen, welche auch

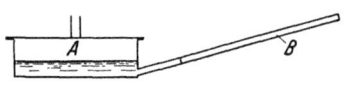

Abb. 80. Mikromanometer.

die Kapillare B teilweise füllt. Beim Überdruck Null steht der Flüssigkeitsspiegel in A und B gleich hoch, abgesehen von einer etwaigen

---

[1] Ausführliche Angaben hierüber sind enthalten in den „Regeln für die Durchflußmessung mit genormten Düsen und Blenden". 2. Aufl. Berlin: VDI-Verlag 1932.

Kapillarwirkung. Bei Überdruck in A fällt der Spiegel in A, steigt dagegen in B, wo seine Verschiebung wegen der Schrägstellung der Kapillare vergrößert zur Beobachtung kommt.

Um mit dem Manometer den wirksamen Druck am Stand des Meniskus der Kapillare ablesen zu können, muß das Manometer geeicht sein. Dies geschieht meist in der Weise, daß man in A gewogene Flüssigkeitsmengen bekannten spezifischen Gewichtes einfüllt und die Verschiebung des Meniskus in der Kapillare B beobachtet[1]. Werden nacheinander stets gleiche Flüssigkeitsmengen eingefüllt, so wird sich auch der Meniskus um die gleiche Strecke verschieben, wenn A und B in verschiedenen Höhen je den gleichen Querschnitt haben; etwaige Ungleichmäßigkeiten der beiden Querschnitte werden sich dagegen durch ungleichmäßiges Ansteigen des Meniskus in B bemerkbar machen. Nach Aufstellung einer Eichtabelle kann man dann mittels des spezifischen Gewichtes der Flüssigkeit aus dem Stande des Meniskus den auf das Manometer wirkenden Druck berechnen.

In der Praxis kann leicht der Fall eintreten, daß ein von der Lieferfirma geeichtes Mikromanometer neu geeicht werden muß, weil entweder etwa die Kapillare ausgewechselt oder ihre Neigung verändert werden soll. Eine Nacheichung nach der oben angegebenen Methode ist ziemlich zeitraubend; sie kann in bequemer Art auf folgende Weise vorgenommen werden.

Theoretische Grundlagen der Versuchseinrichtung.

Das Verfahren beruht auf der genau meßbaren Herstellung kleiner Drücke durch Auflegen von Gewichten auf eine in einen Wasserbehälter eintauchende Glocke und Einleitung dieser Drücke in das zu prüfende Instrument[2].

Ein zylindrisches, oben geschlossenes Gefäß A (Abb. 81), etwa aus Messingblech, vom lichten Querschnitt F und dem Querschnitt seiner Wandung f sei an dem Balken einer Wage aufgehängt und tauche in ein Wassergefäß B von der Fläche Φ. Die unter der Glocke abgeschlossene Luft steht durch ein U-förmiges, mittels eines Hahnes verschließbares Rohr C mit der Außenluft in Verbindung, durch welches Luft mittels eines Gummiballgebläses zugeführt werden kann. Sei an der Wage durch Auflegen von Gewichten G das Gleichgewicht bei geöffneter Luftleitung zunächst hergestellt. Dann werde es bei geschlossener Luftleitung durch Belastung P des Deckels der Glocke gestört, jedoch schließlich wieder dadurch hergestellt, daß mittels des Gebläses so viel Luft eingeblasen wird, bis die Wage wieder einspielt. Mit großer An-

---

[1] Vgl. z. B. Gramberg, A.: Technische Messungen bei Maschinenuntersuchungen und zur Betriebskontrolle. 6. Aufl. S. 82. Berlin: Julius Springer 1933.

[2] Levy, Fr.: Z. Instrumentenkde. Bd. 45 (1925) S. 515.

näherung herrscht alsdann, wie unten näher ausgeführt wird, unter der Glocke der spezifische Druck P/F, dem man beliebig kleine Werte beilegen kann, wenn man F hinreichend groß und P klein wählt.

Der in der Glocke herrschende Überdruck bewirkt nun, daß der Flüssigkeitsspiegel, welcher ursprünglich innerhalb und außerhalb der Glocke gleich hoch stand, sich nunmehr innen gesenkt und außen gehoben hat, so daß ein Höhenunterschied von h mm besteht. Unter Berücksichtigung des Auftriebes der in das Wasser eintauchenden Glocke und desjenigen Teiles der unter der Glocke abgeschlossenen Luft, der unterhalb des äußeren Wasserspiegels liegt, folgt, daß der durch die Belastung der Glocke in ihr erzeugte Überdruck den Wert hat

$$h = \frac{P}{F}\left(1 - \frac{f}{\Phi}\right)\left[\text{mm W.-S.} = \frac{\text{kg}}{\text{m}^2}\right].$$

Um diesen Überdruck bei der Eichung eines Manometers wirken zu lassen, ist unter die Glocke ein zweites Rohr D eingeführt, an welches

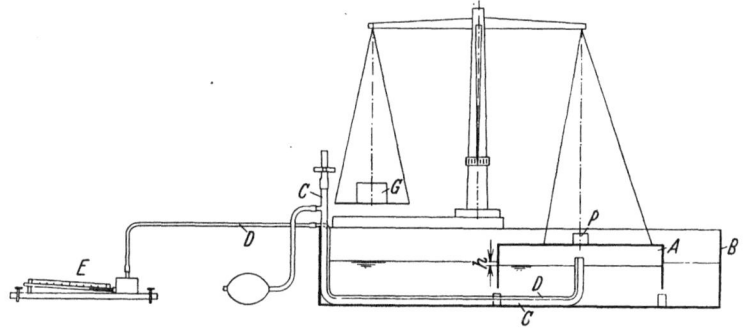

Abb. 81. Eichung von Mikromanometern.

das Manometer E angeschlossen wird. — Gleichzeitig kann eine beliebige Zahl von Mikromanometern geeicht werden.

Als ein Vorzug der Methode sei hervorgehoben, daß Temperaturänderungen der Luft während der Eichung ohne Bedeutung sind; denn es kommt nur darauf an, daß unter der Glocke ein bestimmter Überdruck erzeugt wird, und zwar gleichgültig, ob dieser durch Änderung der Luftmenge oder der Temperatur hervorgerufen wird.

Durchführung einer Eichung.

Zunächst ist darauf zu achten, daß die Glocke am Umfang überall gleichmäßig benetzt wird, da sich sonst das Wasser ungleich hochzieht und zu ungenauen Messungen führt. Es empfiehlt sich, die Glocke außen und innen vom unteren Rande an bis zu einer Höhe von etwa 2 cm über dem Wasserspiegel mit Wienerkalk zu bestreichen, der mit Wasser verrührt ist. Man läßt die dünne Schicht trocknen und spült dann mit Wasser nach unter Vermeidung eines hart auftreffenden Strahles. Die Schicht, welche dann noch haften bleibt, ist stets mit Wasser gesättigt und sorgt so für eine gleichmäßige Benetzung des Umfanges der Glocke.

Die Bestimmung der inneren Fläche F erfolgt durch Einfüllen einer vorher gewogenen Wassermenge in die umgedrehte Glocke und Ermittlung des Spiegelanstieges. Ein Schwimmkörper mit senkrechter Nadel, deren Spitze jeweils mit dem Kathetometer anvisiert wird, leistet hierbei gute Dienste.

Der Querschnitt f wird hinreichend genau mittels Bestimmung der Blechstärke ausgerechnet.

Die Eichung mag erläutert werden an folgendem Beispiel: Es war

$$F = 0{,}100 \text{ m}^2,$$
$$f = 0{,}000875 \text{ m}^2,$$
$$\Phi = 0{,}800 \text{ m}^2,$$

somit

$$h = \frac{P}{0{,}1}\left(1 - \frac{0{,}000875}{0{,}8}\right) = 9{,}989\ P.$$

In der Zahlentafel 29 sind die gemessenen Werte eingetragen. Es bedeuten P die auf die Glocke gelegten Gewichte in kg, a die Ablesungen

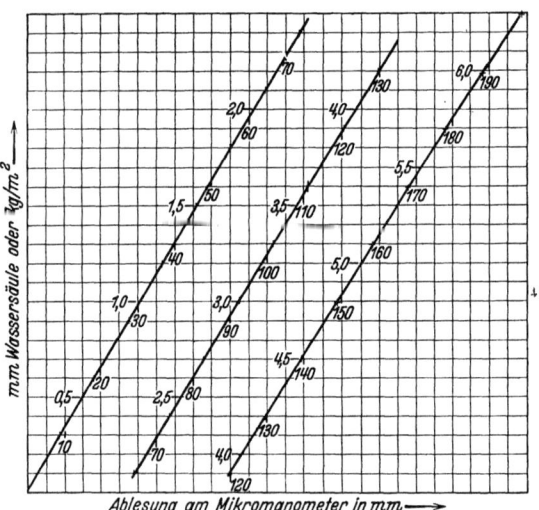

Abb. 82. Eichkurve eines Mikromanometers.

an der Skala des Mikromanometers und h die zugehörigen Drücke in mm W.-S. oder kg/m².

5 b) Bestimmung der Luftdurchlässigkeit.

Da die Eichkurve die keinem Gesetz folgenden Unregelmäßigkeiten der Kapillare erfassen soll, so muß eine größere Zahl von Eichpunkten aufgenommen werden.

Zahlentafel 29.

P kg	Teilstrich a	h mm W.-S.	P kg	Teilstrich a	h mm W.-S.	P kg	Teilstrich a	h mm W.-S.
0	0	0	0,240	73,3	2,40	0,450	139,2	4,50
0,030	9,1	0,30	0,270	82,7	2,70	0,480	148,8	4,79
0,060	18,2	0,60	0,300	92,1	3,00	0,510	158,3	5,09
0,090	27,3	0,90	0,330	101,5	3,30	0,540	167,9	5,39
0,120	36,3	1,20	0,360	110,9	3,60	0,570	177,7	5,69
0,150	45,6	1,50	0,390	120,3	3,90	0,600	187,9	5,99
0,180	54,9	1,80	0,420	129,7	4,20	0,630	198,3	6,29
0,210	64,1	2,10						

In Abb. 82 ist die Eichkurve aufgezeichnet, die Ablesungen a am Manometer als Abszissen, die Drucke h als Ordinaten.

b) Bestimmung der Luftdurchlässigkeit.

Die Luftdurchlässigkeit ist bei mancherlei technisch-physikalischen Vorgängen von Bedeutung. Sie beeinflußt z. B. den Wärmedurchgang durch Kleiderstoffe (vgl. Abschn. 4g), ferner die nachhalldämpfende Wirkung von Wandbelägen (vgl. Abschn. 6c). Sie wird in der Weise bestimmt, daß man die Luftmenge V mißt, die durch eine Fläche f in der Zeit τ hindurchströmt bei einem Druckunterschied Δp vor und hinter dem Stoff. Es ist

$$V = lf\Delta p\tau,$$

worin der Faktor l als Luftdurchlässigkeitszahl bezeichnet wird. Die Proportionalität zwischen durchströmendem Luftvolumen und Druckdifferenz besteht nur für kleine Werte von Δp. Außerdem wird die Luftdurchlässigkeit beeinflußt durch den Strömungszustand, ob dieser nämlich laminar oder turbulent ist. In letzterem Falle wird ein Teil der vorhandenen Druckdifferenz zur Wirbelbildung aufgebraucht. Dem wirkenden Δp entspricht dann ein kleinerer Wert von V, wodurch sich auch ein kleineres l ergibt. Es spielen sich hier ähnliche Vorgänge ab, wie sie bei der Erwähnung der kritischen Geschwindigkeit in Abschnitt 5c angedeutet werden.

Zur Bestimmung der Luftdurchlässigkeit kann beispielsweise folgende Anordnung benutzt werden.

Anordnung und Durchführung der Versuche.

Im Innern eines 10 cm weiten Rohres A (Abb. 83) wird mittels eines Spannringes eine Scheibe des zu untersuchenden Stoffes ausgespannt und das Rohr an den Luftaustritt eines Gasometers B angeschlossen.

Der Gasometer besteht aus einer unten offenen, in Wasser eintauchenden, senkbaren Blechglocke C. Durch das den Stoff enthaltende Rohr A kann man durch das Ventil D Luft ausströmen lassen. Da die Glocke genau zylindrisch gebaut ist und ihr Querschnitt 1 m² beträgt, so kann man aus dem Hub das ausgeflossene Luftvolumen unmittelbar ablesen. Zur Hubmessung dient eine an der Glocke befestigte Skala E. Mit Hilfe des Gefäßes F, in welches Wasser eingefüllt werden kann, läßt sich der Druck unter der Glocke und damit das in der Zeiteinheit ausströmende Luftvolumen passend einstellen. Der unter der Glocke herrschende Überdruck gegen die Außenluft wird an dem Mikromanometer G abgelesen. Er soll beim Versuch 20 mm W.-S., das sind 20 kg/m², nicht

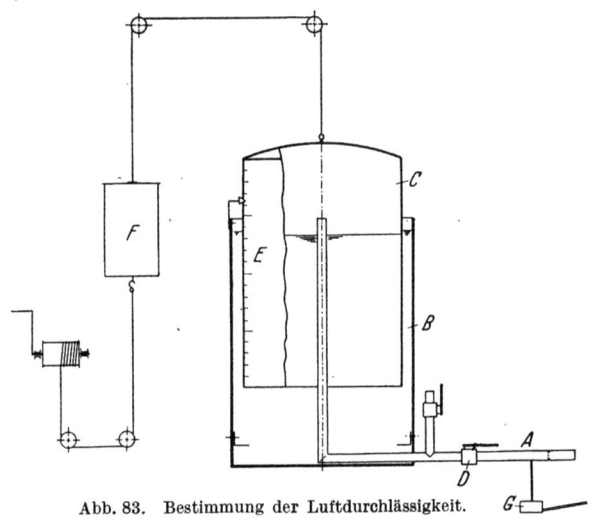

Abb. 83. Bestimmung der Luftdurchlässigkeit.

überschreiten, damit die Luftströmung durch den Stoff nicht zu turbulent ist und daher nicht zu stark abweicht von den Verhältnissen beim Schall- und Wärmedurchgang.

Die Tuchfläche f wird aus dem lichten Durchmesser des Spannringes im Rohr, das durchströmende Luftvolumen V an dem Maßstab E des Gasometers, die Zeit τ mit einer Stoppuhr und der Überdruck Δp am Mikromanometer G festgestellt.

Falls kein Gasometer zur Verfügung steht, kann die Erzeugung eines passenden Überdruckes mittels einer mit Luft gefüllten Druckflasche mit Reduzierventil oder mittels eines Ventilators erfolgen[1]. Zur Messung des durchströmenden Luftvolumens benutzt man dann eine Gasuhr.

---

[1] Vgl. über die Bestimmung von Luftdurchlässigkeit Raisch, E.: Gesundh.-Ing. Bd. 51 (1928) S. 481.

5 c) Mengenmessung durch Druckabfall in Rohren.

Versuchsergebnisse.

Mittels eines Gasometers wurden bei Zimmertemperatur die verschiedenen Stoffe untersucht, die in der Zahlentafel 30 angeführt sind.

Zahlentafel 30.

Material	τ sec	Δp mm W.-S.	V m³	l m³/kg sec
Wollstoff	135,0 90,0 55,8	7,0 11,2 15,5	0,50 0,50 0,40	0,071 0,067 0,063
Flanell	44,0 95,2 118,0	5,0 10,0 12,0	0,05 0,20 0,30	0,0307 0,0284 0,0286
Baumwolldecke	140,0 168,4 117,4	6,4 11,5 17,3	0,10 0,20 0,20	0,0151 0,0140 0,0133
Filtrierpapier	222,0 202,8	13,0 24,0	0,06 0,10	0,0028 0,0028

Die Fläche f betrug 0,0074 m². Die Tafel enthält diejenige Zeit τ, in welcher bei der herrschenden Druckdifferenz Δp die angegebenen Luftvolumina V hindurchgeströmt sind. Die nach der obigen Gleichung berechnete Luftdurchlässigkeit l ist in der letzten Spalte eingetragen. In Abb. 84 ist diese abhängig vom Druckunterschied eingezeichnet.

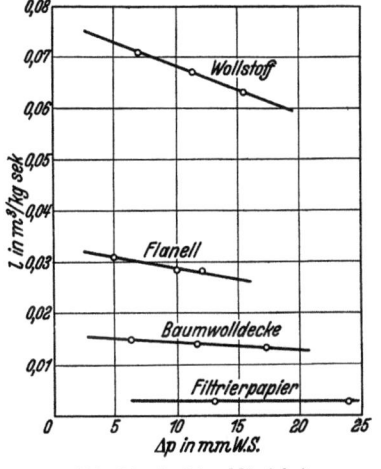

Abb. 84. Luftdurchlässigkeit.

c) Mengenmessung durch Druckabfall in Rohren.

Wie bereits oben (S. 131) erwähnt, kann der Druckabfall in Rohren zur Bestimmung von Mengen benutzt werden, welche stündlich durch ein Rohr hindurchströmen[1]. Analog zu der streng richtigen Gleichung für den Staudruck

$$p = \frac{\gamma w^2}{2g},$$

nach welcher der dynamische Druck dem Quadrat der Geschwindigkeit proportional ist, setzt man auch bei der Strömung durch ein Rohr den Druckabfall proportional dem Quadrat der Geschwindigkeit.

---

[1] Jakob, M., u. S. Erk: VDI-Forsch.-H. 267 (1924).

5. Druck und Geschwindigkeit.

Der Druckabfall ist nun proportional der reibenden Fläche, also proportional $l \cdot d$, wenn l die Länge und d den Durchmesser des Rohres bedeuten. Andererseits ist er um so geringer, je größer der Rohrquerschnitt ist. Denn nach Prandtl findet in einem durchströmten Rohre die Abnahme der Strömungsgeschwindigkeit nur innerhalb der an der Rohrwand anliegenden Grenzschicht statt. Hier ist also der Bereich des durch die Reibung bedingten Druckabfalles. Die räumliche Ausdehnung der Grenzschicht kommt bei Rohren kleinen Durchmessers stärker zur Geltung als bei großen, so daß der Druckabfall umgekehrt proportional dem Querschnitt, also d^2 gesetzt werden kann.

Es besteht demnach für den Druckabfall Δp die Beziehung

$$\Delta p = \lambda \frac{\gamma l w^2}{2 g d},$$

worin λ einen Proportionalitätsfaktor darstellt.

In Wirklichkeit trifft die gemachte Annahme, daß der Druckabfall in einem Rohr dem Quadrat der vorhandenen Geschwindigkeit proportional ist, nicht streng zu. λ ist vielmehr eine Funktion sämtlicher auf der rechten Seite der Gleichung stehender Größen, die sich einerseits auf die Abmessungen des Rohres und andererseits auf die physikalischen Konstanten des durchströmenden Mediums beziehen. Der Einfluß der letzteren kommt auch in der Geschwindigkeit w zur Geltung.

Der eingeführte Proportionalitätsfaktor λ umfaßt den Einfluß der Reibung λ_R und den der Beschleunigung λ_B. Die letztere tritt bei Gasen und Dämpfen deshalb ein, weil infolge der Drucksenkung während der Strömung eine Vergrößerung des spezifischen Volumens erfolgt und daher das Gas, um durch den gleichen Querschnitt abströmen zu können, eine Vergrößerung der Geschwindigkeit erfahren muß. Bei Flüssigkeiten tritt eine solche Beschleunigung nicht auf, weil innerhalb der Druckänderungen, die hier in Betracht kommen, ihr spezifisches Volumen unverändert bleibt.

Die erschöpfende experimentelle Bestimmung der Abhängigkeit der Größe λ von den einzelnen Veränderlichen würde außerordentlich zeitraubend sein, wobei noch zu beachten ist, daß die Materialkonstanten auch von Druck und Temperatur abhängig sind.

Eine wesentliche Erleichterung für die Klärung bietet die Anwendung des Ähnlichkeitsgesetzes, welches sich an die Differentialgleichungen der Strömung anschließt[1]. Aus ihm ergibt sich, daß λ eine Funktion der Reynoldsschen Zahl Re ist:

$$\lambda = f(Re) = f\left(\frac{w \, d \, \gamma}{g \, \eta}\right).$$

---

[1] Vgl. z. B. Handbuch der Experimentalphysik Bd. 4, 4. Teil: Strömung in Rohren von L. Schiller. Leipzig: Akademische Verlags-Ges. m. b. H. 1932.

5 c) Mengenmessung durch Druckabfall in Rohren.

Hierin bedeutet η die Zähigkeitszahl. Zur Abkürzung bezeichnet man $\dfrac{\eta g}{\gamma} = \nu$ als kinematische Zähigkeit, so daß

$$Re = \frac{w\,d}{\nu}.$$

Die aus dem Ähnlichkeitsgesetz zu ziehende Folgerung, daß λ eine Funktion der aus den Größen w, d und ν in obiger Weise aufgebauten dimensionslosen „Kenngröße" Re ist, ergibt die wichtige Tatsache, daß für alle diejenigen Werte von w, d und ν, welche den gleichen Zahlenwert von Re zur Folge haben, auch λ denselben Wert besitzt. Hat man also für ein Medium w und d gewählt und den Wert von λ experimentell bestimmt, so gilt nach dem Ähnlichkeitsgesetz der gleiche Wert von λ bei unveränderter Temperatur, also bei gleichbleibendem ν, auch für alle anderen Werte von Geschwindigkeit und Durchmesser, für welche das Produkt aus ihnen den gleichen Wert hat wie beim Versuche. Die obige Gleichung gestattet aber noch eine viel weitergehende Anwendung, indem ein für ein erstes Medium, etwa Luft, bestimmter Wert von λ auch für einen beliebigen anderen Stoff, etwa Wasser, mit dem gleichen Zahlenwerte gültig ist, wenn nur der Ausdruck $\dfrac{w\,d}{\nu}$ wiederum den gleichen Wert besitzt wie beim Versuch.

Die Form der Funktion f, welche λ mit Re verbindet, $\lambda = f(Re)$, läßt sich nur durch den Versuch feststellen, indem man λ für ein Medium für verschiedene Werte von Re bestimmt.

Die nachstehend durchzuführende Untersuchung ergibt für die gesuchte Funktion die Form

$$\lambda = c_1 Re^{c_2} = c_1 \left(\frac{w\,d}{\nu}\right)^{c_2}.$$

Setzt man diesen Wert in die obige Gleichung für Δp ein, so erhält man

$$\Delta p = \frac{\gamma\,l\,w^2}{2\,g\,d}\, c_1 \left(\frac{w\,d}{\nu}\right)^{c_2}.$$

Löst man diese Gleichung nach w auf, so sind in ihr γ und ν als physikalische Konstante des Mediums bekannt, ferner l und d durch die Dimensionen der Meßanordnung gegeben, sowie endlich c_1 und c_2 experimentell bestimmt. Die Geschwindigkeit w und der Druckabfall Δp sind also die einzigen unbekannten Veränderlichen. Es ist daher möglich, aus Δp die Geschwindigkeit w zu berechnen.

Versuchsanordnung.

Bei der Bestimmung von Geschwindigkeiten und Mengen mittels des Druckabfalles in glatten Rohren bedarf man nach obigem der Kenntnis des Widerstandsbeiwertes λ. Die Wahl des strömenden Mediums ist, wie erwähnt, gleichgültig. Die nachstehend beschriebene Versuchs-

5. Druck und Geschwindigkeit.

anordnung setzt voraus, daß die Beobachtungen mit Wasser angestellt werden.

Aus der Leitung A (Abb. 85) wird Wasser in einen 5 m hoch angebrachten Behälter B und von dort über ein Regulierventil C in ein horizontal liegendes Rohr D geleitet. Ein Überlauf in B sorgt für gleiche Höhe des Wasserspiegels. Über das Ende von D ist ein mit Quetschhahn E versehener Gummischlauch geschoben, aus dem das Wasser in ein Meßgefäß F fließt. Das Meßrohr D enthält im Abstande von 150 cm zwei Druckentnahmestellen G und H. An zwei diametral gegenüberliegenden Stellen befinden sich Bohrungen, die entsprechend der Nebenfigur durch einen aufgelöteten Ring mit den Druckmeßrohren J verbunden sind. Infolge des Druckabfalles von G bis H stellen sich die Wassersäulen in den an einem vertikalen Brett befestigten Glasröhren K in den Höhen s_1 und s_2 ein, die an einem Maßstab abgelesen werden können.

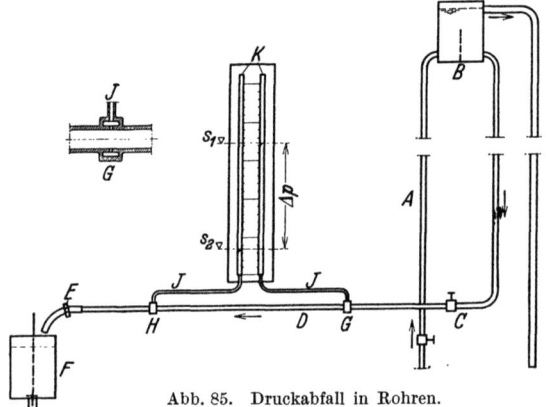

Abb. 85. Druckabfall in Rohren.

Um die kinematische Zähigkeit bestimmen zu können, muß die Wassertemperatur bekannt sein. Sie wird am Wasserausfluß mit einem Quecksilberthermometer gemessen. Zur Bestimmung des stündlich durchfließenden Wasservolumens wird an einer Stoppuhr die Zeit abgelesen, die zum Füllen des Meßgefäßes F erforderlich ist.

Zur Untersuchung stehen zwei Rohre von 0,693 cm und 1,00 cm Durchmesser zur Verfügung.

Durchführung der Versuche.

Die Eichung des Meßgefäßes F wird durchgeführt durch Bestimmung des Wassergewichtes, das zu seiner Auffüllung erforderlich ist. — Mittels des Ventiles C und des Quetschhahnes E wird eine passende Wassergeschwindigkeit eingestellt. Das ausfließende Wasser wird zunächst seitlich des Meßgefäßes abgeführt. Zu bestimmter Zeit wird es in das Meßgefäß selbst eingeleitet und gleichzeitig die Stoppuhr in Gang gebracht. Diese wird in dem Augenblick angehalten, wenn das Meßgefäß gefüllt ist. In der Zwischenzeit werden die Wasserstände s_1 und s_2 und die Wassertemperatur an der Ausflußstelle abgelesen. Mit etwa drei veränderten Wassergeschwindigkeiten wird der Versuch wiederholt.

5 c) Mengenmessung durch Druckabfall in Rohren.

Versuchsergebnisse.

Die oben abgeleitete Formel für den Druckabfall lautete

$$\Delta p = \lambda \frac{\gamma l w^2}{2gd}$$

oder

$$\lambda = \frac{2gd\Delta p}{\gamma l w^2}.$$

Die einzelnen Größen mögen in folgenden Einheiten gemessen werden:

Δp Druckabfall in g/cm² oder cm W.-S.,
γ spezifisches Gewicht in g/cm³,
l Meßstrecke in cm,
w Strömungsgeschwindigkeit in cm/sec,
g Erdbeschleunigung in cm/sec² = 981,
d Rohrdurchmesser in cm.

Die Reynoldssche Zahl ist

$$Re = \frac{wd}{\nu},$$

worin ν die kinematische Zähigkeit in cm²/sec bedeutet.

Zahlentafel 31.

Versuch Nr.	d cm	s_1 cm	s_2 cm	Δp cm W.-S.	τ sec	Temperatur °C	w cm/sec	λ	$\log \lambda$	Re	$\log Re$
1	0,693	156,4	20,4	136,0	189,2	10,8	198,9	0,0312	−1,506	10760	4,032
2		119,5	25,2	94,3	233,6	10,7	161,1	0,0330	−1,481	8680	3,939
3		83,6	13,8	69,8	278,6	10,6	135,2	0,0346	−1,461	7260	3,861
4		42,7	21,5	21,2	554,8	10,8	67,9	0,0417	−1,380	3670	3,565
5	1,00	111,6	1,1	110,5	78,4	10,6	230,0	0,0273	−1,564	17850	4,252
6		87,6	51,7	81,9	92,8	10,6	194,4	0,0284	−1,547	15080	4,178
7		67,9	14,6	53,3	118,8	10,6	151,8	0,0303	−1,519	11780	4,071
8		38,5	15,0	23,5	189,8	10,6	94,9	0,0341	−1,467	7360	3,867

In Zahlentafel 31 sind die Versuchsergebnisse eingetragen. Sie enthält in Spalte

1 die Versuchsnummer,
2 den inneren Rohrdurchmesser d,
3 und 4 die am Wassermanometer abgelesenen Höhen s_1 und s_2,
5 den Druckabfall Δp,
6 die zur Auffüllung des Meßgefäßes erforderliche Zeit τ,
7 die Wassertemperatur,
8 die Wassergeschwindigkeit w,
9 bis 12 den Widerstandsbeiwert λ und die Reynoldssche Zahl Re mit ihren Logarithmen.

Der Gang der Berechnung von λ und Re sei an dem Versuch 7 ausgeführt.

5. Druck und Geschwindigkeit.

Die Auswertung beginnt mit der Berechnung der Strömungsgeschwindigkeit w. Die dazu erforderliche Bestimmung des lichten Rohrdurchmessers geschah durch Auswägung, indem ein Rohrstück von der Länge 69,9 cm mit Wasser von Zimmertemperatur (spez. Vol. = 1) gefüllt wurde. — Das Wassergewicht betrug 55,09 g. Es bestehen daher die Beziehungen

$$55{,}09 \text{ g} \cdot 1 \text{ cm}^3/\text{g} = 55{,}09 \text{ cm}^3,$$

$$\frac{\pi d^2}{4} \cdot 69{,}9 = 55{,}09 \text{ cm}^3,$$

somit

$$d = 1{,}00 \text{ cm},$$

Querschnitt $F = \dfrac{\pi d^2}{4} = 0{,}788$ cm².

Das Meßgefäß faßte 14,2 l bzw. 14 200 cm³, so daß

$$w = \frac{14\,200}{F \cdot \tau} = \frac{14\,200}{0{,}788 \cdot 118{,}8} = 151{,}8 \text{ cm/sec},$$

Widerstandsbeiwert
$$\left\{ \begin{array}{l} \lambda = \dfrac{2 g d \Delta p}{\gamma l w^2}, \\[4pt] = \dfrac{2 \cdot 981 \cdot 1{,}00 \cdot 53{,}3}{1 \cdot 150 \cdot 151{,}8^2} = 0{,}0303, \\[4pt] \log \lambda = -1{,}519, \end{array} \right.$$

Reynoldssche Zahl
$$\left\{ \begin{array}{l} Re = \dfrac{w d}{\nu} = \dfrac{151{,}8 \cdot 1{,}00}{0{,}0129} = 11\,780, \\[4pt] \log Re = 4{,}071. \end{array} \right.$$

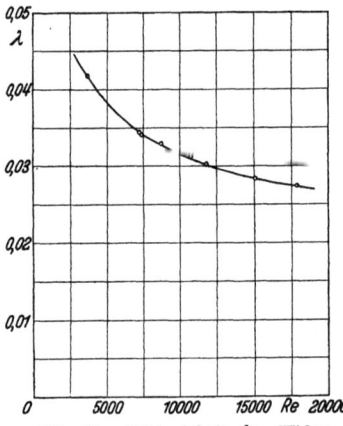

Abb. 86. Abhängigkeit des Widerstandsbeiwertes λ von der Reynoldsschen Zahl.

Die graphische Darstellung von $\lambda = f(Re)$ sei in zweifacher Weise vorgenommen in gewöhnlichen (Abb. 86) und in logarithmischen Koordinaten (Abb. 87). Letztere liefert eine gerade Linie und zeigt, daß zwischen λ und Re die Beziehung besteht

$$\log \lambda = \log c_1 + c_2 \log Re$$

oder

$$\lambda = c_1 Re^{c_2},$$

worin c_1 und c_2 Konstante sind. Ihre geometrische Bedeutung ist die folgende: $\log c_1$ (Abb. 87) ist der Abschnitt der Geraden auf der Ordinatenachse, c_2 die Neigung der Geraden. Die Bestimmung der beiden Konstanten kann folgendermaßen durchgeführt werden. Man entnimmt der Geraden die Koordinaten zweier Punkte, etwa $\log \lambda_1 = -1{,}390$, $\log Re_1 = 3{,}60$ und $\log \lambda_2 = -1{,}580$ $\log Re_2 = 4{,}30$.

5 c) Mengenmessung durch Druckabfall in Rohren.

Aus den beiden Gleichungen

$$\log \lambda_1 = \log c_1 + c_2 \log Re_1,$$
$$\log \lambda_2 = \log c_1 + c_2 \log Re_2$$

berechnen sich $c_1 = 0{,}382$ und $c_2 = -0{,}27$, so daß

$$\lambda = 0{,}382 \cdot Re^{-0{,}27} = 0{,}382 \left(\frac{w d}{\nu}\right)^{-0{,}27}.$$

Um mittels dieser experimentell gefundenen Beziehung zwischen λ und Re die gestellte Aufgabe zu lösen, nämlich die Geschwindigkeit und damit die durchströmende Menge zu bestimmen, ist, wie schon oben erwähnt, diese Beziehung einzusetzen in die Gleichung für den Druckabfall. Es ergibt sich

$$\Delta p = \frac{\gamma l w^2}{2 g d} \cdot 0{,}382 \left(\frac{w d}{\nu}\right)^{-0{,}27}.$$

Hieraus berechnet sich

$$w = 139{,}5 \, d^{0{,}734} \, \nu^{-0{,}156} \left(\frac{\Delta p}{\gamma l}\right)^{0{,}578}.$$

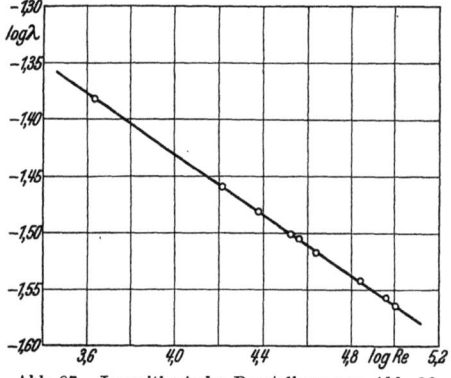

Abb. 87. Logarithmische Darstellung von Abb. 86.

Diese Gleichung gibt innerhalb des Versuchsbereiches bei der Verwendung glatter Rohre für alle Flüssigkeiten die Geschwindigkeit w aus dem Druckabfall Δp, wenn die physikalischen Konstanten ν und γ bekannt und die Abmessungen von l und d gegeben sind.

Bei der praktischen Verwertung dieser Gleichung kann man in folgender Weise vorgehen. Es sei etwa ein Rohr von der Meßlänge 150 cm und dem lichten Durchmesser von 1 cm gegeben, durch welches Wasser hindurchströmt und dessen Menge durch den Druckabfall bestimmt werden soll. In der obigen Gleichung ist dann $d = 1$, $\gamma = 1$ und $l = 150$ zu setzen. Sie geht dann über in

$$w = 7{,}71 \, \nu^{-0{,}156} \, \Delta p^{0{,}578}.$$

Unter Berücksichtigung des Rohrquerschnittes erhält man unmittelbar die sekundlich durchfließende Wassermenge Q in Liter zu

$$Q = \frac{w}{1000} \cdot \frac{\pi d^2}{4} = 0{,}00606 \, \nu^{-0{,}156} \, \Delta p^{0{,}578},$$

und bei graphischer Aufzeichnung eine Eichkurve, welche die Wassermenge aus dem Druckabfall abzulesen gestattet (Abb. 88).

Da die kinematische Zähigkeit mit der Temperatur stark veränderlich ist, so sind Kurven für mehrere Temperaturen, z. B. für 10 und 20°, aufzunehmen.

Zum Schluß mag noch daran erinnert werden, daß die Reynoldssche Zahl den Strömungszustand zu beurteilen gestattet. Kleinen Werten von Re entspricht die laminare, großen die turbulente Strömung. Bei der sog. kritischen Geschwindigkeit geht die erstere in die zweite über. Ihr entspricht für Re ein Zahlenwert zwischen 2000 und 3000. Mit der Änderung des Strömungszustandes ändert sich auch die Abhängigkeit des Druckabfalles von der Geschwindigkeit.

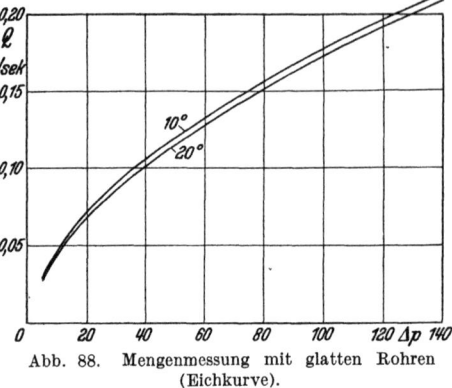

Abb. 88. Mengenmessung mit glatten Rohren (Eichkurve).

Da bei allen oben besprochenen Versuchen Re größer als 3000 war, also die Geschwindigkeit über der kritischen lag, so gilt die abgeleitete Beziehung nur für die turbulente Strömung. Die in Abb. 88 gezeichnete Eichkurve darf daher beispielsweise bei 11° nur benutzt werden bis herab zu $\Delta p = 5$ cm, entsprechend den Werten $Re = 3000$, $w = 38,4$ cm/sec und $Q = 0,03$ l/sec.

6. Schalltechnische Messungen[1].

Die Akustik galt lange Zeit als ein im wesentlichen abgeschlossenes Gebiet der Physik, das nur noch zuweilen theoretisch behandelt wurde. Aber doch ergab sich schon vor etwa 30 Jahren die Notwendigkeit der experimentellen Forschung, um die Übertragung des Schalles, und zwar sowohl des sog. ,,Luftschalles", der durch die Luft übertragen wird, als des ,,Körperschalles", der sich in festen Körpern fortpflanzt, an seiner Ausbreitung zu hindern und unliebsame Belästigungen der Nachbarschaft zu vermeiden.

Die Grundlagen hierfür enthält die umfassende Arbeit von R. Berger[2], deren praktische Verwertung freilich dadurch verzögert wurde, daß die Schallerzeugung damals auf mechanischem Wege erfolgte und auch die Schallstärkemessung nur mechanisch vorgenommen werden konnte.

In dieser Hinsicht ist erst ein wesentlicher Wandel eingetreten, seitdem infolge der raschen Entwicklung der Schwachstrom- und Hochfrequenztechnik der Schall durch elektrische Methoden sowohl erzeugt

---

[1] Bei der Abfassung dieses Abschnittes hat uns Herr Dr.-Ing. E. Wintergerst-München in dankenswerter Weise beraten.

[2] Berger, R.: Über Schalldurchlässigkeit. Diss. Techn. Hochsch. München 1911. (Neudruck vom Verlag Birkenfeld, Berlin.)

6. Schalltechnische Messungen. 145

als auch gemessen werden kann. Diese Verfahren haben gegenüber den mechanischen den Vorteil größerer Empfindlichkeit und einfacherer Handhabung. Auch sind die erforderlichen Apparate nun so einfach und leicht zu bauen, daß sie bequem transportiert werden können und daher Messungen auch außerhalb der Versuchslaboratorien ermöglichen.

Infolge des allgemeinen Interesses, welches dem Rundfunk entgegengebracht wird, sind die zu Schallmessungen erforderlichen Apparate in verschiedenen Lehrbüchern[1] so weit beschrieben worden, daß auf eine eingehende Erklärung ihrer Wirkungsweise an dieser Stelle verzichtet werden mag. Nur einiges Wesentliche sei angeführt.

1. Zur Erzeugung der zu den Messungen notwendigen Töne wird meist ein sog. „Überlagerungssummer" verwendet. Dieser besteht aus zwei Hochfrequenzsendern H_1 und H_2 (Abb. 89),

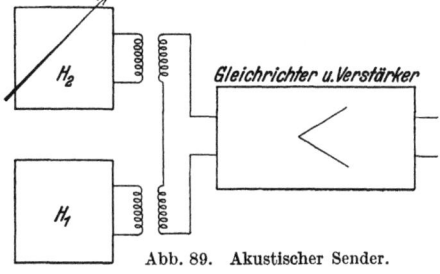

Abb. 89. Akustischer Sender.

deren einer eine feste Frequenz und deren anderer eine durch einen Drehkondensator veränderliche Frequenz liefert. Die aus beiden Sendern kommenden hochfrequenten Wechselspannungen geben, einander überlagert, niederfrequente Schwebungen, die gleichgerichtet und verstärkt werden.

Um die auf diese Weise erzeugten Wechselspannungen in Töne umzuwandeln, verwendet man hauptsächlich dynamische Lautsprecher. Das Prinzip derselben ist in Abb. 90 dargestellt. Durch eine mit Gleichstrom gespeiste Wicklung a wird in dem ringförmigen Spalt b ein möglichst starkes magnetisches Feld erzeugt. In diesem befindet sich eine passende Spule in Form eines mit Draht bewickelten Zylinders c, welchem der Wechselstrom des Summers zugeführt wird. Da die Stromrichtung stets auf der Richtung des magnetischen Feldes senkrecht steht, werden

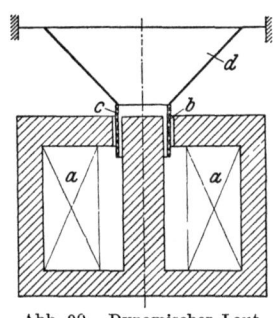

Abb. 90. Dynamischer Lautsprecher.

entsprechend dem Rhythmus der Wechselströme auf die Spule und den mit ihr fest verbundenen Konus d mechanische Kräfte ausgeübt, welche den Konus in Schwingungen versetzen und den zu untersuchenden Schall erzeugen. — Um dessen Stärke beliebig verändern zu können, ist in den Verstärker ein Spannungsteiler (Abb. 89) eingebaut, der jede gewünschte elektrische Spannung auf den Lautsprecher schalten läßt.

---

[1] Vgl. u. a. Handbuch der Experimentalphysik Bd. 18, 2. u. 3. Teil (1934). Leipzig: Akad. Verlagsges. m. b. H. — Müller-Pouillets Lehrbuch der Physik. 11. Aufl. 1929, Bd. 1, 3. Teil. Braunschweig: Fr. Vieweg & Sohn.

2. Zur Messung von Schallstärken sowie zum Vergleich zweier Schallstärken, auf den es bei fast allen Messungen der Schalltechnik ankommt, dient meist ein Mikrophon mit Verstärker und angeschlossenem Röhrenvoltmeter. Die Schallenergie wird also zur Messung wiederum in elektrische Energie rückverwandelt.

Als Mikrophone kommen nur solche Konstruktionen in Betracht, deren Empfindlichkeit sich durch Erschütterungen und andere Einflüsse nicht ändert; solche werden von der Industrie z. B. in Form von Reißmikrophonen, Kondensator- oder Bändchenmikrophonen geliefert. Als Verstärker ist jeder normale Niederfrequenzverstärker brauchbar, wobei im allgemeinen zwei bis vier hintereinander geschaltete Röhren verwendet werden. Der Verstärker soll alle Frequenzen möglichst gleichmäßig verstärken; bei den meist üblichen widerstandsgekoppelten Verstärkern läßt sich die erwünschte Frequenzunabhängigkeit durch geeignete Wahl der Kopplungselemente leicht erreichen.

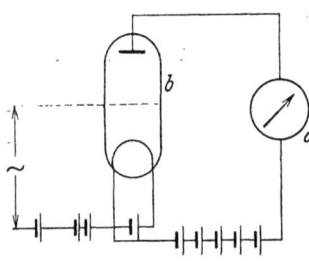
Abb. 91. Röhrenvoltmeter.

Zur Messung der aus dem Verstärker kommenden Wechselströme dient ein „Röhrenvoltmeter" a (Abb. 91). Bei diesem wird der Anodenstrom der letzten Röhre b des Verstärkers durch ein Gleichstrominstrument geleitet. Die negative Gittervorspannung wird so gewählt, daß ohne Anschaltung der Wechselspannung nur ein ganz geringer Anodenstrom fließt. Bei Anschaltung der Wechselspannung wird dann gewissermaßen nur die eine Halbwelle durch die Röhre hindurchgelassen; diese wirkt also als Gleichrichter. — Es gibt noch verschiedene andere Schaltungen für Röhrenvoltmeter, auf die aber hier nicht näher eingegangen werden soll.

Die aus dem Mikrophon kommenden Wechselströme werden, bevor sie zum Verstärker gelangen, durch einen geeichten Spannungsteiler geleitet. Dieser ist so eingerichtet, daß die abzugreifende Spannung sich beim Fortschreiten um eine Stufe stets im gleichen Verhältnis vermindert. Die Stufen tragen die Nummern 13 bis 1, so daß der größten Spannung die höchste Ziffer entspricht. Die abgegriffenen Teilwiderstände mögen sich z. B. wie 8000 zu 4000, zu 2000 usw. verhalten. Die zugehörigen Spannungen stehen dann in dem Verhältnis 1 zu $^1/_2$, zu $^1/_4$ usw. Sie vermindern sich also fortschreitend von 2^{13} bis 2^1 je auf die Hälfte. — Der Spannungsteiler hat den Zweck, die am Röhrenvoltmeter zur Wirkung kommende Spannung in denjenigen mittleren Grenzen zu halten, in denen der Ausschlag des Voltmeters proportional der Spannung und damit der Druckamplitude des auftreffenden Schalles ist. Hierdurch erübrigt sich die Benutzung einer Eichkurve des Röhrenvoltmeters.

Für den gleichen Zweck, nämlich die Verminderung der auf einen Verstärker treffenden Spannung, verwendet man mit Vorteil häufig eine kompliziertere Schaltung aus Widerständen, ein sog. Dämpfungsglied, welches gegenüber einem einfachen Spannungsteiler gewisse Vorteile aufweist und hauptsächlich bei Bestimmung der Schalldurchlässigkeit von Wänden verwendet wird.

Bei Messungen von Schallstärken, die mit dem erwähnten Summer erzeugt werden, können dadurch Fehler unterlaufen, daß in dem Beobachtungsraum bestimmte Stellen vorhanden sind, in denen durch Interferenzen des erzeugten Schalles Maxima und Minima der Schallstärke auftreten. Diese Störung kann dadurch verhindert werden, daß man nicht Töne konstanter Frequenz erzeugt, sondern sog. „Heultöne", bei denen die Tonhöhe regelmäßig zwischen zwei Grenzen schwankt. Sie können durch eine einfache Zusatzeinrichtung erzeugt werden, die am obenerwähnten Überlagerungssummer angebracht wird. Zu dem veränderlichen Kondensator des einen Hochfrequenzkreises H_2 (Abb. 89) wird dann ein nur teilweise belegter rotierender Kondensator parallelgeschaltet, dessen Kapazität durch Veränderung des Plattenabstandes einstellbar ist. — Die Wechselzahl der Tonhöhenschwankungen kann durch Veränderung der Umdrehungszahl des Kondensators, der sog. „Heulbereich", d. h. die obere und untere Grenze, zwischen denen die Tonhöhe schwankt, durch Veränderung der Kapazität eingestellt werden.

Der am Röhrenvoltmeter abgelesene Ausschlag ist unmittelbar ein Maß für die Druckamplitude des auf das Mikrophon auftreffenden, zu messenden Schalles. Das Quadrat der Druckamplitude ist dann bekanntlich proportional der in der Volumeneinheit der Luft enthaltenen Schallenergie, also der Schalldichte oder Schallstärke. Somit läßt sich der elektrisch erzeugte Schall auch elektrisch messen.

3. Zur Messung der Lautstärke L, d. h. der Stärke der Schallempfindung, hat man einen Lautstärkemaßstab eingeführt, dessen Einheit „Phon" genannt wird.

Die Definition der letzteren gründet sich auf das Weber-Fechnersche Gesetz. Nach diesem entspricht ein gerade mit dem Ohr noch erkennbarer Unterschied ΔL der Lautstärke L nicht einem bestimmten Wert ΔE der Änderung der Schallstärke E, sondern nur einem Bruchteil $\Delta E/E$ der letzteren. Es besteht daher die Beziehung

$$\Delta L = c \cdot \Delta E/E.$$

Die Integration dieser Gleichung ergibt für die Differenz der Lautstärken L_1 und L_2, mit welchen die Schallstärken E_1 und E_2 empfunden werden,

$$L_1 - L_2 = c \ln(E_1 E/_2).$$

6. Schalltechnische Messungen.

Bei Zunahme der Schallstärke in geometrischer Reihe nimmt also die Lautstärke in arithmetischer Reihe zu.

Experimentell ist festgestellt, daß bei verschiedenen Lautstärken und Frequenzen im Mittel eine Veränderung der Schallstärke um 26% gerade noch mit dem Ohr empfunden werden kann. Diese Veränderung soll als 1 Phon bezeichnet werden.

Die Konstante c der obigen Gleichung berechnet sich dann folgendermaßen; es ist

$$c = \frac{L_1 - L_2}{\ln(E_1/E_2)}.$$

Wenn nun $E_1/E_2 = \frac{1,26}{1}$ ist, soll der Definition gemäß $L_1 - L_2$ gleich 1 Phon sein. Es ist also

$$c = \frac{1}{\ln 1,26} = 4,35,$$

und demnach

$$L_1 - L_2 = 4,35 \ln(E_1/E_2),$$

oder

$$= 10 \cdot \log(E_1/E_2).$$

Verstärkt man nacheinander die Schallstärke E jeweils auf den zehnfachen Betrag, so nimmt die vom Ohr empfundene Lautstärke L jeweils um 10 log 10, also um 10 Phon zu.

Um ein Urteil über die Größe der als Phon definierten Lautstärke zu ermöglichen, seien beispielsweise einige Geräusche in ihrer Lautstärke in Phon zusammengestellt.

Lautstärke verschiedener Geräusche.

Musikalische Begriffe		Phon	Geräuschquellen (annähernde Vergleichsbegriffe)
pppp	} pianissimo	5	Gedämpft, etwa Ticken einer Standuhr,
ppp		15	Büroräume ohne Maschinenbetrieb,
pp		20	Flüstern,
p	piano	25—35	Mittlere Geräusche in Wohnungen, Fabrikhof,
mf	mezzoforte	40—50	Geräusche in Geschäftsräumen, Schreibmaschine, Schlagen einer Standuhr,
f	forte	55—65	Mechanische Werkstatt, Staubsauger, mittlerer Straßenlärm,
ff	} fortissimo	70	Webesäle, Hobelmaschinen vom Nachbarraum aus,
fff		80	Untergrundbahn, sehr laute Rundfunkmusik,
ffff		90	Kreissäge, Schiffssirenen am Hafen,
		100	Nietlärm,
Schmerzempfindung		120	Kesselschmiede.

In der technischen Akustik wird die Lautstärkeeinheit teils dazu benutzt, Lautstärken an sich zu bestimmen, teils deren Verminderung zu messen, falls z. B. ein lästiger Lärm durch gewisse Maßnahmen verringert worden ist. — Wenn etwa ein Geräusch von $L_1 = 60$ Phon durch eine Mauer hindurch nur noch mit $L_2 = 20$ Phon gehört wird, so bedeutet dies entsprechend obiger Zusammenstellung, daß z. B. vom Beobachter der Lärm einer mechanischen Werkstätte im Nebenraum nur mit der Lautstärke des Flüsterns empfunden wird.

a) Luftschalldurchlässigkeit von Wänden.

Sei eine unendlich ausgedehnte Wand in freier Luft aufgestellt. Von einer Schallquelle, etwa einem Lautsprecher, treffe auf die eine Seite der Wand in 1 Sekunde die Schalleistung J_1, während von der anderen Seite die Schalleistung J_2 abgestrahlt werden möge. — Alsdann definiert man, anschließend an das oben (S. 147) abgeleitete Weber-Fechnersche Gesetz und das als Einheit der vom Ohr empfundenen Lautstärke eingeführte Phon, als „Isolation der Wand" die Größe

$$i = 10 \log (J_1/J_2).$$

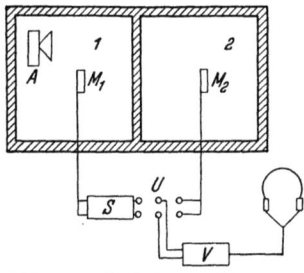

Da sich der Schall in der freien Luft ungestört ausbreitet, so ist die an einer Stelle wirksame Schalleistung J proportional der dort vorhandenen Schalldichte oder Schallstärke E. Man erkennt also aus der Definitionsgleichung der Isolation i, daß diese Größe in der gleichen Einheit gemessen wird wie die Lautstärke L, also in Phon. Die gestellte Aufgabe besteht

Abb. 92. Luftschalldurchlässigkeit von Wänden (Versuchsanordnung).

demnach in der Bestimmung der Isolation i einer Wand in Phon.

Befinde sich in dem Raum *1* (Abb. 92) ein Lautsprecher A und ein Mikrophon M_1, in dem Raum *2*, der von dem ersten durch die zu untersuchende Wand getrennt ist, ein Mikrophon M_2. — Bei Laboratoriumsversuchen bildet die Versuchsfläche meist nur einen Teil einer ganzen Wand, welcher jedoch nicht kleiner als 2×2 m² sein soll. Der übrige Teil der Wand muß dann so stark ausgeführt sein, daß praktisch kein Schall durch ihn hindurchgeht.

Sei J_1 die Schalleistung, welche im Raum *1*, von dem Lautsprecher ausgehend, auf die Vorderseite der Versuchsfläche von F m² in 1 Sekunde auftrifft, und J_2 die Leistung, welche die Rückseite von F in den Raum *2* abgibt. Bei der Bestimmung von i mittels der Mikrophone M_1 und M_2 ist zu beachten, daß diese Geräte, die doch als Druckamplitudenmesser funktionieren, nicht nur von J_1 und J_2 zu Schwingungen angeregt werden, sondern auch von all den Schallenergien, die in den verschiedensten Richtungen von den Wänden der Räume *1* bzw. *2* nach dem Mikrophon M_1 bzw. M_2 reflektiert werden. Für die Ausschläge der letzteren sind also nicht J_1 und J_2 maßgebend, sondern die Energiedichten E_1 und E_2, welche sich in den Räumen *1* und *2* ausbilden. Somit müssen vorerst die Beziehungen zwischen J_1 und E_1 sowie J_2 und E_2 abgeleitet werden[1].

Wenn w die Schallgeschwindigkeit bezeichnet, so gilt für J_1 die Gleichung
$$J_1 = \tfrac{1}{4} E_1 w F.$$

Die im Raum 2 durch die Wirkung von J_2 erzeugte Schalldichte E_2 ist wesentlich bedingt durch die Ausstattung des Raumes 2, je nachdem er leer ist und seine Wände wenig absorbieren, oder ob er viele schalldämpfende Gegenstände enthält und seine Wände mit stark absorbierenden Stoffen bedeckt sind. Zwischen J_2 und E_2 besteht dann die Beziehung
$$E_2 = \frac{4 J_2}{w \sum (a_2 F_2)}$$
oder
$$J_2 = \tfrac{1}{4} E_2 w \sum (a_2 F_2).$$

Hierin ist die Summe $\sum$ über alle im Raum 2 vorhandenen absorbierenden Flächen F_2 (der Wände und im Raum 2 vorhandenen Gegenstände) auszudehnen; a_2 bezeichnet die Absorptionszahl, d. h. den Bruchteil der auf sie treffenden Schallenergie, welcher von ihnen nicht zurückgeworfen wird.

Setzt man die Werte von J_1 und J_2 in die Gleichung für i ein, so ergibt sich für die zu bestimmende Schallisolation i der Wand der Ausdruck
$$i = 10 \log \frac{E_1 F}{E_2 \sum (a_2 F_2)}$$
oder
$$i = 10 \log (E_1/E_2) + 10 \log \frac{F}{\sum (a_2 F_2)}.$$

Versuchsanordnung.

Eine für die Bestimmung der Luftschalldurchlässigkeit von Wänden geeignete Versuchsanordnung ist in Abb. 92 dargestellt. In dem Raum 1 befindet sich ein Lautsprecher A und ein Mikrophon M_1, in dem Raum 2 das Mikrophon M_2. — Der Lautsprecher sendet aus den oben (S. 147) angegebenen Gründen Heultöne aus. Er kann entweder aus einem Heultongenerator gespeist werden oder aus im Handel erhältlichen Heultonplatten mit elektrischem Tonabnehmer und Verstärker.

Mittels des Umschalters U kann wahlweise das Mikrophon M_1, dem ein Dämpfungsglied S vorgeschaltet ist, oder das Mikrophon M_2 auf den Verstärker V geschaltet werden. An diesen ist ein Kopfhörer oder auch ein Röhrenvoltmeter angeschlossen. Bei der Durchführung der Messung verändert man nun unter ständigem Umschalten mittels des

---

[1] Vgl. z. B. E. Meyer: S.-B. preuß. Akad. Wiss., Physik.-math. Kl. 9 (1931) S. 166.

Umschalters U die Stellung des Dämpfungsgliedes S so lange, bis man am Kopfhörer den Ton über beide Mikrophone gleich laut hört oder man im Röhrenvoltmeter den gleichen Ausschlag erhält. Die Schwächung durch das Dämpfungsglied ist dann ebenso groß wie die Schwächung des aus dem Raum *1* durch die Wand hindurch auf das Mikrophon M_2 auftreffenden Schalles. Ist das Dämpfungsglied in leicht ausführbarer Weise in Phon geeicht, so kann man an ihm den Wert von $10 \log (E_1/E_2)$ unmittelbar ablesen. Durch Ausmessen der Flächen F und F_2 sowie unter Verwendung der aus der vorhandenen Literatur zu entnehmenden Werte der Absorptionszahlen a_2 kann man dann nach obiger Formel die Isolation i der Wand berechnen.

Versuchsergebnisse.

Bei der Messung besaß der Raum *2* eine Bodenfläche von $6{,}6 \times 7{,}7$ m² und eine Höhe von 3,6 m. Der Boden war mit Linoleum belegt, die Wandoberflächen bestanden aus gewöhnlichem Putz. Alle schallabsorbierenden Gegenstände waren zur Vereinfachung der Verhältnisse aus dem Raum entfernt worden. Die Absorption für Linoleum beträgt 0,03, die für Putz 0,025.

Die Bodenfläche ergibt sich zu $6{,}6 \times 7{,}7 = 51$ m², die Fläche der Decke und der Wände zu $51 + 2(6{,}6+7{,}7) \cdot 3{,}6 = 51 + 103 = 154$ m². Die Fläche der Prüfwand, einer einen Stein starken, doppelseitig verputzten Ziegelwand, war $6{,}6 \times 3{,}6 = 23{,}8$ m².

Unter diesen Voraussetzungen ergibt sich

$$\sum a_2 F_2 = 0{,}030 \cdot 51 + 0{,}025 \cdot 154 = 5{,}38,$$

und damit

$$10 \cdot \log \frac{F}{\sum (a_2 F_2)} = 10 \log \frac{23{,}8}{5{,}38} = 6{,}5.$$

An dem Dämpfungsglied wurden 47 Phon abgelesen; die Schallisolation der Wand ist demnach

$$i = 47 + 6{,}5 = 54 \text{ Phon}.$$

Es mag noch hinzugefügt werden, daß der Schalldurchgang durch luftundurchlässige homogene Wände hauptsächlich durch Biegungsschwingungen der Wände erfolgt, die vergleichsweise Membranschwingungen ausführen. Die Wirkung von Longitudinalschwingungen tritt — wie sich theoretisch beweisen läßt[1] — zurück, solange die Wanddicke kleiner ist als die Viertelwellenlänge des Schalles in ihr. In diesem Fall, der praktisch fast allein auftritt, ist die Schallübertragung durch eine homogene Wand nur von ihrem Gewicht für 1 m² Fläche abhängig;

---

[1] Berger, R.: a. a. O. — Wintergerst, E.: Schalltechn. Bd. 4 (1931) S. 85 und Bd. 5 (1932) S.1.

sie nimmt mit zunehmendem Gewicht ab, was auch experimentell mehrfach bestätigt worden ist.

Bei zusammengesetzten Wänden, welche aus Schichten von verschiedenem Gewicht und verschiedener Elastizität bestehen, wie etwa Doppelwände mit Luftzwischenraum oder Korkeinlage, ist die Schallisolation stets größer als bei einfachen Wänden gleichen Gesamtgewichtes. Dies rührt davon her, daß die Schwingungen der harten Schichten durch die sie berührenden nachgiebigen Schichten gedämpft werden.

b) Schalldurchgang durch kleine Öffnungen.

Im vorhergehenden Abschnitt war bei der Behandlung der Schalldurchlässigkeit von Mauern vorausgesetzt worden, daß diese keine Öffnung besitzen. Eine Untersuchung des Schalldurchganges durch letztere ist deshalb von praktischer Bedeutung, weil bei der Schallübertragung von einem Raum in einen benachbarten der Schalldurchgang durch kleine Öffnungen, wie schlecht schließende Türen oder Fenster, in keineswegs zu vernachlässigender Weise in Betracht kommt.

Bei der Bestimmung der Durchlässigkeit einer Öffnung bietet sich im Vergleich etwa zur Schalldurchlässigkeit einer Mauer die folgende Schwierigkeit. Bei letzterer war die Schalldurchlässigkeit durch die sog. „Schallisolation" beschrieben, welche sich aus dem Verhältnis der auf die Flächeneinheit einer Mauer auftreffenden Schallenergie zur hindurchgehenden berechnen läßt. Bei dem Durchgang durch Öffnungen treten jedoch Beugungserscheinungen ein, infolge deren ein Energiebetrag hindurchtritt, welcher im allgemeinen nicht der Größe der Öffnung proportional ist. Diese läßt verhältnismäßig mehr hindurch, und zwar ist der Mehrbetrag abhängig von der Frequenz des auftreffenden Schalles und von der Form der Öffnung.

Diesen Verhältnissen kann man dadurch Rechnung tragen, daß man statt der tatsächlichen Fläche der Öffnung F eine sog. wirksame Fläche F_w einführt, welche an Stelle der wirklichen Öffnung gesetzt werden kann und den gleichen Betrag hindurchließe, wenn keine Beugung vorhanden wäre. Das Verhältnis $q = F_w/F$ charakterisiert dann in eindeutiger Weise den Schalldurchgang durch die Öffnung und läßt sich in folgender Weise bestimmen.

In einem Kanal A (Abb. 93) pflanze sich ein Schall von der Stärke E_0 fort und treffe auf eine den Querschnitt F_0 des Rohres ausfüllende Scheibe B. Diese enthalte eine Öffnung von der Größe F, deren Abmessung klein sei im Vergleich zur Wellenlänge des Schalles. An der Oberfläche der Scheibe wird der größte Teil der Schallenergie reflektiert, ein geringer Bruchteil geht durch die Öffnung hindurch. Vor der Scheibe entsteht ein Druckmaximum der sich ausbildenden stehenden Wellen mit der doppelten Druckamplitude wie ohne die Scheibe. Da die Energie

6 b) Schalldurchgang durch kleine Öffnungen.

dem Quadrat der Druckamplitude proportional ist, besitzt also die Energiedichte an der Oberfläche der Scheibe den vierfachen Betrag von E_0, so daß
$$E_1 = 4 E_0.$$

Gemäß der obigen Definition der wirksamen Fläche F_w gilt die Gleichung
$$F_w E_0 = F_0 E_2;$$
sie besagt, daß die Schallenergie E_2, welche hinter der kleinen Öffnung den Rohrquerschnitt füllt, gleich ist derjenigen Energie, welche vor der Scheibe in einem gedachten Luftzylinder vom Querschnitt F_w enthalten war. Durch die Verbindung der beiden Gleichungen ergibt sich
$$F_w = 4 F_0 \frac{E_2}{E_1}.$$

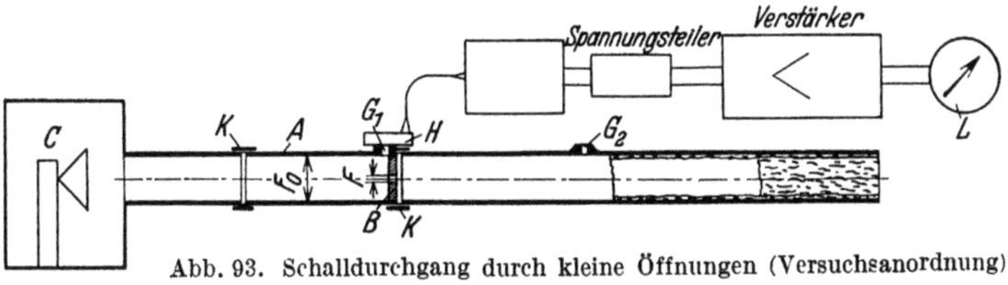

Abb. 93. Schalldurchgang durch kleine Öffnungen (Versuchsanordnung).

Bezeichnet man mit p_1 und p_2 die Druckamplitude des Schalles vor und hinter der Öffnung, so ist
$$E_2/E_1 = (p_2/p_1)^2,$$
und daher
$$q = \frac{F_w}{F} = 4 \frac{F_0}{F} \left(\frac{p_2}{p_1}\right)^2.$$

Bestimmt man die Druckamplituden mit einem Kondensatormikrophon in der oben (S. 146) beschriebenen Verbindung mit Spannungsteiler, Verstärker und Röhrenvoltmeter, so ist, wie erwähnt, das Verhältnis der Druckamplitude p_1/p_2 vor der Scheibe zu der hinter der Scheibe gleich dem Verhältnis der am Röhrenvoltmeter gemessenen Spannungen. Seien V_1 und V_2 die Ablesungen am Voltmeter, n_1 und n_2 die Stufenziffern des Spannungsteilers, in welchem das Fortschreiten um eine Stufe je eine Verdoppelung der dem Verstärker zugeleiteten Spannung ergibt, so entspricht das Verhältnis der Ablesungen V_1/V_2 in Wirklichkeit dem Verhältnis der vom Mikrophon dem Voltmeter zugeführten Spannungen
$$\frac{V_1}{2^{n_1}} : \frac{V_2}{2^{n_2}}.$$

Das Verhältnis der Druckamplituden ist demnach gegeben durch den Ausdruck
$$\frac{p_1}{p_2} = \frac{V_1}{V_2 \, 2^{(n_1 - n_2)}},$$
und daher
$$q = \frac{F_w}{F} = 4 \frac{F_0}{F} \left[\frac{V_2 \, 2^{(n_1 - n_2)}}{V_1}\right]^2.$$

Versuchsanordnung.

Die Versuchsanordnung[1] ist in Abb. 93 dargestellt. Sie besteht aus einem Messingrohr A, an dessen einem Ende ein Lautsprecher C angebracht ist. Dieser wird mittels eines Überlagerungssummers mit reinen Tönen oder Heultönen erregt. Damit ein allzu großer Lärm im Beobachtungsraum vermieden wird, ist der Lautsprecher in ein Gehäuse eingeschlossen. Zur Messung der Schallstärke im Rohr dienen Stutzen G_1 und G_2, auf die ein als Druckempfänger wirkendes Kondensatormikrophon H aufgesetzt ist. Mit diesem wird die Schallstärke vor der Scheibe B, welche die zu untersuchende Öffnung enthält, und hinter ihr gemessen. Die nicht benutzte Öffnung G_1 oder G_2 wird jeweils verschlossen. Die Ausbildung stehender Wellen hinter der Scheibe, welche die Messungen fälschen würde, vermeidet man dadurch, daß man hinter der Meßstelle G_2 das Rohr innen mit einem geeigneten Stoff (z. B. Molton) belegt und außerdem das letzte Stück des Rohres mit Watte ausfüllt. Dadurch erreicht man eine ausreichende Absorption des durch die Öffnung gegangenen Schalles und die Vermeidung stehender Wellen.

Das Rohr ist, um die unmittelbare Schallübertragung in der Rohrwand selbst zu verhindern, in Stücke geteilt, die mittels übergeschobener Gummiringe K miteinander verbunden werden. Die erste Meßstelle G_1 befindet sich unmittelbar vor der Scheibe B, also praktisch stets im Druckmaximum der stehenden Wellen, die sich vor der Scheibe ausbilden; die zweite Meßstelle G_2 liegt hinter der Scheibe.

Durchführung der Versuche.

Die Scheibe B mit der zu untersuchenden Öffnung wird mit Plastilin in das Rohr A so eingekittet, daß ihre Vorderfläche an der Öffnung des Stutzens G_1 liegt. Das Mikrophon wird mit Hilfe eines Gummibandes erst auf den Stutzen G_1 und dann auf den Stutzen G_2 aufgesetzt. Zur Feststellung der Frequenzabhängigkeit der Schalldurchlässigkeit der Öffnung wird die Frequenz des Überlagerungssummers von etwa 100 bis 2000 Hertz verändert.

Abgelesen werden die Ausschläge V_1 und V_2 am Röhrenvoltmeter L bei Messung an den Stellen G_1 und G_2, ferner die Stellungen n_1 und n_2 des Spannungsteilers und die Frequenz f. Der Spannungsteiler wird, wie schon erwähnt, jeweils so eingestellt, daß der Ausschlag des Röhrenvoltmeters in dessen Meßbereich fällt. — Die Verwendung des Spannungsteilers ist deshalb erforderlich, weil die Unterschiede der Druckamplituden vor und hinter der Scheibe unter Umständen sehr groß sind, z. B. zwei bis drei Zehnerpotenzen umfassen, und deshalb der im einen Fall passende Ausschlag einen viel zu großen oder viel zu kleinen Aus-

---

[1] Wintergerst, E., u. W. Knecht: Z. VDI Bd. 76 (1932) S. 777.

6 b) Schalldurchgang durch kleine Öffnungen.

schlag im anderen Fall ergäbe. Ist z. B. das Verhältnis der Druckamplituden vor und hinter der Scheibe 50:1, so wird man nach Ablesung des größeren Wertes mit Hilfe des Spannungsteilers zur Ablesung des kleineren Wertes die wirksame Spannung am Röhrenvoltmeter steigern müssen. Da der Spannungsteiler in Stufen geteilt ist, welche um den Faktor 2 fortschreiten, so wird man den Spannungsteiler entweder um fünf Stufen, d. h. um den Faktor 32, oder um sechs Stufen, d. h. um den Faktor 64 verändern.

Versuchsergebnisse.

Es wurden vier Versuchsreihen durchgeführt. Das Rohr hatte bei allen Versuchen 10 cm lichten Durchmesser, also einen Querschnitt von $F_0 = 78{,}5$ cm².

1. Die Öffnung in der Scheibe hatte 0,6 cm Durchmesser, also die Fläche $F = 0{,}283$ cm². Die Abhängigkeit von q von der Frequenz f (Hertz) ergibt sich aus den in Zahlentafel 32 eingetragenen Beobachtungen, die ohne Erläuterung verständlich sind. In Abb. 94 sind die Versuchsresultate graphisch aufgetragen.

Zahlentafel 32.

f	V_1	n_1	V_2	n_2	q
150	61	2	59	4	65
370	58	2	76	5	29,8
590	49	2	48,5	5	17,2
1200	72	3	41,5	6	5,8
1800	43	3	68	8	2,7

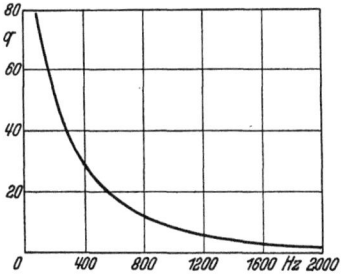

Abb. 94. Schalldurchgang durch eine kleine runde Öffnung abhängig von der Frequenz.

Die Schalldurchlässigkeit, die durch q charakterisiert wird, nimmt mit zunehmender Frequenz rasch ab.

2. Eine zweite Beobachtungsreihe wurde bei der Frequenz von 800 Hertz durchgeführt, welche einer Wellenlänge von etwa 40 cm entspricht. Der Durchmesser D der Öffnung wurde verändert und das Verhältnis der hindurchgegangenen Energie E_2 zur auftreffenden E_1 berechnet:

$$\frac{E_2}{E_1} = \left[\frac{V_2 \cdot 2^{(n_1 - n_2)}}{V_1}\right]^2.$$

Die in der vorletzten Spalte der Zahlentafel 33 eingetragenen

Zahlentafel 33.

D (cm)	V_1	n_1	V_2	n_2	E_2/E_1	q
0,3	65	2	54	6	$2{,}72 \cdot 10^{-3}$	12
0,6	52	2	86	6	$10{,}8 \cdot 10^{-3}$	12
0,9	57	2	71	5	$24{,}4 \cdot 10^{-3}$	12

Werte von E_2/E_1 zeigen, daß für hinreichend kleine Kreisöffnungen die durchtretende Schallenergie proportional der Fläche der Öffnung wächst. Die Werte von q sind, wie die letzte Spalte zeigt, vom Durchmesser unabhängig.

3. Bei der Frequenz von 800 Hertz wurde die Abhängigkeit der Durchlässigkeit von der Zahl der Öffnungen untersucht. Eine, zwei und drei Öffnungen von 0,9 cm Durchmesser mit 4 cm Mittenabstand ergaben die in Zahlentafel 34 eingetragenen Resultate.

Zahlentafel 34.

Zahl der Öffnungen	V_1	n_1	V_2	n_2	E_2/E_1
1	57	2	71	5	0,0244
2	60	3	73	5	0,094
3	58	3	54	4	0,216

Die Zahlen der letzten Spalte zeigen, daß bei mehreren Kreisöffnungen die durchtretende Schallenergie ungefähr proportional dem Quadrat der Lochzahl zunimmt. Infolgedessen ist die Schalldurchlässigkeit mehrerer kleiner Öffnungen größer als die einer einzigen Öffnung gleicher Gesamtfläche.

4. Eine vierte Versuchsreihe bei der Frequenz von 800 Hertz sollte die Schalldurchlässigkeit von Schlitzen feststellen, wie sie bei Türen und Fenstern auftreten. Die Schlitze waren in 1 mm dicke Messingbleche eingeschnitten. Die Ergebnisse sind in Zahlentafel 35 zusammengestellt.

Zahlentafel 35.

Form der Öffnung	V_1	n_1	V_2	n_2	q
Kreis 0,5 cm Durchmesser .	59	3	82	7	12
Rechteck 0,17×3,9 cm² . . .	51	3	52	5	31
„ 0,08×3,9 „ . . .	62	2	54	4	48
„ 0,1 ×7,1 „ . . .	67	3	51	4	64

Sie enthält in der ersten Spalte Form und Abmessungen der Öffnungen, in den vier folgenden die Werte von V_1, n_1 und V_2, n_2, in der letzten Spalte die Werte von q. Da nach Versuchsreihe 2, wie dort erwähnt, der Wert von q von der Größe der Kreisfläche unabhängig ist, so würden die den drei Rechtecken flächengleichen Kreise bei 800 Hertz denselben Wert $q = 12$ ergeben müssen wie die Kreisöffnung vom Durchmesser 0,5 cm. Die in der letzten Spalte angeführten Werte von q beweisen jedoch, daß die Schalldurchlässigkeit eines Schlitzes im Verhältnis zu der eines flächengleichen Kreises um so größer ist, je mehr die Form des Schlitzes von der eines Kreises abweicht; sie ist also besonders groß bei schmalen Schlitzen.

c) Nachhalldämpfung (Absorptionszahl von Stoffen).

Die Eignung von Räumen für Vorträge und musikalische Aufführungen hängt wesentlich von der Nachhalldauer ab, die dem Raum durch die Oberflächenbeschaffenheit seiner Wände gegeben wird. Die günstigste Nachhalldauer ist verschieden je nach der Verwendung des Raumes. Für musikalische Aufführungen darf sie verhältnismäßig lang

6 c) Nachhalldämpfung (Absorptionszahl von Stoffen).

sein, weil dadurch der Klang voller erscheint; kürzer muß sie sein für Vorträge, damit die einzelnen Silben der Sprache klar getrennt zu hören sind, am kürzesten für Tonfilmvorführungen.

Die Nachhalldauer hängt ab von der Fähigkeit der Begrenzungsflächen oder Einrichtungsgegenstände, den auftreffenden Schall zu absorbieren. Man bringt neuerdings schon von vornherein, wenn die aus dem Entwurf berechenbare Nachhalldauer zu groß wäre, schallabsorbierende Beläge an den Wänden oder an der Decke an, deren Absorptionsvermögen zur richtigen Vorausberechnung bekannt sein muß. Es kann in der nachstehend beschriebenen Weise bestimmt werden.

Denkt man sich Schallwellen mit einer Druckamplitude A_1 auf eine Platte auftreffend und mit einer Druckamplitude A_2 reflektiert, so ist das Verhältnis der ankommenden Energie zur reflektierten Energie $\left(\frac{A_1}{A_2}\right)^2$. Man versteht dann unter der Absorptionszahl a den Ausdruck

$$a = 1 - \left(\frac{A_2}{A_1}\right)^2.$$

Die Absorptionszahl gibt also an, welcher Bruchteil einer auffallenden Schallenergie vernichtet, d. h. nicht mehr zurückgeworfen wird.

Durch die Reflexion an der Platte treten nun vor ihr stehende Wellen auf. Die Druckmaxima derselben sind gleich der Summe $p_1 = (A_1 + A_2)$ der Druckamplituden der auftreffenden und reflektierten Welle, die Minima gleich ihrer Differenz $p_2 = (A_1 - A_2)$, so daß $A_1 = \frac{1}{2}(p_1 + p_2)$; $A_2 = \frac{1}{2}(p_1 - p_2)$.

Hat man demnach durch eine geeignete Versuchsanordnung p_1 und p_2 gemessen, so berechnet sich die Absorptionszahl a nach der Formel

$$a = 1 - \left(\frac{p_1 - p_2}{p_1 + p_2}\right)^2.$$

Anordnung und Durchführung der Versuche.

Zur Erzeugung und Messung des Schalles werden wiederum die auf S. 145 beschriebenen elektro-akustischen Apparate benutzt. Die eigentliche Versuchseinrichtung ist in Abb. 95 dargestellt[1]. In einem glatten Messingrohr A von etwa 10 cm Durchmesser ist unten der zu untersuchende Stoff B als Scheibe eingelegt. Der in einem Kasten angeordnete Lautsprecher C wird durch einen Überlagerungssummer mit reinen, sinusförmigen Tönen erregt. Die durch die Öffnung der Blende D in das Rohr dringenden Töne werden zu einem

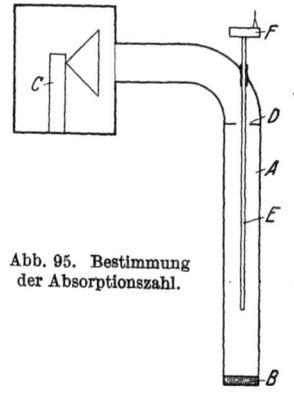

Abb. 95. Bestimmung der Absorptionszahl.

[1] Wintergerst, E., u. H. Klupp: Z. VDI Bd. 77 (1933) S. 91. — Wintergerst: Schalltechn. Bd. 6 (1933) S. 5.

gewissen Teil an B reflektiert, so daß sich in dem Rohr stehende Wellen ausbilden. Die Maxima und Minima der Druckamplitude p_1 und p_2 dieser stehenden Wellen, aus denen sich in der obenbeschriebenen Weise die Absorptionszahl a berechnen läßt, werden mit Hilfe der Sonde E, die in der Achse des Rohres verschoben werden kann, aufgesucht und gemessen. Dazu ist am oberen Ende des Röhrchens E ein Mikrophon F angebracht, welches über einen geeichten Spannungsteiler auf einen Verstärker mit Röhrenvoltmeter arbeitet und so die Druckamplitude an der unteren Öffnung des Röhrchens zu messen gestattet. Der Spannungsteiler muß dabei gemäß dem auf S. 146 und S. 153 Gesagten so eingestellt werden, daß die Ausschläge des Voltmeters im mittleren Teil der Skala bleiben, wo sie proportional der Druckamplitude des Schalles sind. Alsdann kann man in der Gleichung für a statt der Werte der Druckamplitude p_1 und p_2 die unter Berücksichtigung der Einstellung n_1 und n_2 des Spannungsteilers umgerechneten Ausschläge V_1 und V_2 am Röhrenvoltmeter einsetzen. Es gilt wie in Abschnitt 6b die Gleichung

$$\frac{p_1}{p_2} = \frac{V_1}{V_2 \, 2^{(n_1-n_2)}},$$

und es ergibt sich der Ausdruck

$$a = 1 - \left[\frac{\dfrac{V_1}{V_2 \, 2^{(n_1-n_2)}} - 1}{\dfrac{V_1}{V_2 \, 2^{(n_1-n_2)}} + 1}\right]^2$$

$$= \frac{4 V_1 V_2 \, 2^{(n_1-n_2)}}{[V_1 + V_2 \, 2^{(n_1-n_2)}]^2}.$$

Versuchsergebnisse.

Für drei verschiedene Materialien, eine Faserstoffplatte, eine gelochte Faserstoffplatte (Abb. 96) und eine Platte aus Holzspänen mit großen Poren wurde die Absorptionszahl bestimmt im Frequenzbereich von 200 bis 3000 Hertz. Zahlentafel 36 enthält in Spalte 1 die Frequenz f, in den vier folgenden Spalten die Ausschläge am Röhrenvoltmeter und die zugehörigen Stellungen

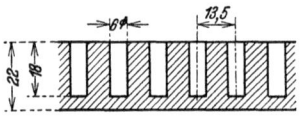

Abb. 96. Gelochte Faserstoffplatte.

des Spannungsteilers V_1, n_1 und V_2, n_2. Endlich enthält die letzte Spalte den berechneten Wert der Absorptionszahl a. In Abb. 97 sind die Absorptionszahlen für diese drei Stoffe abhängig von der Frequenz dargestellt.

Aus den berechneten Werten von a ergeben sich nachstehende Folgerungen. Die Absorptionszahl nimmt bei den vorliegenden, wie auch bei fast allen übrigen Materialien, mit wachsender Frequenz zu. Bei der

6 c) Nachhalldämpfung (Absorptionszahl von Stoffen). 159

Zahlentafel 36.

1. Faserstoffplatte, 13 mm dick, Absorptionszahl Kurve a in Abb. 97.

f	V_1	n_1	V_2	n_2	a
220	18	1	22	7	0,07
600	15	2	21	8	0,08
1540	17	6	20	11	0,14
2720	14	8	17	12	0,26

2. Gelochte Faserstoffplatte Abb. 96, 22 mm dick, Absorptionszahl Kurve b in Abb. 97.

220	26	2	16	6	0,14
600	21	3	30	7	0,30
1335	26	5	18	7	0,51
2660	27	10	16	11	0,70

3. Platte aus Holzspänen mit großen Poren, 27 mm dick, Absorptionszahl Kurve c in Abb. 97.

220	17	1	17	7	0,06
690	21	3	21	8	0,12
1060	30	5	27	8	0,36
1320	20	5	24	7	0,71
2200	22	7	25	10	0,44
3040	25	10	17	12	0,50

praktischen Verwendung zur Nachhalldämpfung in Räumen hat dies zur Folge, daß die Obertöne und Konsonanten besonders stark gedämpft werden und daher Musik und Sprache farblos erscheinen.

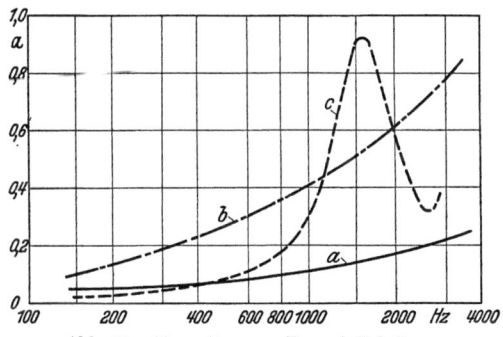

Abb. 97. Absorption von Faserstoffplatten.

Die gleichen Versuche wurden durchgeführt mit einem in verschiedenem Abstand vom unteren Verschluß des Rohres mittels eines federnden Spannringes ausgespannten Baumwollstoffes. Dieser wurde in 2, 5 und 10 cm Abstand vom Rohrabschluß angebracht. Die Versuchsergebnisse sind in Zahlentafel 37 zusammengestellt und in Abb. 98 graphisch dargestellt.

6. Schalltechnische Messungen.

Bei Bespannungen von Wänden mit Stoffen zeigt sich, daß die Absorptionszahl um so größer ist, je größer der Abstand des Stoffes von der Wand ist.

Zahlentafel 37. Baumwolldecke, 590 g/m².

Wand-abstand	f	V_1	n_1	V_2	n_2	a
2 cm	220	20	1	16	7	0,05
	600	28	3	25	7	0,20
	2090	22	7	24	8	0,92
	2620	23	11	17	11	0,98
	3240	18	10	17	11	0,87
5 cm	220	27	2	18	5	0,24
	600	19	4	28	6	0,79
	1060	22	4	25	5	0,93
	2220	19	7	29	9	0,80
	3200	25	8	27	11	0,42
10 cm	220	27	3	30	5	0,65
	600	31	5	34	6	0,92
	1320	14	5	28	7	0,70
	1800	19	6	20	11	0,12
	2230	18	8	19	9	0,90
	3120	14	10	17	12	0,72
	3500	23	9	15	12	0,29

Den Versuchsergebnissen über die Absorptionszahl seien noch einige Bemerkungen über deren Beziehung zur Luftdurchlässigkeit angefügt.

Die mit einem Stoff erzielbare mittlere Schallabsorption läßt sich angenähert aus der Luftdurchlässigkeit des Stoffes abschätzen. Die

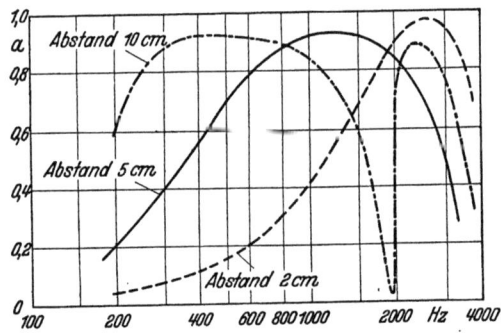

Abb. 98. Absorption einer Baumwolldecke bei verschiedenem Abstand von einer Wand.

Schallabsorption beruht nämlich auf der Wirkung der Reibung der Luftteilchen im Innern des Stoffes. — Bei starker Luftdurchlässigkeit ist diese Reibung nur unbedeutend, so daß der Schall mit nur geringer Schwächung durch den Stoff hindurchgeht und deshalb nach etwaigen

6 c) Nachhalldämpfung (Absorptionszahl von Stoffen).

Reflexionen an der Wand wenig geschwächt in den Raum zurückgelangt. Bei sehr wenig luftdurchlässigen Stoffen dagegen kann der Schall durch die dichte Oberfläche nicht hindurchdringen und wird daher ohne wesentliche Absorption reflektiert. Für einen mittleren Wert der Luftdurchlässigkeit ist die Reibung im Innern des Stoffes von solcher Größe, daß die Schallabsorption ihren größtmöglichen Wert erreicht.

Aus der Theorie läßt sich ableiten, daß dies dann eintritt, wenn der reziproke Wert der Luftdurchlässigkeit, der sog. Luftwiderstand R gleich dem Schallwiderstand Z der Luft ist. R ist der reziproke Wert der im Abschnitt 5b behandelten Luftdurchlässigkeit l. Die Größen R und Z sind durch die folgenden Gleichungen definiert:

$$R = \frac{\Delta p F \tau}{V}.$$

und

$$Z = wm;$$

hierin bedeuten V (m³) das durch eine Stofffläche F (m²) in der Zeit τ (sec) bei dem Überdruck Δp (kg/m²) hindurchströmende Luftvolumen. Ferner ist w (m/sec) die Schallgeschwindigkeit und m (kg sec²/m⁴) die spezifische Masse der Luft. Unter Zugrundelegung einer Schallgeschwindigkeit $w = 340$ und einer spezifischen Masse der Luft $m = \gamma/g = 0{,}12$ ergibt sich $Z = 40$ kg sec/m³. Für welche Stoffe der Luftwiderstand ungefähr diesen Wert erreicht, ist aus Abb. 99 zu ersehen, in welcher als Abszisse das Verhältnis R/Z und als Ordinate die oben behandelte Absorptionszahl a für einen freihängenden Stoff aufgetragen ist.

Die aus der Abb. 99 zu entnehmende Schallabsorption wird bei der praktischen Verwendung von sehr leichten Stoffen deshalb nicht ganz erreicht, weil solche Stoffe von der hin- und hergehenden Be-

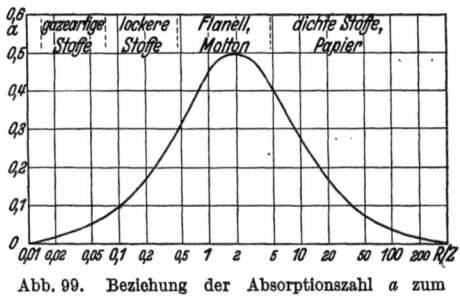

Abb. 99. Beziehung der Absorptionszahl a zum Quotienten $\dfrac{\text{Luftwiderstand}}{\text{Schallwiderstand}}$.

wegung der Luftteilchen mitgenommen werden und die Luft infolgedessen nicht durch den Stoff hindurchtritt. Hierdurch fällt die für die Absorption notwendige Reibung der Luftteilchen im Innern der Poren des Stoffes aus. Für die üblichen Stoffe wird jedoch bei nicht allzu tiefen Frequenzen die aus Abb. 99 zu entnehmende Absorptionszahl auch wirklich erreicht. — Es ist also möglich, die Eignung eines Stoffes für Zwecke der Nachhalldämpfung durch eine einfache Bestimmung seiner Luftdurchlässigkeit zu beurteilen.

Versuche ergaben z. B. die folgenden Werte:

Bezeichnung	Luftwiderstand kg sec/m³	R/Z
Gazeartiger Vorhangstoff . .	1,4	0,035
Baumwolldecke	68	1,7
Inlett	320	8

In der zweiten Spalte ist der gemessene Luftwiderstand R und in der dritten Spalte das Verhältnis R/Z eingetragen. Aus Abb. 99 kann man dann entnehmen, daß sowohl der stark luftdurchlässige, gazeartige Stoff, als der sehr dichte Inlett nur kleine Werte der Schallabsorption a besitzen, daß dagegen die Baumwolldecke nahezu den größtmöglichen Wert der Absorption erreicht.

7. Untersuchung schwingungsdämpfender Stoffe.

Im vorhergehenden Abschnitt 6 war die Ausbreitung von Luftschall behandelt worden. Im nachstehenden soll die Fortpflanzung von sog. Körperschall besprochen werden, d. h. denjenigen Schwingungen, die sich in festen Körpern fortpflanzen. Diese Schallausbreitung kommt vor allem in Gebäuden zur Wirkung, in welchen der Straßenverkehr, aufgestellte Maschinen, Wasserleitungen, Klopfen, Gehen u. dgl. Geräusche und Erschütterungen hervorrufen.

Die Ausbreitung des Körperschalles kann durch Einlegen von elastischen Schichten an geeigneter Stelle vermindert werden. So legt man z. B. bei der Dämpfung von Maschinenerschütterungen und -geräuschen eine elastische Platte unter das Fundament und isoliert in ähnlicher Weise Wände oder Wandteile gegeneinander durch Zwischenlegen elastischer Schichten.

Zur Beurteilung des Isoliervermögens solcher Platten benutzt man zwei Begriffe, die Federung und die Absorption. Ist $\varDelta l$ die durch eine periodisch wechselnde Belastung von P kg erzeugte Dickenänderung einer Platte von F cm² Fläche und l cm Dicke, so gilt für die Federung f die Gleichung

$$\varDelta l = \frac{fPl}{F} \quad \text{oder} \quad f = \frac{\varDelta l}{l} : \frac{P}{F}.$$

Die Federung ist also das Verhältnis der spezifischen Formänderung zur erforderlichen spezifischen Belastung. Als Dimensionen von f ergibt sich cm²/kg.

Bei periodisch auftretenden Kräften, wie etwa den von einer Maschine herrührenden Stößen, wird nun nicht die ganze Formänderungsarbeit bei der Entlastung zurückgewonnen, wie dies bei einem vollkommen elastischen Körper der Fall wäre, sondern es wird ein Bruchteil durch die innere Reibung des Materiales in Wärme verwandelt. Dieser Bruchteil der gesamten Formänderungsarbeit wird als Absorption a bezeichnet. Die Größe a ist demnach eine Verhältniszahl und daher dimensionslos.

In allen obengenannten Beispielen, wo die Ausbreitung von Körperschall verhindert werden soll, handelt es sich darum, daß die kleinen Ausschläge, die einem Fundament durch die darauf liegende Maschine, oder der Oberfläche einer Mauer durch Klopfen, oder einer Fußbodenoberfläche durch Gehen aufgezwungen werden, auf ihre Umgebung möglichst kleine Kräfte ausüben. Diese sind nun um so geringer, je nachgiebiger z. B. bei der Maschine die zwischen Fundament und Boden liegende Schicht ist. Die nachgiebigste Schicht wird also die beste Erschütterungsdämpfung ergeben. Es ist deshalb bei Unterlagsplatten eine möglichst große Federung anzustreben.

Außerdem ist aber auch eine gewisse Absorption wünschenswert, da hierdurch Resonanzerscheinungen gedämpft werden, die unter Umständen zwischen der Drehzahl der Maschine und einer Eigenschwingung des elastisch gelagerten Fundamentes auftreten und zu gefährlichen Ausschlägen führen können. — Da die zu derartigen Unterlagsplatten benutzten Stoffe meist von selbst eine ausreichende Absorption aufweisen, ist bei der Herstellung der Platten das Hauptaugenmerk auf eine große Federung zu richten.

Theoretische Grundlagen für die experimentelle Bestimmung der Federung und Absorption[1].

Trägt man periodische Belastungsänderungen einer Platte in der Weise in ein Diagramm ein, daß man als Abszisse die Kraft und als Ordinate die zugehörige Formänderung aufzeichnet, so ergibt sich im allgemeinen keine Gerade, sondern eine geschlossene Kurve (Abb. 100). Infolge der elastischen Nachwirkung wird nämlich die einer gewissen Belastung entsprechende Formänderung erst nach einiger Zeit erreicht. Außerdem bleibt infolge von Hystereseerscheinungen bei der Entlastung noch ein gewisser Bruchteil der Formänderung bestehen. Elastische Nachwirkung und Hysterese zusammen bedingen die sog. Absorption. Je stärker diese beiden Erscheinungen ausgeprägt sind, desto mehr weicht die Kurve von einer Geraden ab,

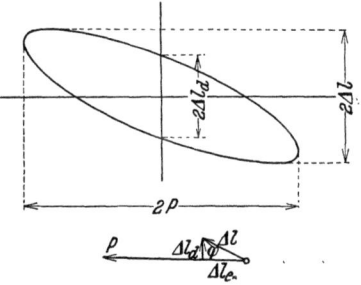

Abb. 100. Dämpfungsschleife.

---

[1] Schmidt, E.: Gesundh.-Ing. Bd. 46 (1923) S. 61.

desto bauchiger ist sie. Umgekehrt läßt sich aus der Form der Kurve ein Rückschluß auf die elastischen Eigenschaften, also im besonderen auf die Federung und Absorption ziehen.

Die Form der Kurve kann man sich dadurch entstanden denken, daß der Vektor der Zusammendrückung Δl gegen den Vektor der zusammendrückenden Kraft P um einen gewissen Winkel φ nacheilt. Man kann dann den Vektor der Zusammendrückung in zwei Komponenten zerlegen, von denen die eine Δl_e in Richtung der Kraft fällt, die andere Δl_d zu dieser senkrecht steht. Δl_e bedeutet dann die reine elastische Zusammendrückung und Δl_d die nach der Entlastung verbleibende restliche Zusammendrückung, welche für die in Wärme verwandelte Formänderungsarbeit und somit für die Absorption a maßgebend ist.

Die in Abb. 100 mit $2\Delta l$ und $2P$ bezeichneten Strecken geben dann den doppelten Wert der Formänderung und der Kraft an, die zueinander gehören.

Die Absorption ergibt sich aus der Kurve, wie eine genauere Betrachtung zeigt, als das Verhältnis $a = \Delta l_d/\Delta l$.

Die experimentelle Bestimmung der Federung und Absorption verlangt also eine Versuchsanordnung, mit der das Formänderungs-Kraft-Diagramm, die sog. „Dämpfungsschleife", aufgezeichnet werden kann.

Versuchsanordnung.

Eine derartige Versuchseinrichtung ist in Abb. 101 dargestellt. Die zu untersuchende Platte A liegt zwischen zwei Eisenplatten B und C horizontal auf einer vollkommen elastischen Unterlage D, die wiederum auf einer Eisenplatte E ruht. Die Platte A wird von oben her periodisch wechselnden Druckkräften ausgesetzt. Deren Erzeugung geschieht durch zwei im gegenläufigen Sinne rotierende, exzentrische Scheiben G, die durch Zahnräder so miteinander verbunden sind, daß die horizontalen Kräfte sich gegenseitig aufheben und nur vertikale Kräfte ausgeübt werden. Die Scheiben werden durch einen Motor mit regelbarer Umdrehungszahl angetrieben. Zur Erzielung statischer Belastungen, die etwa dem Gewicht eines Fundamentes entsprechen, dienen vier kräftige Federn J, die durch Schraubenspindeln K mit einem schweren Eisenblock L verbunden sind.

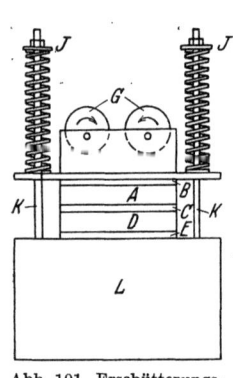

Abb. 101. Erschütterungsapparat.

Das Verhältnis der Höhenänderung der Federn zu der aufzuwendenden Kraft kann an einer Festigkeitsmaschine bestimmt werden.

Die vollkommen elastische Vergleichsplatte D kann aus einzelnen Stahlblechen oder Holztafeln unter Beilage von schmalen Leisten auf-

7. Untersuchung schwingungsdämpfender Stoffe. 165

gebaut werden (Abb. 102). An einer Druckprüfmaschine angestellte Versuche zeigten, daß innerhalb eines genügend großen Bereiches die Formänderung solcher Platten proportional der Belastung ist und weder elastische Nachwirkung noch Hysterese auftraten.

Abb. 102. Elastische Platte.

Die Zusammendrückung der Platte D ist somit proportional der Kraftamplitude. Letztere kann mittels eines Spiegels M (Abb. 103) gemessen werden, der, sich bei Zusammendrückung der Platte um eine horizontale Achse drehend, einen Lichtzeiger ablenkt. Der Lichtstrahl wird an einem zweiten noch zu beschreibendem Spiegel N so reflektiert, daß Zusammendrückungen der Platte D horizontale Ausschläge des Lichtzeigers ergeben. Entsprechend dem linearen Zusammenhang zwischen Kraft und Formänderung der Platte D entspricht dieser horizontale Ausschlag des Lichtzeigers der jeweils wirkenden Kraft. Der erwähnte zweite Spiegel N besitzt ebenfalls eine horizontale Achse, die jedoch auf derjenigen des ersten Spiegels senkrecht steht. Die Drehung des zweiten Spiegels ist der Zusammendrückung der Versuchsplatte A proportional. Wie aus der Abb. 103 ersichtlich ist, verursacht sie vertikale Ausschläge des Lichtzeigers.

Die durch die Bewegungen der beiden Spiegel bewirkten Ablenkungen des Lichtstrahles überlagern sich bei periodischen Kraftänderungen in

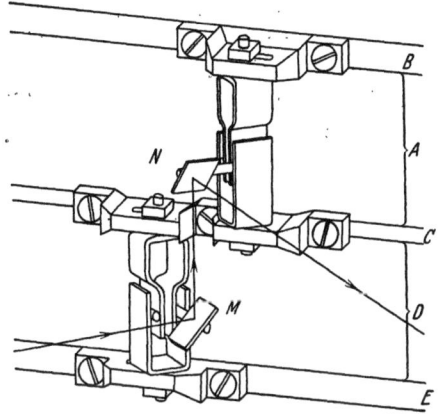

Abb. 103. Spiegelvorrichtung für die Dämpfungsschleife.

der Weise, daß eine Kurve der obenbeschriebenen Art (Abb. 100) wiedergegeben wird. Dabei werden in der Tat, wie es die Überlegung des theoretischen Teiles verlangte, die Kraft P und die zugehörige Formänderung Δl der Platte A senkrecht zueinander aufgezeichnet.

Zur Erzeugung des Lichtzeigers kann eine kleine elektrische Lampe benutzt werden. Um aus der Dämpfungsschleife, die der Lichtzeiger auf irgendeiner Fläche aufzeichnet, die absoluten Werte der Bewegung der beiden Spiegel und damit die Größen der Formänderungs- und der Kraftamplitude möglichst genau berechnen zu können, muß das Übersetzungsverhältnis der Spiegelanordnung bekannt sein. Es wird daher folgende Anordnung gewählt. Die Lichtquelle wird zunächst durch eine Linse auf eine feine Lochblende abgebildet. Die von dieser ausgehenden Strahlen werden dann durch eine zweite Linse in ein paralleles Lichtbündel verwandelt, welches auf die Spiegel auftrifft. Die von diesen erzeugte Dämpfungsschleife wird entweder auf eine Fläche projiziert und dort von Hand nachgezogen oder in einer photographischen Kammer auf lichtempfindliches Papier aufgenommen[1].

Das Objektiv der Kamera wird auf „unendlich" eingestellt. Auf diese Weise wird der Vorteil erreicht, daß die wirksame Länge des Lichtstrahles nicht durch den nur ungenau zu bestimmenden Abstand von den Spiegeln zum Papier, sondern durch die genau festliegende Brennweite des Objektives gegeben ist. Die wirksame Länge des Lichtzeigers muß aber möglichst genau bekannt sein, da sie als Grundlage zur Berechnung des Übersetzungsverhältnisses der Spiegelanordnung dient.

Versuchsergebnisse.

Untersucht wurde eine Gummiplatte von $F = 30 \times 30 = 900$ cm² Fläche und $l = 3$ cm Dicke, weiter eine Korkplatte von der gleichen Fläche und $l = 6{,}1$ cm Dicke. Die statische Belastung betrug bei allen Versuchen 1 kg/cm². Zunächst wurde bei gleichbleibender Frequenz (1100/min) der Einfluß der Kraftamplitude $2P$ auf Federung f und Absorption a festgestellt (Zahlentafel 38). Die Tabelle enthält neben der

Zahlentafel 38.

Material	$2\Delta l'$ mm	$2P'$ mm	$2\Delta l'_d$ mm	$2\Delta l$ cm	$2P$ kg	f cm²/kg	a %
Gummiplatte ..	3,4	12	1,1	0,000771	35	0,00661	32,4
	5,1	20	1,5	0,00116	59	0,00590	29,4
	7,8	33,5	2,0	0,00177	100	0,00531	25,6
	11,3	47,5	2,7	0,00254	144	0,00530	24,2
	11,5	51,5	2,9	0,00261	157	0,00499	25,2
Korkplatte ...	10,5	10	0,6	0,00238	29	0,0121	5,7
	16,0	15,5	0,8	0,00304	46	0,0118	5,0
	23,5	24	1,5	0,00535	70	0,0112	6,4
	36	31,5	2,4	0,00819	93	0,0116	6,7
	36,5	37	3,0	0,00830	110	0,0110	8,2

Angabe des untersuchten Materiales in den ersten Spalten die aus der Dämpfungsschleife entnommenen Werte $2\Delta l'$, $2\Delta l'_d$ und $2P'$ in mm. Durch Multiplikation mit dem Faktor 0,00226, welcher durch die Abmessungen der Spiegelanordnung bestimmt ist, ergeben sich die wahren Werte von $2\Delta l$ sowie $2\Delta l_d$ in cm und mittels der Eichkurve auch diejenigen von $2P$ in kg. Die nach der Definitionsgleichung für die Federung f und die Absorption a berechneten Werte sind in den

---

[1] Popp, Ph.: Zeitschr. f. techn. Physik Bd. 15 (1934).

7. Untersuchung schwingungsdämpfender Stoffe. 167

folgenden Spalten enthalten. In Abb. 104 sind die Größen von f und a abhängig von der Kraftamplitude $2P$ graphisch aufgetragen.

Der unterschiedliche Verlauf der Absorptionskurve für Kork und Gummi, welche mit zunehmender Kraftamplitude beim Kork zunimmt,

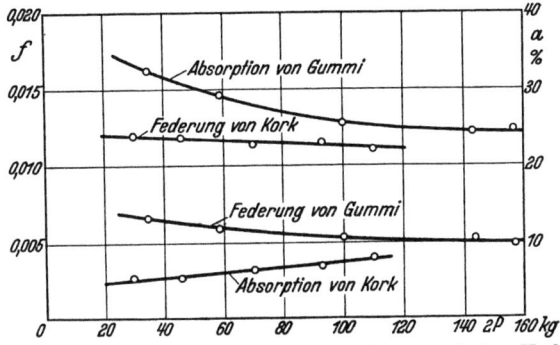

Abb. 104. Federung f und Absorption a einer Gummi- und einer Korkplatte.

beim Gummi dagegen abfällt, läßt sich aus der verschiedenen Struktur der beiden Stoffe erklären. Im Kork wird bei wachsender Belastung die Reibung der einzelnen Teilchen durch Verringerung der eingeschlossenen Lufträume vergrößert, und dadurch steigt auch die Absorption. Der Gummi hingegen wird bei zunehmender Belastung härter, und daher muß die Absorption abnehmen.

Zahlentafel 39.

Material	Frequenz 1/min	$2\Delta l'$ mm	$2P'$ mm	$2\Delta l'_a$ mm	$2\Delta l$ cm	$2P$ kg	f cm²/kg	a %
Gummiplatte	1100	9,0	40	2,0	0,00203	120	0,0051	22
	1200	9,0	40	2,0	0,00203	120	0,0051	22
	1500	9,0	40	2,0	0,00203	120	0,0051	22
	1800	9,0	40	2,0	0,00203	120	0,0051	22
Korkplatte	1240	15,5	45	1,0	0,0035	135	0,0059	6,5
	1480	15,5	45	1,0	0,0035	135	0,0059	6,5
	1720	15,5	45	1,0	0,0035	135	0,0059	6,5
	1840	15,5	45	1,0	0,0035	135	0,0059	6,5

In einer zweiten Versuchsreihe wurden zwei weitere Platten bei gleichbleibender Kraftamplitude für verschiedene Frequenzen untersucht. Die Zahlentafel 39 zeigt, daß sowohl die Federung f wie die Absorption a von der Frequenz unabhängig sind.

Verlag von Julius Springer in Berlin

Lehrbuch der Physik in elementarer Darstellung. Von **Arnold Berliner.** Fünfte Auflage. Mit 847 Abbildungen. VII, 736 Seiten. 1934.
Gebunden RM 19.80

Physik. Ein Lehrbuch für Studierende an den Universitäten und Technischen Hochschulen. Von Professor **Wilhelm H. Westphal,** Berlin. Dritte Auflage. Mit 503 Abbildungen. XVI, 596 Seiten. 1933.
Gebunden RM 19.80

Physikalisches Handwörterbuch. Herausgegeben von **Arnold Berliner** und **Karl Scheel.** Zweite Auflage. Mit 1114 Textfiguren. VI, 1428 Seiten. 1932. RM 96.—; gebunden RM 99.60

Mathematische Strömungslehre. Von Privatdozent Dr. **Wilhelm Müller,** Hannover. Mit 137 Textabbildungen. IX, 239 Seiten. 1928.
RM 18.—; gebunden RM 19.50*

Angewandte Hydromechanik. Von Professor Dr.-Ing. **Walther Kaufmann,** Hannover.
Erster Band: Einführung in die Lehre vom Gleichgewicht und von der Bewegung der Flüssigkeiten. Mit 146 Textabbildungen. VIII, 232 Seiten. 1931.
RM 12.50; gebunden RM 14.—*
Zweiter Band: Ausgewählte Kapitel aus der technischen Strömungslehre. Mit 210 Textabbildungen. VII, 293 Seiten. 1934.
RM 16.50; gebunden RM 18.—

Technische Thermodynamik. Von Professor Dipl.-Ing. **W. Schüle.**
Erster Band: Die für den Maschinenbau wichtigsten Lehren nebst technischen Anwendungen. Fünfte, neubearbeitete Auflage.
1. Teil: Lehre von den Gasen und allgemeine thermodynamische Grundlagen. Mit 181 Abbildungen im Text und den Tafeln I—IIa. VIII, 385 Seiten. 1930. Gebunden RM 18.—*
2. Teil: Lehre von den Dämpfen. Mit 140 Abbildungen im Text und den Tafeln III—IVa. VIII, 280 Seiten. 1930. Gebunden RM 16.—*
Zweiter Band: Höhere Thermodynamik mit Einschluß der chemischen Zustandsänderungen nebst ausgewählten Abschnitten aus dem Gesamtgebiet der technischen Anwendungen. Vierte, erweiterte Auflage. Mit 228 Textfiguren und 5 Tafeln. XVIII, 509 Seiten. 1923.
Gebunden RM 18.—*

Thermodynamik und die freie Energie chemischer Substanzen. Von **Gilbert Newton Lewis** und **Merle Randall,** Berkeley, Kalifornien. Übersetzt und mit Zusätzen und Anmerkungen versehen von Otto Redlich, Wien. Mit 64 Textabbildungen. XX, 598 Seiten. 1927. (Verlag von Julius Springer-Wien.) RM 45.—; gebunden RM 46.80

Lehrbuch der Thermochemie und Thermodynamik. Von **Otto Sackur †.** Zweite Auflage von **Cl. v. Simson,** Berlin. Mit 58 Abbildungen. XVI, 347 Seiten. 1928. RM 18.—*

---

* *Abzüglich 10% Notnachlaß.*

Verlag von Julius Springer in Berlin

Die Grundgesetze der Wärmeübertragung. Von Professor Dr.-Ing. H. Gröber, Berlin, und Regierungsrat Dr.-Ing. S. Erk, Berlin. Zugleich zweite, völlig neubearbeitete Auflage des Buches: H. Gröber, Die Grundgesetze der Wärmeleitung und des Wärmeüberganges. Mit 113 Textabbildungen. XI, 259 Seiten. 1933. Gebunden RM 22.50

Messungen und Untersuchungen an wärmetechnischen Anlagen und Maschinen. Von Privatdozent Dr.-Ing. Heinrich Netz, Studienrat, Aachen. Mit 107 Textabbildungen. IV, 205 Seiten. 1933.
RM 10.50; gebunden RM 12.—

Maschinentechnisches Versuchswesen. Von Professor Dr.-Ing. A. Gramberg, Oberingenieur und Direktor bei der IG-Farbenindustrie, Höchst.

Erster Band: Technische Messungen bei Maschinenuntersuchungen und zur Betriebskontrolle. Zum Gebrauch an Maschinenlaboratorien und in der Praxis. Sechste, vielfach erneuerte und umgearbeitete Auflage. Mit 395 Abbildungen im Text. XV, 488 Seiten. 1933. Gebunden RM 24.—

Zweiter Band: Maschinenuntersuchungen und das Verhalten der Maschinen im Betriebe. Ein Handbuch für Betriebsleiter, ein Leitfaden zum Gebrauch bei Abnahmeversuchen und für den Unterricht an Maschinenlaboratorien. Dritte, verbesserte Auflage. Mit 327 Figuren im Text und auf 2 Tafeln. XVIII, 601 Seiten. 1924.
Gebunden RM 20.—*

Maschinenuntersuchungen. Ein Leitfaden für Unterricht und Praxis. Von Professor Dr.-Ing. Anton Staus. Erster Band: Hydraulik in ihren Anwendungen. Zweite, neubearbeitete Auflage. Mit 131 Textabbildungen und 29 Zahlentafeln. X, 196 Seiten. 1926.
RM 9.—; gebunden RM 10.50*

Grundlagen und Geräte technischer Längenmessungen. Von Professor Dr. G. Berndt, Dresden. Mit einem Anhang von Privatdozent Dr. H. Schulz, Berlin. Zweite, vermehrte und verbesserte Auflage. Mit 581 Textabbildungen. XII, 374 Seiten. 1929. Gebunden RM 43.50*

Aufgaben aus der Maschinenkunde und Elektrotechnik. Eine Sammlung für Nichtspezialisten nebst ausführlichen Lösungen. Von Ingenieur Professor Fritz Süchting, Clausthal. Mit 88 Textabbildungen. XVI, 235 Seiten. 1924. RM 6.60; gebunden RM 7.50*

Starkstrommeßtechnik. Ein Handbuch für Laboratorium und Praxis unter Mitarbeit von Dr.-Ing. F. Hillebrand, Berlin, Regierungsrat Dr. R. Jäger, Berlin, Dr.-Ing. e. h. M. Schenkel, Berlin, Dr.-Ing. K. Schmiedel, Nürnberg, Oberregierungsrat Dr. W. Steinhaus, Berlin, und Regierungsrat Dr. R. Vieweg, Berlin, herausgegeben von Professor Dr. G. Brion, Freiberg, und Oberregierungsrat Dipl.-Ing. V. Vieweg, Berlin. Mit 530 Abbildungen im Text und zahlreichen Tabellen. XII, 458 Seiten. 1933. Gebunden RM 37.50

*) *Abzüglich 10% Notnachlaß.*

MIX
Papier aus verantwortungsvollen Quellen
Paper from responsible sources
FSC® C105338

If you have any concerns about our products,
you can contact us on
ProductSafety@springernature.com

In case Publisher is established outside the EU,
the EU authorized representative is:
**Springer Nature Customer Service Center GmbH
Europaplatz 3, 69115 Heidelberg, Germany**

Printed by Libri Plureos GmbH
in Hamburg, Germany